农林产品检测技术

高晓旭 郑俏然 汪建华◎著

NONGLIN CHANPIN JIANCE JISHU

中国纺织出版社有限公司

内 容 提 要

本书针对农林产品在生产加工过程中存在的卫生和有效成分损失等问题，对农林产品质量与安全的基本知识及农林产品常规分析方法进行了介绍，并在此基础上详细阐述了农林产品中各种有效成分（包括碳水化合物、蛋白质、主要功效成分等）的检测、农林产品的卫生检验技术，以及农林饮料产品、酒类产品、调味产品和果蔬保鲜检测技术，为农林产品的生产提供了理论和技术支撑。本书可供农业院校师生及农业类科研院所的科研人员参考使用。

图书在版编目（CIP）数据

农林产品检测技术／高晓旭，郑俏然，汪建华著
．-- 北京：中国纺织出版社有限公司，2022.9（2024.2重印）
ISBN 978-7-5180-9637-4

Ⅰ．①农… Ⅱ．①高… ②郑… ③汪… Ⅲ．①农产品－质量检测②林产品－质量检测 Ⅳ．①S37②S759

中国版本图书馆 CIP 数据核字（2022）第 109702 号

责任编辑：闫 婷　　责任校对：楼旭红　　责任印制：王艳丽

中国纺织出版社有限公司出版发行
地址：北京市朝阳区百子湾东里 A407 号楼　邮政编码：100124
销售电话：010—67004422　传真：010—87155801
http://www.c-textilep.com
中国纺织出版社天猫旗舰店
官方微博 http://weibo. com/2119887771
北京虎彩文化传播有限公司印刷　各地新华书店经销
2022 年 9 月第 1 版　2024 年 2 月第 2 次印刷
开本：787×1092　1/16　印张：14. 75
字数：343 千字　定价：98. 00 元

前　言

农林产品是指农业和林业生产中的初级农林产品及加工品，这些产品在人类生活中占据主导地位，是人类的衣食之源、生存之本。迄今为止，人类所需的最基本的生活资料及其原料主要来源于农林产品。随着时代的发展和人民生活水平的提高，公众对农林产品的安全性有了更高的要求，国家也特别重视农林产品生产及其安全问题，十三届全国人民代表大会常务委员会第三十六次会议表决通过了新修订的《中华人民共和国农产品质量安全法》。农林产品质量检测是农林产品质量安全的保障，而农林产品检测技术是确保农产品质量与安全的坚强支撑。本书的编写旨在为农林产品的生产、加工、流通提供检测技术参考。

全书共分为十一章：第一章农林产品质量与安全，介绍农林产品质量与安全的概念、影响因素及控制方法；第二章农林产品分析与检测基础，介绍农林产品检测方法的一般要求、样品处理、试剂配制及实验数据处理；第三章农林产品常规分析，介绍农林产品常规成分的检测技术；第四章农林产品功效成分检测，介绍农林产品功能成分的检测技术；第五章农林产品有效成分鉴定技术，介绍农林产品功能成分的提取及分离鉴定技术；第六章农林色素分离测定技术，介绍了农林色素成分的提取及分离鉴定技术；第七章农林产品卫生检测技术，介绍农林产品微生物检测技术；第八章农林饮料产品检测技术，介绍了农林饮料产品加工与检测技术；第九章农林酒类产品检测技术，介绍了酒类的分析与检测技术；第十章农林果蔬产品保鲜检测技术，介绍了水果和蔬菜贮藏保鲜检测技术；第十一章农林调味产品检测技术，介绍了食醋和酱油的检测技术。

本书的编写得到了北华大学林学院食品科学与工程系孙广仁、张英莉、毛迪锐、刘艳秋、张启昌、张卓睿、洪海成、徐澎、常凯的大力支持和帮助以及长江师范学院食品科学与工程国家一流专业建设项目经费的资助。由于笔者知识面和专业水平有限，书中不妥之处在所难免，敬请专家、读者批评指正，笔者不胜感谢。

高晓旭

2022 年 9 月于长江师范学院

目　　录

第一章　农林产品质量与安全

一、农林产品质量概述

（一）农林产品质量基本概念

1. 农林产品质量

农林产品质量是指在农林产品方面能够满足用户需要的优劣程度。质量概念是伴随商品生产而出现的，商品生产的任务是提供能满足用户需要的产品。可见，一个产品要满足用户的需求，其本身应包括适用性、经济性和可靠性。显然，在保证一定的经济性和可靠性前提下，适用性是主要的，所以就有了这样概括性的定义：质量就是产品的适用性，即产品在使用中能成功地适合用户目的的程度。产品满足用户需要的优劣程度反映了产品质量的高低。研究质量就是分析和确定产品为满足特定用户的需求而必须具备的性能、状态、形状等特性。这是为人们所接受或理解的质量概念，也称为狭义的质量——产品质量。随着生产技术和质量管理的发展，人们对产品质量的要求越来越高，质量这个概念也逐步深化、发展，向产品质量的前后延伸，形成广义的质量，即除产品质量外，还包括工作质量、服务质量等全面质量的概念，对此，ISO 9000：2015 的定义是："产品和服务的质量不仅包括其预期的功能和性能，而且涉及顾客对其价值和受益的感知。"这样，质量不仅指最终产品质量，也包括它们形成和实现过程的质量；质量要求产品不仅要满足顾客的需要，还要满足社会的需要，符合法律法规、环境、安全、能源利用和资源保护等方面的要求，并使顾客、所有者、职工、供方和社会越来越多人受益，也越来越受到普遍的关注。

2. 农林产品质量控制

建立科学的质量管理体系。主要有 ISO 9000 质量标准体系、ISO 14000 环境管理体系、HACCP 危害分析和关键控制点分析、GMP 良好生产规范和 GHP 良好卫生规范、TQM 全面质量管理、ISO 22000 食品安全管理体系等管理标准认证。

对农林产品产地环境、农业投入品、农产品质量安全状况开展不定期监测，确保上市农林产品符合质量安全要求标准。在生产基地、批发市场、农贸市场开展农药残留、兽药残留等有毒有害物质检测及速测，及时掌握食品安全质量状况，适时调整基地生产栽培技术，严禁不合格农产品上市销售，确保食品消费安全；在农林产品追溯系统基础上，提高农产品质量安全应急管理能力；提高对农林产品质量安全公共突发事件的快速预测、预报和预警能力，以及快速反应能力；提高事件发生后及时寻找事件原因、事故源头和制定事件处理办法的应急措施与补救能力；提高农林产品质量持续改进能力。

（二）农林产品质量基础

1. 农林产品质量基础工作

（1）计量工作　计量是关于测量和保证量值的准确与统一的一项重要的技术基础工

作，产品的质量数据信息是依靠计量检测技术取得的，产品标准中许多参数都是通过具体量值来确定的，而要保证被测得值的准确与统一、有可比性，保证技术标准的贯彻执行，都要由计量工作来保证，否则测定结果、表述方法不准确、不可靠，无法进行质量控制。

（2）保证各种计量器处于良好的待使用技术状态　对使用中的计量器具，应根据损坏情况，做到及时修复、更换、报废、更新，引进先进的计量器具和试验方法，实现检验手段现代化，设置专门的计量管理人员和理化、微生物检验室。

2. 正交试验法

试制新产品，改造旧工艺，都需要进行大量试验，以找到最合理的工艺条件。如何迅速、准确、经济地确定最佳工艺条件已成为质量管理的重要内容之一。正交试验法运用数理统计基本原理，科学地安排试验，可以减少试验次数，尽快地找到最优方案。该方法简单易懂、效果显著，故得到广泛应用。它借助规格化的“正交表”，从众多的试验条件中确定若干代表性强的试验条件，选用合适的正交表，按表中组合进行试验，然后对试验结果作数理统计分析、综合比较，即可找到影响因素的最佳处理组合（最佳方案）和影响试验结果的关键因素。

3. 产品抽样检验

为保证农林产品质量，须对原辅材料、中成品、成品进行严格检验，因都属破坏性检验，不可能100%地检验，只能抽取小部分样品检验。过去习惯用的百分比抽样等方法，不够科学、经济，所以应该采用相关产品的国家标准检验的抽样规则进行科学、经济、合理的抽样，以达到预期的结果。

4. 质量信息与质量教育

质量信息是指反映企业产品质量和供产销各环节以及企业全部工作质量的信息，包括企业运营过程中的各种基本数据、原始记录以及产品在消费过程中反映出来的各种技术资料。

农林产品质量的形成不仅取决于生产原料、设备、工艺等物质因素，而且还取决于企业人员素质。只有广大企业员工对农林产品质量有了深刻的认识，具备质量管理的知识与技能，并能够熟练运用质量管理的方法，才能提高产品质量。因此，加强员工的质量教育，增强质量意识和提高质量管理的技能，才能使所有员工都能关心质量、积极参加质量管理，提高农林产品质量。农林产品质量教育包括企业理念教育、安全生产教育、质量管理教育以及岗位技能培训和岗位资格认证等。

二、农林产品安全

农林产品安全是指在规定的使用方式和用量的条件下长期食用，对食用者不产生不良反应。不良反应包括由于偶然摄入所导致的急性中毒和长期微量摄入所导致的慢性中毒。

（一）影响产品安全性的因素

随着新的农林产品资源的不断开发，农林产品品种的不断增加、生产规模的扩大，加工、贮藏、运输等环节的增多，消费方式的多样化，人类食物链变得更为复杂。农林产品中的诸多不安全因素可能存在于食物链的各个环节，主要表现在微生物、寄生虫等生物污染；环境污染；农用、兽用化学物质的残留；自然界存在的天然毒素；营养素不平衡；农林产品加工和贮藏过程中产生的毒素；农林产品添加剂的使用；农林产品掺伪；新开发的农林产品资源及新工艺产品；包装材料污染；过量饮酒等。具体表现为以下内容。

1. 微生物、寄生虫、生物毒素等生物污染

在整个生产、流通和消费过程中，都可能因管理不善而使病原菌、寄生虫及生物毒素进入人类食物链中。微生物及其毒素导致的传染病流行，是多年来危害人类健康的主要原因。据世界卫生组织公布的资料，在过去的20多年间，在世界范围内新出现的传染病已得到确认的有30余种。此外，我国幅员辽阔，海洋中寄生吸虫及其他寄生虫种类繁多，这些自然疫源性寄生虫一旦侵入人体，不仅能造成危害，甚至可导致死亡。人类历史上猖獗一时的传染性疾病如结核病、脑膜炎等，在医药卫生及生活条件改善的情况下，已得到一定程度的控制。但现实证明，人类在与病原微生物较量中的每一次胜利都远非一劳永逸，一些曾已得到有效控制的结核病在一定范围内又有可能有蔓延的趋势。由霍乱导致的饮水和环境卫生恶化又开始出现。登革热、鼠疫、脑膜炎等也在世界一些国家或地区接连发生。一种能引起肠道出血的大肠杆菌在欧美、日本等国家或地区先后多次危害人类，在世界上引起了很大的轰动。微生物和寄生虫污染是造成农林产品不安全的主要因素，也始终是各国行政部门和社会各界努力控制的重中之重。

2. 环境污染

环境污染物在农林产品中的存在，有其自然背景和人类活动影响两方面的原因。其中，无机污染物如汞、镉、铅等重金属及一些放射性物质，在一定程度上受农林产品产地的地质地理条件所影响，但是更为普遍的污染源主要是工业、采矿、能源、交通、城市排污及农业生产等带来的，通过环境及食物链危及人类健康。有机污染物中的二噁英、多环芳烃、多氯联苯等工业化合物及副产物，都具有可在环境和食物链中富集、毒性强等特点，对农林产品安全性威胁极大。在人类环境持续恶化的情况下，农林产品中的环境污染物可能有增无减，必须采取更有效的对策加强治理。核试验、核爆炸、核泄漏及辐射等能使农林产品受到放射性核素污染，对农林产品安全性造成威胁。

3. 营养不平衡

营养不平衡就其涉及人群之多和范围之广而言，在当代农林产品安全性问题中已居于发达国家的首位。过多摄入能量、脂肪、蛋白质、糖、盐和低摄入膳食纤维、某些矿物质和维生素等，使近年来患高血压、冠心病、肥胖症，糖尿病、癌症等慢性病的病人显著增多。这说明农林产品供应充足，但不注意饮食平衡，同样会给人类健康带来损害。人类要保持健康，所需的任何营养素都要有适当的限量，而且要求各种营养素之间保持平衡。

4. 农药与兽药残留

农药、兽药、饲料添加剂对农林产品安全性产生的影响，已成为近年来人们关注的焦点。在美国，由于消费者的强烈反应，35种有潜在致癌性的农药已列入禁用的行列。我国有机氯农药虽于1983年已停止生产和使用，但由于有机氯农药化学性质稳定，不易降解，在食物链、环境和人体中可长期残留，目前在许多农林产品中仍有较高的检出量。随之代替的有机磷类、氨基甲酸酯类、拟除虫菊酯类等农药，虽然残留期短、用量少、易于降解，但农业生产中滥用农药，导致害虫抗药性的增强，这又使人们加大了农药的用量，并采用多种农药交替使用的方式进行农业生产。这样的恶性循环，对农林产品安全性以及人类健康构成了很大

的威胁。

为预防和治疗家畜、家禽、鱼类等的疾病，促进生长，大量投入抗生素、硝胺类和激素等药物，造成了动物性农林产品中的药物残留，尤其在饲养后期、宰杀前使用，药物残留更为严重。一些研究者认为，动物性农林产品中的某些致病菌如大肠杆菌等，可能由于滥用抗生素造成该菌抗药性提高从而可形成新的抗药菌株。将抗生素作为饲料添加剂，虽有显著的增产防病作用，但却导致这些抗生素对人类的医疗效果越来越差。尽管世界卫生组织呼吁减少用于农业的抗生素种类和数量，但由于兽药产品给畜牧业和医药工业带来的丰厚经济效益，要把兽药纳入合理使用轨道远非易事，因此。兽药的残留是目前及未来影响农林产品安全性的重要因素。

5. 农林产品添加剂

为了有助于加工、包装、运输、贮藏过程中保持农林产品的营养成分，增强农林产品的感官性状，适当使用一些农林产品添加剂是必要的，但要求使用量控制在最低有效量的水平，否则会给农林产品带来毒性，影响农林产品的安全性，危害人体健康。农林产品添加剂对人体的毒性包括致癌性、致畸性和致突变性。这些毒性的共同特点是要经历较长时间才能显露出来，即可对人体产生潜在的毒害，如动物实验表明甜精（乙氧基苯脲）能引起肝癌、肝肿瘤、尿道结石等。大量摄入苯甲酸能导致肝、胃严重病变，甚至死亡。目前在农林产品加工中广泛存在着滥用农林产品添加剂的现象，如使用量过多、使用不当或使用禁用添加剂等。另外，农林产品添加剂还具有蓄积和叠加毒性，本身含有的杂质和在体内进行代谢转化后形成的产物等，也给农林产品添加剂带来了很大的安全性问题。

6. 农林产品加工、贮藏和包装过程

农林产品烹饪过程中因高温而产生的多环芳烃、杂环胺都是毒性极强的致癌物质。农林产品加工过程中使用的机械管道、锅、白铁管、塑料管、橡胶管、铝制容器及各种包装材料等，也有可能将有毒物质带入农林产品，如单体苯乙烯可从聚苯乙烯塑料包装进入农林产品；当采用陶瓷器皿盛放酸性农林产品时，其表面釉料中所含的铅、镉和锑等盐能溶解出来；用荧光增白剂处理的纸作包装材料，纸中残留有毒的胺类化合物易污染农林产品；不锈钢器皿存放酸性农林产品时间较长溶出的镍、铬等也可污染食物。即使使用无污染的农林产品原料，所加工的农林产品并不一定都是安全的。因为很多动物、植物和微生物体内存在着天然毒素，如蛋白酶抑制剂、生物碱、氰苷、有毒蛋白质和肽等，其中有一些是致癌物质或可转变为致癌物质。

另外，农林产品贮藏过程产生的过氧化物、龙葵素和醛、酮类化合物等，也给农林产品带来了很大的安全性问题。

7. 新型农林产品和其他

随着生物技术的发展，转基因农林产品陆续出现，如转基因大豆、番茄、玉米、马铃薯等。它们具有产量高、富于营养、抗病虫害，在不利气候条件下可获得好收成等优点，具有良好的发展前景。但转基因农林产品携带的抗生素基因有可能使动物与人的肠道病原微生物产生耐药性；抗昆虫农作物体内的蛋白酶活性抑制剂和残留的抗昆虫内毒素，可能对人体健康有害；随着基因改造的抗除草剂农作物的推广，可能会造成除草剂用量增加，导致农林产品中除草剂残留量加大，危害食用者的健康。欧洲一些国家规定，基因工程农林产品应在农林产品标签上注明。这一点也反映了人类对基因工程农林产品的安全性问题还了解不够，其安全性问题还需要进一步研究确认。

辐照农林产品在杀灭农林产品中的有害微生物和寄生虫，延长农林产品的保存时间，不经高温处理即可保持农林产品新鲜状态等方面发挥了很大的作用。目前对辐照农林产品的安全性研究结果认为，在规定剂量的条件下，基本上不存在安全性问题。但剂量过大的放射线照射农林产品可造成致癌物、诱变物及其他有害物质的生成，并使农林产品营养成分被破坏，伤残微生物产生耐放射性等，可对人类健康产生新的危害，这方面的安全性应引起关注。

保健产品是具有某些特定功能的农林产品。它们既不是药品也不是一般农林产品，对其食用有特定的针对性，只适宜于某些人群。随意或盲目食用对自身无益的保健农林产品，可能会带来不良后果。

此外，假冒伪劣农林产品、过量饮酒、不良的饮食习惯等对人体健康的危害是有目共睹的。

综上所述，农林产品不安全因素可能产生于人类食物链的不同环节。其中的某些有害物质或成分，特别是人工合成的化学品，可因生物富集作用而使处在食物链顶端的人类受到高浓度毒物危害。研究和认识处在人类食物链不同环节的不安全因素及其可能引发的饮食风险，掌握其发生发展的规律，是有效控制农林产品风险，提高农林产品安全性的前提和基础。

（二）农林产品中不安全性因素的确定

对农林产品中任何可能引起的危害进行科学测试，以确定该组分是否有致癌性、致畸性和致突变性。

国际食品法典委员会（CAC）将风险分析引入食品安全性评价中，并将风险分析分为风险性评价、风险控制和风险信息交流三个部分，其中风险性评价在农林产品安全性评价中占中心位置。

风险性评价的进行首先要确定农林产品中可能有哪些危害成分或不安全因素，然后根据毒理学评价、残留水平以及摄入量评价，得出供试农林产品中某种特定危害物导致危险的性质、大小及其某些不确定性的说明。

农林产品中不安全因素源于生物、化学和物理性有害物质以及农林产品中过量的营养成分，其中化学及生物性有毒物质是影响农林产品安全性的主要因素。人类食物中含有的天然成分种类繁多、成分复杂。环境污染导致的农林产品污染以及农林产品添加剂使用的不断增加，对人体健康带来的危害越来越突出。估计目前人类经常接触的化学物质约有八万种，用于农林产品的约有五千种。这些物质大多数未经过毒理学鉴定。

由于影响农林产品安全性的毒物水平绝大多数是很低的，建立一些准确的分析方法并正确解释测定数据对农林产品的安全性评价十分重要。对有毒物质的分析包括毒性检测和毒物分离。首先要准确验明被检物质，只有得到纯度较高的样品，才能比较方便地通过化学鉴定和标准程序对毒物进行定性和定量。测定混合物的安全性更加复杂，此时，最重要的是弄清楚混合物的组成，并确定是哪一个成分产生了毒性。毒性检测通常是通过观察中毒效应来判断的。

毒性检测通常是用大鼠或小鼠作为“动物模型”来进行验证实验。首先要将食物分成不同的组分，并监测检验每一种组分的毒性。具有毒性的组分被进一步分离和检验，直到纯的毒物被完全分离出来。毒物的化学结构可通过各种光谱分析方法进行确认，常用的分析方法有紫外光谱（UV）、红外光谱（IR）、核磁共振（NMR）和气相色谱—质谱（GC-MS）联用等。

第二章　农林产品分析与检测基础

农林产品分析检测的一般程序：样品的采集（简称采样）、制备和保存，样品的预处理、成分分析、数据处理及分析报告的撰写。

本章主要介绍了农林产品分析与检测中关于检验方法选择、检验技术参数选择、标准溶液的配制等内容以及样品的采集、保存与预处理等内容。

第一节　检验方法

一、检验方法的一般要求

1. 称取

系指用天平进行的称量操作，其精度要求用数值的有效数位表示，如“称取 20.0g……”系指称量的精密度为±0.1g；“称取 20.00g……”系指称量的精密度为±0.01g。

2. 准确称取

系指用精密天平进行的称量操作，其精密度为 0.0001g。

3. 恒量

系指在规定的条件下，连续两次干燥或灼烧后称定的质量差异不超过规定的范围。

4. 量取

系指用量筒或量杯取液体物质的操作，其精密度要求用数值的有效数位表示。

5. 吸取

系指用移液管、刻度吸量管取液体物质的操作。其精密度要求用数值的有效数位表示。

6. 玻璃量器

试验中所用的玻璃量器如滴定管、移液管、容量瓶、刻度吸管、比色管等，所量取体积的准确度应符合国家标准对该体积玻璃量器的准确度要求。

7. 空白试验

除不加样品外，采用完全相同的分析步骤、试剂和用量（滴定法中标准滴定液的用量除外）进行的平行操作。用于扣除样品中试剂本底和计算检验方法的检出限。

二、检验方法的选择

在分析检测之前，首先应当确定分析检测的方法。除了考虑现有的国际单位，还应重点考虑国标的有关规定。从实验室建立检测方法起就应尽可能考虑依据国标方法进行实验的规划与建设。农林产品分析与检测方法应着重注意选择仲裁方法，并依据产品的种类，且结合方法的应用范围。

1. 首选仲裁方法

标准方法如有两个以上检验方法时，可根据所具备的条件选择使用，以第一法为仲裁方法。

2. 注意应用范围

标准方法中根据适用范围设几个并列方法时，要选择适宜的方法。在国标相关标准中由于方法的适用范围不同，第一法与其他方法属并列关系（不是仲裁方法）。此外，未指明第一法的标准方法，与其他方法也属并列关系。在选择应用时应加以重视。

三、仪器设备的要求与温度和压力的表示

仪器设备是农林产品检测与分析的主要手段，涉及玻璃器皿、温控设备、压力容器等，也包括大型仪器设备如色谱仪、光谱仪等。在使用时应注意方法规定的仪器条件如温度、压力等，并且能够正确地表示结果。

1. 仪器设备要求

（1）玻璃量器　检验方法中所使用的滴定管、移液管、容量瓶、刻度吸管、比色管等玻璃量器均须按国家有关规定及规程进行校正。

玻璃量器和玻璃器皿须经彻底洗净后才能使用，洗涤方法和洗涤液配制参见有关材料。

（2）控温设备　检验方法所使用的马弗炉、恒温干燥箱、恒温水浴锅等均须按国家有关规程进行测试和校正。

（3）测量仪器　天平、酸度计、温度计、分光光度计、色谱仪等均应按有关规程进行测试和校正。

（4）检验方法中所列仪器　为该方法所需要的主要仪器，一般实验室常用仪器不再列入。

2. 温度和压力的表示

（1）一般温度以摄氏度表示，写作ρ℃；或以开氏度表示，写作 K（开氏度=摄氏度+273. 15）。

（2）压力单位为帕斯卡，符号为 Pa（kPa、MPa）。

$$1\text{atm}=760\text{mmHg}=101325\text{Pa}=0.101325\text{MPa}$$

atm 为标准大气压，mmHg 为毫米汞柱。

四、分析结果的表述

1. 测定值的运算规则

测定值的运算和有效数字的修约应符合 GB/T 8170—2008 数值修约规则与极限数值的表示和判定。

2. 结果的表述

报告平行样测定值的算术平均值，并将报告结果表示到小数点后的位数或有效位数，测定值的有效数的位数应能满足卫生标准的要求。

3. 测定值的单位

样品测定值的单位应使用法定计量单位。

4. 未检出的规定

如果分析结果在方法的检出限以下，可以用“未检出”表述分析结果，但应注明检出限数值。

五、检验工作的一般要求

1. 一般要求

严格按照标准中规定的分析步骤进行检验，对实验中的不安全因素（中毒、爆炸、腐蚀、烧伤等）应有防护措施。

2. 实验室职责

农林产品理化检验实验室应实行分析质量控制。

3. 实验工作人员的职责

检验人员应填写好检验记录，包括采样记录、检验过程记录、实验报告等，并做好原始记录的归档。

六、农林产品分析方法

农林产品的检验与分析方法包括重量分析法、滴定分析法、色谱法、分光光度法以及微生物的检验方法等。

1. 重量分析法

重量分析法是将被测组分用一定的方法，从试样中分离出来，然后根据被测组分的重量或试样中其他组分的重量计算被测组分在试样中的含量。重量分析法依据分离方法的不同分为气化法、萃取法和沉淀法。气化法是最简单的重量分析法，如果酱中水分的测定、果酒中可溶性固形物含量的测定，可将试样在105℃左右干燥，根据干燥前后的重量差计算失水量。萃取法是利用被测组分在有机溶剂中的可溶性，将该组分与试样其他组分分离，然后将有机溶剂挥发除去，再称量残渣重量，计算出被测组分的含量，如乳制品中粗脂肪的测定。沉淀法是利用沉淀反应将被测组分从试样中沉淀出来，然后将沉淀烘干或灼烧，最后根据沉淀的重量计算被测组分含量。重量分析法常用仪器包括电热鼓风干燥箱、自动定温马弗炉、天平等。

2. 滴定分析法

滴定分析法是将一种已知准确浓度的溶液（称为标准溶液）滴加到试样溶液中，与被测组分反应，直至反应完全，即标准溶液的量与被测组分的量相等，再根据标准溶液的浓度和耗用体积计算出被测组分含量。滴定分析根据所涉及的化学反应不同，可分为酸碱滴定法、氧化还原滴定法、沉淀滴定法和络合物滴定法。常用仪器包括酸度计、容量瓶、移液管、吸量管和滴定管等。

3. 色谱法

色谱法是利用混合物中各组分物理化学性质的差别（如吸附能力、分子大小、极性、亲和力的差异），使各组分在不同的两相（固定相和流动相）中分布而得以分离。色谱法一般分为柱色谱法（包括液相色谱法、气相色谱法）和平板色谱法（包括薄层色谱法和纸层析法）两种。如农林产品中氨基酸的分析可采用纸层析法进行定性分析，也可以采用高效液相色谱法进行定性定量分析。

4. 分光光度法

分光光度法是依据在一定条件下，溶液中待测组分对光的吸收与其浓度呈现正比关系的特点，首先配制已知浓度的系列标准溶液，进行衍生（如果组分本身不含有吸光结构单元）、测定吸光度值，绘制浓度-吸光度值标准曲线（或建立线性回归方程），在与标准溶液同样处理的条件下，进行样品溶液的制备与测定吸光度值，根据标准曲线可以查得样品对应的浓度（或代入回归方程计算样品浓度），求算样品的待测组分含量。分光光度法分为原子吸收分光光度法、紫外分光光度法、紫外可见分光光度法、红外分光光度法等。

5. 微生物的检验方法

农林产品含有丰富的营养成分，在生产、贮存中易受微生物污染，从而使产品色、香、味发生变化，腐败变质，人们食用后轻者中毒，重者死亡，因此农林产品必须进行微生物检验。检验内容主要包括：细菌总数、大肠菌群、致病菌，有时对微生物代谢产物分析检验也是必要的。

第二节　采样与样品处理

农林产品分析检测过程中，采样与样品处理是决定样品分析结果的关键步骤。由于农林产品样品种类多、成分复杂，给分析采样工作带来困难，必须严格遵守操作规程，使得采集的样品既有代表性，又符合检测项目的要求。

一、采样

1. 采样目的与意义

采样又称检样、抽样、取样等，是为了进行分析检测而从整批产品中抽取一定数量具有代表性的样品。采样对农林产品分析检测来说是一个关键过程，要保证分析结果的准确，采样必须遵循一定的原则。首先，采样要均匀、有代表性，能反映全部被测农林产品的组分、质量和卫生状况；其次，采样过程中要设法保持原有的理化指标，防止成分逸散或带入杂质。

农林产品采样检验的目的在于检验农林产品的原料是否满足加工的要求，检验试样感官性质上有无变化、一般成分有无缺陷和掺假现象，加入的添加剂等外来物质是否符合国家标准，农林产品在生产运输和储藏过程中有无重金属、有害物质和各种微生物的污染以及有无变质和腐败现象。由于分析检测时采样很多，其检验结果又要代表整箱或整批农林产品的结果，所以样品的采集是分析检测中的重要环节，采集的样品必须代表全部被检测的物质，否则后续样品处理及检测计算结果无论如何严格准确也没有价值。

2. 采样的一般要求

（1）严格按照标准中规定的分析步骤进行检验，对实验中不安全因素（中毒、爆炸、腐蚀、烧伤等）应有防护措施。

（2）理化检验实验室应实行分析质量控制。

（3）检验人员应填写好检验记录。

3. 样品的分类

样品按照样品采集过程，可分为检样、原始样品和平均样品。

（1）检样　由组批或货批中所抽取的样品称为检样。一般以同一产区，同一班次，同一生产线生产的同品种、同规格的产品为一个货批或组批。

（2）原始样品　把许多检样混在一起为原始样品。原始样品的数量是根据被检测样品的特点、数量及满足分析检测要求而定。

（3）平均样品　原始样品经处理再均匀地抽取其中一部分作分析用的称平均样品。一般性农林产品分析检测的平均样品只分成 2 份，一份用于农林产品分析检测的分析样品，另一份作为保留样品，标明采样时间，并保留一段时间（视具体样品和检测情况而定，易变质样品不作保留，一般样品通常保留 1 个月）。如果检验结果需要满足标准认定、质量纠纷等需要，经常增加一份复检样品，用于在对检验结果有争议或分歧时复检用。

4. 采样的数量与方法

由于农林产品种类繁多，有罐头类农林产品，有乳制品、蛋制品和各种小农林产品（糖果，饼干类）等。另外农林产品的包装类型也很多，有散装（如粮食，食糖），还有袋装（如酒、酱类）、桶装（蜂蜜）、听装（如啤酒、饮料），木箱或纸盒装（禽畜类和水产品）和瓶装（酒和饮料类）等。农林产品采集的类型也不一样，有的是成品样品，有的是半成品样品，有的还是原料类型的样品。尽管商品的种类不同，包装形式不一，但是采样一定要具有代表性，也就是说采取的样品要能代表整个班次的样品结果，对于各种农林产品取样方法都有明确的取样数量和方法说明。

采样时应注意产品名称、生产日期、产品批号、代表性和均匀性，而对掺伪农林产品和食物中毒样品应保证采样的典型性。

对于颗粒状样品（粮食等粉状农林产品）采样时应从某个角落，上中下各取一类，然后混合，用四分法得平均样品。四分法是指将从上中下取出的等量样品合并置于一块洁净、光滑的塑料布上或玻璃板上，充分混匀，摊平成一正方形，在正方形上划对角线，分为四块，取相对的两块混匀，作为一样品，如果样品量过大，可依照四分法继续进行样品的缩分，一般散装样品不少于 0.5kg。

对于液体、半流体样品，采样时应先充分混合再采样，对大容器不能混合成分的样品应采用虹吸法分层取样，每层取 500mL，装入瓶中混匀得平均样品。

对于小包装的样品需要连包装一起取（如罐头或奶粉），一般按生产班次取样，取样数为1/6000，尾数超过 2000 者增取 1 罐，每班（批）每个品种不得少于 3 罐。某些产品班产量较大，则以 30000 罐为基数，其取样数按 1/6000 计；超过 30000 罐以上的按 1/20000 计，尾数超过 4000 罐者增取 1 罐。

5. 样品的制备与保存

（1）样品的制备　对于液体样品可用玻璃棒、电动搅拌器、电磁搅拌进行摇动或搅拌；固体样品可采取切细或搅碎；对于带核、带骨头的样品，在制备前应该先取核、取骨、取皮，目前一般都用高速组织捣碎机进行样品的制备。

（2）样品的保存　采集的样品，为了防止其水分或挥发性成分散失，以及其他待测成分含量的变化，应在短时间内进行分析，尽量做到当天样品当天分析。

样品在保存过程中可能会有吸水或失水、霉变及细菌等变化。

吸水或失水：原来含水量高的易失水，反之则吸水；含水量高的易发生霉变，细菌繁殖快。保存样品用的容器有玻璃、塑料、金属等，原则上保存样品的容器不能同样品的主要成分发生化学反应。

霉变：特别是新鲜的植物性样品，易发生霉变。当组织有损坏时更易发生褐变，因为组织受伤时，氧化酶发生作用，变成褐色，由于组织受伤的样品不易保存，应尽快分析。例如：茶叶采下来时，先脱活（杀青）即加热，脱去酶的活性。

细菌：为了防止细菌污染，最理想的方法是冷冻，样品的保存理想温度为-20℃，有时为了防止细菌污染可加防腐剂，例如牛奶中可加甲醛作为防腐剂，但量不能加得过多，一般是（1~2）d/100mL 牛奶。

二、样品的预处理

1. 样品预处理的目的与意义

由于农林产品种类的多样性及农林产品组分的复杂性，往往给农林产品分析与检测带来干扰。所以，在分析检测之前，需要对农林产品进行适当的处理，使被测组分与其他组分分离或除去干扰组分。样品处理过程中，要求既要除去干扰物质，又要保证被测组分不至于被破坏，而且应当进行浓缩使被测组分达到检测的浓度，从而保证测定结果的可靠。总之，样品预处理的原则是消除干扰物，保留与浓缩待测组分，提高测定结果的可靠性。

2. 样品预处理的方法

（1）有机物破坏法　为了测定无机成分而将有机物破坏以除去有机物干扰物。有机物破坏法适用于农林产品中无机盐或金属离子的测定。在高温或强氧化条件下，样品中的有机物分解，并在加热过程中成气态而散逸除去有机干扰物，保留无机成分。根据具体操作，该法分为干法灰化、湿法消化和微波消解三种。

①干法灰化：样品先在坩埚中于电炉上小心进行低温炭化（为了避免测定物质的散失，加少量酸性或碱性物质作为固定剂），再于马弗炉（一般 500~600℃）中高温灼烧分解最后只剩下无机盐（或无机灰分）。此法样品用量少、操作简便、使用试剂少，被广泛用于无机元素的测定，但不适于挥发性元素（如铅、砷、汞等）的测定。干法灰化在加入固定剂的情况下需要同时做空白试验。

②湿法消化：在强酸、强氧化与加热的条件下，有机物被分解而挥发逸出，无机盐及金属离子则留在溶液中。采用强酸体系（如硫酸，硫酸-硝酸，高氯酸-硫酸-硝酸，高氯酸-硫酸，高氯酸-硝酸等）作为强氧化剂。湿法消化较干法灰化具有加热温度较低，减少挥发性元素的散逸的特点，适用于汞以外的无机元素测定样品的处理。湿法消化需要做空白试验。

③微波消解：采用微波为能源对样品进行消解的新技术，适用于大批量样品的处理。微波消解一般是在微波消解炉内进行，此法因快速、溶解样品用量少、节省能源、易于实现自动化操作而得到广泛应用。

（2）蒸馏法　利用样品中组分之间的挥发性不同而进行的一种分离方法，主要包括以下几种方法：

①常压蒸馏：被测组分受热不易发生分解或沸点不太高的情况下，可以采用常压进行蒸馏。沸点不高于90℃，采用水浴加热，高于90℃采用油浴、砂浴等加热。

②减压蒸馏：有些化合物高温极易分解，常降低蒸馏温度。最常用的方法是减压蒸馏。实验室内常采用循环水真空泵来实现减压目的。

③水蒸气蒸馏：将水及与水不溶的液体一起蒸馏的方法称为水蒸气蒸馏。如测定挥发油、有机酸等常采用水蒸气蒸馏。

④分馏：液体混合物在一个设备内同时进行多次部分气化和部分冷凝，将液体混合物分离为各组分的蒸馏过程称为分馏。

（3）溶剂提取法　对于任何一种溶剂来说，不同的组分具有不同的溶解度。利用样品中不同组分之间的溶解度差异，将组分完全或不完全分离的方法称为提取。常采用萃取、浸提和盐析等方法。

①萃取：被分离样品为液体，选择与样品溶液互不相溶而且对被分离组分有较高溶解度的溶剂，与样品溶液混合后分层，由于待分离组分在两相中的分配系数不同，经过多次分配而实现分离的方法称为萃取法。

②浸提：对固体样品，可采用浸提法。该法采用对待测组分有较大溶解度，而且不破坏提取物的性质，并且对样品具有一定的渗透性的试剂浸泡样品，使得样品中的待测组分溶于提取试剂中。浸提法根据操作温度的不同分为加热回流提取和常温浸提法。加热回流是指在装有回流装置的容器内，使得溶剂在加热情况下能蒸发并通过回流装置返回提取容器的一种方法，而常温浸提是在常温下浸泡提取。

③盐析：通过在待测溶液中加入盐类而使得组分在原溶液中的溶解度下降以实现分离的方法称为盐析。

（4）层析分离法　层析分离法是用于分离最广泛的一种方法。包括柱层析与薄层层析两种。柱层析是选用适当的吸附剂，填充色谱柱，将样品载于色谱柱顶端，以适当的溶剂体系进行洗脱，由于样品组分对吸附剂具有不同的吸附能力，在色谱柱中移动的速度不同，洗脱出来的时间不一样，在不同的时间接收到不同的组分，以达到分离的目的。薄层层析是将吸附剂涂于玻璃板上，用展开剂进行展开，不同组分移动的距离不同，得到不同的斑点，已分离的斑点可以得到相应的组分，达到分离目的。

（5）化学分离法　化学分离法主要是指磺化法与皂化法、沉淀分离法、掩蔽法等。

①磺化法与皂化法：是除去油脂的一种方法，常用于农药分析中样品的净化。

磺化法是指通过浓硫酸使样品中脂肪磺化，并与脂肪和色素中的不饱和键起加成反应，形成可溶于硫酸和水的强极性化合物，不再被弱极性溶剂所溶解，从而达到分离目的。此法只适用于在强酸性条件下稳定的农药测定样品的处理。

皂化法是指用热碱溶液（氢氧化钾-乙醇溶液）处理样品使脂肪皂化以除去脂肪等干扰物的方法。经常采用氢氧化钠溶液进行回流皂化2~3h，来去除样品中的油脂。

②沉淀分离：通过加入适当的沉淀剂，使得待测组分或干扰物沉淀而达到样品净化的目的。

③掩蔽法：通过加入掩蔽剂使之与干扰物作用，使得干扰物转变成非干扰成分达到净化目的。

第三节　标准溶液的配制

一、试剂的要求及其溶液浓度的基本表示方法

1. 检验用水

检验方法中所使用的水，未注明其他要求时，系指蒸馏水或去离子水。未指明溶液用何种溶剂配制时，均指水溶液。

2. 常用酸碱浓度

检验方法中未指明具体浓度的硫酸、硝酸、盐酸、氨水时，均指市售试剂规格的浓度（见表2-1）。

表2-1　常用酸碱浓度表

试剂名称	分子量	含量/%（质量分数）	相对密度	浓度/（$mol \cdot L^{-1}$）
冰乙酸	60.05	99.5	1.05（约）	17（CH_3COOH）
乙酸	60.05	36	1.04	6.2（CH_3COOH）
甲酸	46.02	90	1.20	23（HCOOH）
盐酸	36.5	36~38	1.18（约）	12（HCl）
硝酸	63.02	65~68	1.4	16（HNO_3）
高氯酸	100.5	70	1.67	12（$HClO_4$）
磷酸	98.0	85	1.70	15（H_3PO_4）
硫酸	98.1	96~98	1.84（约）	18（H_2SO_4）
氨水	17.0	25~28	0.91	15（$NH_3 \cdot H_2O$）

摘自：GB/T 5009.1—2003

3. 液体的滴

液体的滴是指蒸馏水自标准滴管流下的一滴的量，在20℃时20滴相当于1.0mL。

4. 配制溶液的要求

（1）配制溶液时所使用的试剂和溶剂的纯度应符合分析项目的要求。应根据分析任务、分析方法、对分析结果准确度的要求等选用不同等级的化学试剂。

（2）一般试剂用硬质玻璃瓶存放，碱液和金属标准液用聚乙烯瓶存放，需避光试剂贮于棕色瓶中。

5. 溶液浓度表示方法

（1）标准滴定溶液浓度的表示　标准滴定溶液的浓度，除高氯酸外，均指20℃时的浓度，使用的分析天平、砝码、滴定管、容量瓶、单标线吸管等均需要定期校正。

滴定要求：标定过程中，滴定速度在6~8mL/min。

称量要求：称量工作基准试剂的质量小于或等于 0.5g 时，按精确至 0.01mg 称量；数值大于 0.5g 时，按精确至 0.1mg 称量。

制备要求：制备标准滴定溶液的浓度应在规定浓度值的±5%范围以内。

标定要求：标定标准滴定溶液的浓度时，须两人进行实验，分别各做四平行，每人四平行测定结果极差的相对值（指极差与浓度平均值之比）不得大于重复性临界极差【重复性临界极差［CrR95(4)］为标准偏差乘以 3.6，［CrR95(8)］为标准偏差乘以 4.3】的相对值（重复性临界极差与浓度平均值之比）的 0.15%，八平行结果极差的相对值不得大于重复性临界极差的相对值的 0.18%。取两人八平行测定结果的平均值为测定结果。在运算过程中保留 5 位有效数字，浓度值报告结果取 4 位有效数字。

浓度表示：溶液以（%）表示的均为质量分数，只有乙醇（95%）中的（%）为体积分数。

（2）主要用于测定杂质含量的标准溶液要求　所用试剂为分析纯以上，杂质测定用标准溶液应用移液管量取，每次量取体积不得少于 0.05mL，当量取体积少于 0.05mL 时，应将标准溶液稀释后使用。当量取体积大于 2.00mL 时应使用较浓的标准溶液。杂质测定用标准溶液在常温下保存期一般为两个月，当出现混浊沉淀或颜色有变化时应重新制备。

（3）几种固体试剂的混合质量分数或液体试剂的混合体积分数可表示为（1+1）、(4+2+1）等。

（4）溶液的浓度是以质量分数或体积分数为基础给出，表示方法应是“质量（或体积）分数是 0.75”或“质量体积分数是 75%”。质量和体积分数还能分别用 5mg/g 或 4.2mL/m^3 的形式表示。溶液浓度以质量、容量单位表示，可表示为克每升或以其适当分倍数表示（$g \cdot L^{-1}$ 或 mg/mL 等）。

（5）如果溶液由另一种特定溶液稀释配制，应按照下列惯例表示：

“稀释 $V_1 \rightarrow V_2$”表示，将体积为 V_1 的特定溶液以某种方式稀释，最终混合物的总体积为 V_2；

“稀释 V_1+V_2”表示，将体积为 V_1 的特定溶液加到体积为 V_2 的溶液中（1+1），(2+5)等。

二、常用指示剂的配制

1. 酚酞指示剂（10g/L）

溶解 1g 酚酞于 90mL 乙醇和 10mL 水中。

2. 淀粉指示剂（5g/L）

称取 0.5g 可溶性淀粉，加入约 5mL 水，搅匀后缓缓倾入 100mL 沸水中，随加随搅拌，煮沸 2min，放冷备用。此指示液应临用时配制。

3. 荧光黄指示剂（5g/L）

称取 0.5g 荧光黄，用乙醇溶解并稀释至 100mL。

4. 酚红指示剂（1g/L）

溶解 0.1g 酚红于 60mL 乙醇和 40mL 水中。

5. 甲基红指示剂（1g/L）

溶解 0.1g 甲基红于 60mL 乙醇和 40mL 水中。

6. 甲基橙指示剂（0.5g/L）

溶解0.05g甲基橙于100mL水中。

7. 溴甲酚绿指示剂（2g/L）

溶解0.2g溴甲酚绿于100mL乙醇溶液（$\varphi=20\%$）中。

8. 溴甲酚绿-甲基红混合指示液

量取30mL溴甲酚绿乙醇溶液（2g/L），加入20mL甲基红乙醇溶液（1g/L），混匀。

9. 钙指示剂（10g/L）

2g钙指示剂与100g固体无水硫酸钠混合，研磨均匀，放入干燥棕色瓶中，保存于干燥器内，或配制成1g/L或5g/L的乙醇溶液使用。

10. 铬黑T指示剂

称取0.1g铬黑T［6-硝基-1-(1-萘酚-4-偶氮)-2-萘酚-4-磺酸钠］，加入10g氯化钠，研磨混合，放入干燥磨口瓶，保存于干燥器内。

三、常用基准物质

农林产品分析与检测中常用基准物质见表2-2。

表2-2　常用基准物质的干燥条件与应用

试剂名称	化学式	干燥后组成	干燥条件/℃	标定对象
碳酸氢钠	$NaHCO_3$	$NaHCO_3$	270~300	
十六水合碳酸钠	$NaHCO_3 \cdot 16H_2O$	$NaHCO_3$	270~300	
碳酸氢钾	$KHCO_3$	$KHCO_3$	270~300	
硼砂	$Na_2B_4O_7 \cdot 10H_2O$	$Na_2B_4O_7 \cdot 10H_2O$	密闭容器注解1	
二水合草酸	$H_2C_2O_4 \cdot 2H_2O$	$H_2C_2O_4 \cdot 2H_2O$	室温干燥	
邻苯二甲酸氢钾	$KHC_8H_4O_4$	$KHC_8H_4O_4$	110~120	
重铬酸钾	$K_2Cr_2O_7$	$K_2Cr_2O_7$	140~150	
溴酸钾	$KBrO_3$	$KBrO_3$	130	
碘酸钾	KIO_3	KIO_3	130	
铜	Cu	Cu	室温干燥器	
三氧化二砷	As_2O_3	As_2O_3	室温干燥器	
草酸钠	$Na_2C_2O_4$	$Na_2C_2O_4$	130	
碳酸钙	$CaCO_3$	$CaCO_3$	110	
锌	Zn	Zn	室温干燥器	
氧化锌	ZnO	ZnO	900~1000	
氯化钠	NaCl	NaCl	500~600	

续表

试剂名称	化学式	干燥后组成	干燥条件/℃	标定对象
氯化钾	KCl	KCl	500~600	
硝酸银	$AgNO_3$	$AgNO_3$	220~250	

注解 1：这里的密闭容器指装有 NaCl 和蔗糖饱和溶液的密闭容器。

四、常用标准溶液的配制与标定

1. 盐酸标准滴定溶液

（1）配制。

盐酸标准滴定溶液［c(HCl)＝1mol/L］：量取 90mL 盐酸，加适量水并稀释至 1000mL。

盐酸标准滴定溶液［c(HCl)＝0.5mol/L］：量取 45mL 盐酸，加适量水并稀释至1000mL。

盐酸标准滴定溶液［c(HCl)＝0.1mol/L］：量取 9mL 盐酸，加适量水并稀释至 1000mL。

（2）标定。

盐酸标准滴定溶液［c(HCl)＝1mol/L］：准确称取约 1.5g 在 270~300℃干燥至恒量的基准无水碳酸钠，加 50mL 水使之溶解，加 10 滴溴甲酚绿-甲基红混合指示液，用本溶液滴定至溶液由绿色转变为紫红色，煮沸 2min，冷却至室温，继续滴定至溶液由绿色变为暗紫色。

盐酸标准滴定溶液［c(HCl)＝0.5mol/L］：基准无水碳酸钠量改为约 0.8g。

盐酸标准滴定溶液［c(HCl)＝0.1mol/L］：基准无水碳酸钠量改为约 0.15g。

同时做试剂空白试验。

（3）计算　盐酸标准滴定溶液的浓度按公式（2-1）计算。

$$C_1 = \frac{m}{(V_1 - V_2) \times 0.0530} \qquad (2-1)$$

式中：C_1——盐酸标准滴定溶液的实际浓度，mol/L；

m——基准无水碳酸钠的质量，g；

V_1——盐酸标准滴定溶液用量，mL；

V_2——试剂空白试验中盐酸标准滴定溶液用量，mL；

0.0530——与 1.00mL 盐酸标准滴定溶液［c(HCl)＝1mol/L］相当的基准无水碳酸钠的质量，g。

（4）说明　盐酸标准滴定溶液｛［c(HCl)＝0.02mol/L］、［c(HCl)＝0.01mol/L］｝配制时临用前取盐酸标准溶液［c(HCl)＝0.1mol/L］加水稀释制成。必要时重新标定浓度。

2. 硫酸标准滴定溶液

（1）配制。

硫酸标准滴定溶液［$c(1/2\ H_2SO_4)$＝1mol/L］：量取 30mL 硫酸，缓缓注入适量水中，冷却至室温后用水稀释至 1000mL，混匀。

硫酸标准滴定溶液［$c(1/2\ H_2SO_4)$＝0.5mol/L］：硫酸量改为 15mL。

硫酸标准滴定溶液［$c(1/2\ H_2SO_4)$＝0.1mol/L)：硫酸量改为 3mL。

(2) 标定。

硫酸标准滴定溶液［$c(1/2\ H_2SO_4) = 1.0$mol/L］：同盐酸标定。

硫酸标准滴定溶液［$c(1/2\ H_2SO_4) = 0.5$mol/L］：同盐酸标定。

硫酸标准滴定溶液［$c(1/2\ H_2SO_4) = 0.1$mol/L］：同盐酸标定。

(3) 计算　硫酸标准滴定溶液浓度按公式（2-2）计算。

$$C_2 = \frac{m}{(V_1 - V_2) \times 0.0530} \tag{2-2}$$

式中：C_2——硫酸标准滴定溶液的实际浓度，mol/L；

m——基准无水碳酸钠的质量，g；

V_1——硫酸标准滴定溶液用量，mL；

V_2——试剂空白试验中硫酸标准滴定溶液用量，mL；

0.0530——与1.00mL硫酸标准滴定溶液［$c(H_2SO_4) = 1$mol/L］相当的基准无水碳酸钠的质量，g。

3. 氢氧化钠标准滴定溶液

(1) 配制。

氢氧化钠饱和溶液：称取120g氢氧化钠，加100mL水，振摇使之溶解成饱和溶液，冷却后置于聚乙烯塑料瓶中，密塞，放置数日，澄清后备用。

氢氧化钠标准滴定溶液［$c(NaOH) = 1$mol/L］：吸取56mL澄清的氢氧化钠饱和溶液，加适量新煮沸过的冷水至1000mL，摇匀。

氢氧化钠标准滴定溶液［$c(NaOH) = 0.5$mol/L］：澄清的氢氧化钠饱和溶液改为28mL。

氢氧化钠标准滴定溶液［$c(NaOH) = 0.1$mol/L］：澄清的氢氧化钠饱和溶液改为5.6mL。

(2) 标定。

氢氧化钠标准滴定溶液［$c(NaOH) = 1$mol/L］：准确称取约6g在105~110℃干燥至恒量的基准邻苯二甲酸氢钾，加80mL新煮沸过的冷水，使之尽量溶解，加2滴酚酞指示液，用本标准液滴定至溶液呈粉红色，0.5min不褪色。

氢氧化钠标准滴定溶液［$c(NaOH) = 0.5$mol/L］：基准邻苯二甲酸氢钾量改为约3g。

氢氧化钠标准滴定溶液［$c(NaOH) = 0.1$mol/L］：基准邻苯二甲酸氢钾量改为约0.6g。

同时做空白试验。

(3) 计算　氢氧化钠标准滴定溶液的浓度按公式（2-3）计算。

$$C_3 = \frac{m}{(V_1 - V_2) \times 0.2042} \tag{2-3}$$

式中：C_3——氢氧化钠标准滴定溶液的实际浓度，mol/L；

m——基准邻苯二甲酸氢钾的质量，g；

V_1——氢氧化钠标准滴定溶液用量，mL；

V_2——试剂空白试验中氢氧化钠标准滴定溶液用量，mL；

0.2042——与1.00mL氢氧化钠标准滴定溶液［$c(NaOH) = 1$mol/L］相当的基准邻苯二甲酸氢钾的质量，g。

(4) 说明　氢氧化钠标准滴定溶液｛［$c(NaOH) = 0.02$mol/L］、［$c(NaOH) = 0.01$mol/L］｝

的配制临用前取氢氧化钠标准溶液［$c(NaOH)$ = 0.1mol/L］，加新煮沸过的冷水稀释制成。必要时用盐酸标准滴定溶液｛［$c(HCl)$ = 0.02mol/L］、［$c(HCL)$ = 0.01mol/L］｝标定浓度。

4. 氢氧化钾标准滴定溶液［$c(KOH)$ = 0.1mol/L］

（1）配制　称取6g氢氧化钾，加入新煮沸过的冷水溶解，并稀释至1000mL，混匀。

（2）标定　按氢氧化钠标准滴定溶液标定操作。

（3）计算　按公式（2-3）进行计算。

5. 高锰酸钾标准滴定溶液［$c(1/5KMnO_4)$ = 0.1mol/L］

（1）配制　称取约3.3g高锰酸钾，加1000mL水，煮沸15min，加塞静置2d以上，用垂融漏斗过滤，置于具玻璃塞的棕色瓶中密塞保存。

（2）标定　准确称取约0.2g在110℃干燥至恒量的基准草酸钠，加入250mL新煮沸过的冷水、10mL硫酸，搅拌使之溶解，迅速加入约25mL高锰酸钾溶液，待褪色后，加热至65℃，继续用高锰酸钾溶液滴定至溶液呈微红色，保持0.5min不褪色。在滴定终了时，溶液温度应不低于55℃。同时做空白试验。

（3）计算　高锰酸钾标准滴定溶液的浓度按公式（2-4）计算。

$$C_4 = \frac{m}{(V_1 - V_2) \times 0.0670} \tag{2-4}$$

式中：C_4——高锰酸钾标准滴定溶液的实际浓度，mol/L；

m——基准草酸钠的质量，g；

V_1——高锰酸钾标准滴定溶液用量，mL；

V_2——试剂空白试验中高锰酸钾标准滴定溶液用量，mL；

0.0670——与1.00mL高锰酸钾标准滴定溶液［$c(1/5KMnO_4)$ = 1mol/L］相当的基准草酸钠的质量，g。

（4）说明　高锰酸钾标准滴定溶液［$c(1/5KMnO_4)$ = 0.01mol/L］的配制，临用前取高锰酸钾标准滴定溶液［$c(1/5KMnO_4)$ = 0.1mol/L］稀释制成，必要时重新标定浓度。

6. 硝酸银标准滴定溶液［$c(AgNO_3)$ = 0.1mol/L］

（1）配制　称取17.5g硝酸银，加入适量水使之溶解，并稀释至1000mL，混匀，避光保存（需要标定）。

（2）标定　准确称取约0.2g在270℃干燥至恒量的基准氯化钠，加入50mL水使之溶解。加入5mL淀粉指示液，边摇动边用硝酸银标准滴定溶液，避光滴定，近终点时，加入3滴荧光黄指示液，继续滴定混浊液由黄色变为粉红色。

（3）计算　硝酸银标准滴定溶液的浓度按公式（2-5）进行计算。

$$C_5 = \frac{m}{(V_1 - V_2) \times 0.05844} \tag{2-5}$$

式中：C_5——硝酸银标准滴定溶液的实际浓度，mol/L；

m——基准氯化钠的质量，g；

V_1——硝酸银标准滴定溶液用量，mL；

V_2——试剂空白试验中氯化钠标准滴定溶液用量，mL；

0.05844——与1.00mL硝酸银标准滴定溶液［$c(AgNO_3)$ = 1mol/L］相当的基准氯化钠的

质量，g。

7. 碘标准滴定溶液［$c(1/2I_2)$ = 0.1mol/L］

（1）配制　称取13.5g碘，加36g碘化钾、50mL水，溶解后加入3滴盐酸及适量水稀释至1000mL。用垂融漏斗过滤，置于阴凉处，密闭，避光保存。

（2）标定　准确称取约0.15g在105℃干燥1h的基准三氧化二砷，加入10mL氢氧化钠溶液（40g/L），微热使之溶解，加入20mL水及2滴酚酞指示液，加入适量硫酸（1+35）至红色消失，再加2g碳酸氢钠、50mL水及2mL淀粉指示液。用碘标准溶液滴定至溶液显浅蓝色。

（3）计算　碘标准滴定溶液浓度按公式（2-6）计算。

$$C_7 = \frac{m}{V \times 0.04946} \tag{2-6}$$

式中：C_7——碘标准滴定溶液的实际浓度，mol/L；

m——基准三氧化二砷的质量，g；

V——碘标准溶液用量，mL；

0.04946——与0.100mL碘标准滴定溶液［$c(1/2I_2)$ = 1.000mol/L］相当的三氧化二砷的质量，g。

（4）说明　碘标准滴定溶液［$c(1/2I_2)$ = 0.02mol/L］的配制，临用前取碘标准滴定溶液［$c(1/2I_2)$ = 0.1mol/L］稀释制成。

8. 硫代硫酸钠标准滴定溶液［$c(Na_2S_2O_3 \cdot 5H_2O)$ = 0.1mol/L］

（1）配制　称取26g硫代硫酸钠及0.2g碳酸钠，加入适量新煮沸过的冷水使之溶解，并稀释至1000mL，混匀，放置一个月后过滤备用。

硫酸（1+8）：吸取10mL硫酸，慢慢倒入80mL水中。

（2）标定　准确称取约0.15g在120℃干燥至恒量的基准重铬酸钾，置于500mL碘量瓶中，加入50mL水使之溶解，加入2g碘化钾，轻轻振摇使之溶解，再加入20mL硫酸（1+8），密塞，摇匀，放置暗处10min后用250mL水稀释。用硫代硫酸钠标准溶液滴至溶液呈浅黄绿色，再加入3mL淀粉指示液，继续滴定至蓝色消失而显亮绿色。反应液及稀释用水的温度不应高于20℃。同时做试剂空白试验。

（3）计算　硫代硫酸钠标准滴定溶液的浓度按公式（2-7）计算。

$$C_8 = \frac{m}{(V_1 - V_2) \times 0.04903} \tag{2-7}$$

式中：C_8——硫代硫酸钠标准滴定溶液的实际浓度，mol/L；

m——基准重铬酸钾的质量，g；

V_1——硫代硫酸钠标准滴定溶液用量，mL；

V_2——试剂空白试验中硫代硫酸钠标准滴定溶液用量，mL；

0.04903——与1.00mL硫代硫酸钠标准滴定溶液［$c(Na_2S_2O_3 \cdot 5H_2O)$ = 1.000mol/L］相当的重铬酸钾的质量，g。

（4）说明　硫代硫酸钠标准溶液｛［$c(Na_2S_2O_3 \cdot 5H_2O)$= 0.02mol/L］、［$c(Na_2S_2O_3 \cdot 5H_2O)$= 0.01mol/L］｝配制，临用前取0.10mol/L硫代硫酸钠标准溶液，加新煮沸过的冷水稀释

制成。

9. 乙二胺四乙酸二钠标准滴定溶液（$C_{10}H_{14}N_2O_8Na_2 \cdot 2H_2O$）

（1）配制。

乙二胺四乙酸二钠标准滴定溶液［$c(C_{10}H_{14}N_2O_8Na_2 \cdot 2H_2O)$ = 0.05mol/L］：称取 20g 乙二胺四乙酸二钠（$C_{10}H_{14}N_2O_8Na_2 \cdot 2H_2O$），加入 1000mL 水，加热使之溶解，冷却后摇匀。置于玻璃瓶中，避免与橡皮塞、橡皮管接触。

乙二胺四乙酸二钠标准滴定溶液［$c(C_{10}H_{14}N_2O_8Na_2 \cdot 2H_2O)$ = 0.02mol/L］：乙二胺四乙酸二钠量改为 8g。

乙二胺四乙酸二钠标准滴定溶液［$c(C_{10}H_{14}N_2O_8Na_2 \cdot 2H_2O)$ = 0.01mol/L］：乙二胺四乙酸二钠量改为 4g。

氨水-氯化铵缓冲液（pH 值为 10）：称取 5.4g 氯化铵，加适量水溶解后，加入 35mL 氨水，再加水稀释至 100mL。

氨水（4→10）：量取 40mL 氨水，加水稀释至 100mL。

（2）标定　乙二胺四乙酸二钠标准滴定溶液［$c(C_{10}H_{14}N_2O_8Na_2 \cdot 2H_2O)$ = 0.05mol/L］：准确称取约 0.4g 在 800℃灼烧至恒量的基准氧化锌，置于小烧杯中，加入 1mL 盐酸，溶解后移入 100mL 容量瓶，加水稀释至刻度，混匀，吸取 30.00～35.00mL 此溶液，加入 70mL 水，用氨水（4→10）中和至 pH 值为 7～8，再加 10mL 氨水-氯化铵缓冲液（pH 值为 10），用乙二胺四乙酸二钠标准溶液滴定，接近终点时加入少许铬黑 T 指示剂，继续滴定至溶液自紫色转变为纯蓝色。

乙二胺四乙酸二钠标准滴定溶液［$c(C_{10}H_{14}N_2O_8Na_2 \cdot 2H_2O)$ = 0.02mol/L］：基准氧化锌量改为 0.16g；盐酸量改为 0.4mL。

乙二胺四乙酸二钠标准滴定溶液［$c(C_{10}H_{14}N_2O_8Na_2 \cdot 2H_2O)$ = 0.01mol/L］：容量瓶改为 200mL。

同时做试剂空白试验。

（3）计算　乙二胺四乙酸二钠标准滴定溶液浓度按公式（2-8）进行计算。

$$C_9 = \frac{m}{(V_1 - V_2) \times 0.08138} \tag{2-8}$$

式中：C_9——乙二胺四乙酸二钠标准滴定溶液的实际浓度，mol/L；

m——用于滴定的基准氧化锌的质量，mg；

V_1——乙二胺四乙酸二钠标准滴定溶液用量，mL；

V_2——试剂空白试验中乙二胺四乙酸二钠标准滴定溶液用量，mL；

0.08138——与 1.00mL 乙二胺四乙酸二钠标准滴定溶液［$c(C_{10}H_{14}N_2O_8Na_2 \cdot 2H_2O)$ = 1.000mol/L］相当的基准氧化锌的质量 g。

10. 草酸标准滴定溶液［$c(1/2H_2C_2O_4 \cdot 2H_2O)$ = 0.1mol/L］

（1）配制　称取约 6.4g 草酸，加适量的水使之溶解并稀释至 1000mL，混匀。

（2）标定　吸取 25.00mL 草酸标准滴定溶液，加入 250mL 新煮沸过的冷水，10mL 硫酸。迅速加入约 25mL 高锰酸钾溶液，待褪色后，加热至 65℃，继续用高锰酸钾溶液滴定至溶液呈微红色，保持 0.5min 不褪色。在滴定终了时，溶液温度应不低于 55℃。同时做空白试验。

（3）计算　草酸标准滴定溶液的浓度按公式（2-9）进行计算。

$$C_{10}=\frac{(V_1-V_2)C_0}{V} \tag{2-9}$$

式中：C_{10}——草酸标准滴定溶液的实际浓度，mol/L；

V_1——高锰酸钾标准滴定溶液用量，mL；

V_2——试剂空白试验中高锰酸钾标准滴定溶液用量，mL；

C_0——高锰酸钾标准滴定溶液的浓度，mol/L；

V——草酸标准滴定溶液用量，mL。

五、常用洗涤液的配制和使用方法

1. 重铬酸钾-浓硫酸溶液（100g/L）（洗液）

称取化学纯重铬酸钾100g于烧杯中，加入100mL水，微加热，使其溶解。把烧杯放于水盆中冷却后，慢慢加入化学纯硫酸，边加边用玻璃棒搅动，防止硫酸溅出，开始有沉淀析出，硫酸加到一定量沉淀可溶解，加硫酸至溶液总体积为1000mL。

该洗液是强氧化剂，但氧化作用比较慢，直接接触器皿数分钟至数小时才有作用，取出后要用自来水充分冲洗7~10次，最后用纯水淋洗3次。

2. 肥皂洗涤液、碱洗涤液、合成洗涤剂洗涤液

配制一定浓度，主要用于油脂和有机物的洗涤。

3. 氢氧化钾-乙醇洗涤液（100g/L）

取100g氢氧化钾，用50mL水溶解后，加工业乙醇至1L，它适用洗涤油垢、树脂等。

4. 酸性草酸或酸性羟胺洗涤液

称取10g草酸或1g盐酸羟胺，溶于10mL盐酸（1+4）中，该洗液洗涤氧化性物质，对沾污在器皿上的氧化剂，酸性草酸作用较慢，羟胺作用快且易洗净。

5. 硝酸洗涤液

常用浓度（1+9）或（1+4），主要用于浸泡清洗测定金属离子的器皿。一般浸泡过夜，取出用自来水冲洗，再用去离子水或双蒸水冲洗。洗涤后玻璃仪器应防止二次污染。

第四节　农林产品分析数据处理

农林产品分析与检测的数据处理主要包括可信度的分析、误差分析、分析结果的正确表示以及可以值的取舍等。

一、可信度的分析

分析方法与仪器操作存在诸多干扰因素，需要对所得结果进行正确评估，采用一定方式评估多次测量的准确度与精密度，还包括待测样品的标准曲线评估。

1. 准确度与精密度

（1）准确度与回收率　准确度是指测定平均值与真实值的接近程度。测定值与真实值越

接近，则准确度越高。准确度主要是由系统误差决定的，它反映测定结果的可靠性。一个分析方法的准确度，可通过测定标准试样的误差，或做回收试验计算回收率，以误差或回收率来判断。

在一稳定样品中加入不同水平已知量的标准物质（将标准物质的量作为真值）称加标样品；同时测定样品和加标样品；加标样品扣除样品值后与标准物质的误差即为该方法的准确度。

用回收率表示方法的准确度，按公式（2-10）计算。

$$P(\%) = \frac{X_1 - X_0}{m} \times 100 \tag{2-10}$$

式中：P——加入的标准物质的回收率；

m——加入标准物质的量；

X_1——加标样品的测定值；

X_0——样品的测定值。

（2）精密度与标准偏差　同一样品的各测定值的符合程度称为精密度，指的是用相同的方法对同一个试样平行测定多次，得到结果的相互接近程度。精密度的高低可用偏差来衡量，偏差是指个别测定结果与几次测定结果的平均值之间的差别。偏差有绝对偏差和相对偏差之分。测定结果与测定平均值之差为绝对偏差，绝对偏差占平均值的百分比为相对偏差。

准确度高的方法精密度必然高，而精密度高的方法准确度不一定高。

重复性：同一分析人员在同一条件下所得分析结果的精密度。

再现性：不同分析人员或不同实验室之间各自的条件下所得分析结果的精密度。

①算术平均值：多次测定值的算术平均值可按公式（2-11）进行计算。

$$\overline{X} = \frac{X_1 + X_2 + \cdots\cdots + X_n}{n} = \frac{\sum X_i}{n} \tag{2-11}$$

②相对偏差：在某一实验室，使用同一操作方法，测定同一稳定样品时，允许变化的因素有操作者、时间、试剂、仪器等，测定值之间的相对偏差即为该方法在该实验室内的精密度。

相对偏差可用公式（2-12）和公式（2-13）计算。

$$\text{相对偏差}(\%) = \frac{X_i - \overline{X}}{\overline{X}} \times 100 \tag{2-12}$$

式中：X_i——某一次的测定值；

$\overline{X}$——平均值。

$$\text{双样相对偏差}(\%) = \frac{X_1 - X_2}{(X_1 + X_2)/2} \times 100 \tag{2-13}$$

③标准偏差：标准差也被称为标准偏差，标准差（standard deviation）描述各数据偏离平均的距离（离均差）的平均数，它是离差平方和平均后的方根。标准差是方差的算术平方根。标准差能反映一个数据集的离散程度，标准偏差越小，这些值偏离平均值就越少，反之亦然。标准偏差可用公式（2-14）计算。

$$SD = \sqrt{\frac{\sum (X_i - \overline{X})^2}{n}} \tag{2-14}$$

式中：SD——标准偏差；

X_i——i 次测定值，$i=1, 2, \cdots, n$；

$\overline{X}$——所有测定值的平均值；

n——测定次数。

④变异系数：是概率分布离散程度的一个归一化量度，其定义为标准差与平均值之比，一般来说，变量值平均水平高，其离散程度的测度值越大，反之越小。变异系数可用公式（2-15）计算。

$$CV = \frac{SD}{\overline{X}} \times 100\% \tag{2-15}$$

式中：CV——变异系数；

SD——标准偏差；

$\overline{X}$——所有测定值的平均值。

2. 直线回归方程的计算

在绘制标准曲线时，可用直线回归方程式计算，然后根据计算结果绘制。用最小二乘法计算直线回归方程的公式（2-16）~（2-18）如下：

$$Y = a + bX \cdots \tag{2-16}$$

$$a = \frac{n\sum XY - \sum X \sum Y}{n\sum X^2 - (\sum X)^2} \tag{2-17}$$

$$b = \frac{\sum X^2 \sum Y - \sum X \sum XY}{n\sum X^2 - (\sum X)^2} \tag{2-18}$$

将未知样品的测定值代入回归方程即可得到未知样品的浓度。该回归方程的可靠性可以通过相关系数 R 来判断（2-19）。

$$R = \frac{\sum XY}{\sqrt{\sum X^2 (\sum X^2)}} \tag{2-19}$$

式中：X——自变量，为横坐标上的值；

Y——应变量，为纵坐标上的值；

b——直线的斜率；

a——直线在 Y 轴上的截距；

n——测定次数；

R——相关系数。

相关系数的显著性可以通过 t 检验进行。t 的计算公式（2-20）为：

$$t = \frac{R}{\sqrt{\frac{1 - R^2}{n - 2}}} \tag{2-20}$$

一般标准曲线的绘制采用3~7个梯度的溶液，即$n=3\sim7$。自由度$f=n-2$，因此我们经常用的t值如表2-3所示。当$t>t_{0.05}$时，认为相关关系显著；当$t>t_{0.01}$时，认为相关关系高度显著。

表2-3　t_α值表

f	2	3	4	5	6	7	8	9
$t_{0.01}$	6.9646	4.5407	3.7469	3.3649	3.1427	2.9980	2.8965	2.8214
$t_{0.05}$	2.9200	2.3534	2.1318	2.0150	1.9432	1.8946	1.8585	1.8331

也可以采用临界R值判断相关性。根据表2-4相关系数检验表，查得R，当$R>R_{0.05}$时，认为相关关系显著；当$R>R_{0.01}$时，认为相关关系高度显著。

表2-4　相关系数检验表

f	2	3	4	5	6	7	8	9
$R_{0.01}$	0.98000	0.95873	0.91720	0.8745	0.8443	0.7997	0.7646	0.7348
$R_{0.05}$	0.95000	0.8783	0.8114	0.7545	0.7067	0.6664	0.6319	0.6021

3. 有效数字

农林产品理化检验中直接或间接测定的量，一般都用数字表示，但它与数学中的“数”不同，而仅仅表示量度的近似值。在测定值中只保留一位可疑数字，如0.0123与1.23都为三位有效数字。当数字末端的“0”不作为有效数字时，要改写成用乘以10^n来表示。如24600取三位有效数字，应写作2.46×10^4。

（1）运算规则　除有特殊规定外，一般可疑数表示末位1个单位的误差。

复杂运算时，其中间过程多保留一位有效数字，最后结果须取应有的位数。

加减法计算的结果，其小数点以后保留的位数，应与参加运算各数中小数点后位数最少的相同。乘除法计算的结果，其有效数字保留的位数，应与参加运算各数中有效数字位数最少的相同。

（2）数字修约规则　方法测定中按其仪器精度确定了有效数字的位数后，先进行运算，运算后的数值再修约。在拟舍弃的数字中，若左边第一个数字小于5（不包括5）时，则舍去，即所拟保留的末位数字不变。

例如：将14.2432修约到保留一位小数。

修约前　　修约后

14.2432　　14.2

在拟舍弃的数字中，若左边第一个数字大于5（不包括5）时，则进一，即所拟保留的末位数字加一。

例如：将26.4843修约到只保留一位小数。

修约前　　修约后

26.4843　　26.5

在拟舍弃的数字中，若左边第一位数字等于5，其右边的数字并非全部为零时，则进一，即所拟保留的末位数字加一。

例如：将1.0501修约到只保留一位小数。

修约前　　修约后

1.0501　　1.1

在拟舍弃的数字中，若左边第一个数字等于5，其右边的数字皆为零时，所拟保留的末位数字若为奇数则进一，若为偶数（包括“0”）则不进。

例如：将下列数字修约到只保留一位小数。

修约前　　修约后

0.350　　0.4

0.4500　　0.4

1.0500　　1.0

所拟舍弃的数字，若为两位以上时，不得连续进行多次修约，应根据所拟舍弃数字中左边第一个数字的大小，按上述规定一次修约出结果。

例如：将15.4546修约成整数。

修约前　　修约后

15.4546　　15

二、误差分析

1. 灵敏度与检出限

（1）灵敏度　把标准回归方程中的斜率（b）作为方法灵敏度，即单位物质质量的响应值。

（2）检出限　检测限与灵敏度不同，是指在某种可信度下的最小检测量，在许多分析中都存在一个低限量点，经常通过浓缩样品而避开检测限的浓度。把3倍空白值的标准偏差（测定次数$n \geqslant 20$）相对应的质量或浓度称为检出限。

最小检测浓度可以用公式（2-21）表示。

$$X_{LD} = X_{BLK} + 3SD_{BLK} \tag{2-21}$$

式中：X_{LD}——最小可检测浓度；

X_{BLK}——单个样品空白值；

SD_{BLK}——空白值的标准偏差。

在上式中，空白值的变化决定了检测限，如果空白值变化很大，就会降低检测限。

①色谱法（GC，HPLC）。

设：色谱仪最低响应值$S=3N$（N为仪器噪音水平），则检出限按公式（2-22）进行计算。

$$检出限 = \frac{最低响应值}{b} = \frac{S}{b} \tag{2-22}$$

式中：b——标准曲线回归方程中的斜率，响应值/μg或响应值/ng；

S——仪器噪音的3倍，即仪器能辨认的最小的物质信号。

②吸光法和荧光法：吸光法和荧光法的检出限按公式（2-23）进行计算。

$$X_L = X_i + KS \tag{2-23}$$

式中：X_L——检出限；

X_i——测定 n 次空白溶液的平均值（$n \geqslant 20$）；

S——n 次空白值的标准偏差；

K——一般为 3。

2. 误差的来源

一个客观存在并具有一定数值的被测成分的物理量，称为真值（XT），测定值与真值之差为误差。根据误差的来源，一般将误差分为系统误差、偶然误差和过失误差。

（1）系统误差　系统误差也叫可测误差，它是定量分析误差的主要来源，对测定结果的准确度有较大影响。它是由于分析过程中某些确定的、经常的因素造成的，对分析结果的影响比较固定。

系统误差的特点是具有“重现性”“单一性”和“可测性”。即在同一条件下，重复测定时，它会重复出现；使测定结果系统偏高或系统偏低，其数值大小也有一定的规律；如果能找出产生误差的原因，并设法测出其大小，那么系统误差可以通过校正的方法予以减小或消除。根据其产生的原因分为方法误差、仪器和试剂误差、操作误差和主观误差 4 种。

（2）偶然误差　由一些随机偶然原因造成的、可变的、无法避免的，符合“正态分布”。

（3）过失误差——显著误差　是实验者在实验过程中不应有的失误而引起的。如数据读错、记录错、计算出错，或实验条件失控而发生突然变化等。只要实验者细心操作，这类误差是完全可以避免的。

（4）系统误差的检查方法。

①标准样品对照试验法：选用其组成与试样相近的标准试样，或用纯物质配成的试液按同样的方法进行分析对照。如验证新的分析方法有无系统误差。若分析结果总是偏高或偏低，则表示方法有系统误差。

②标准方法对照试验法：选用国家规定的标准方法或公认的可靠分析方法对同一试样进行对照试验，如结果与所用的新方法结果比较一致，则新方法无系统误差。

③标准加入法（加入回收法）：取两份等量试样，在其中一份中加入已知量的待测组分并同时进行测定，由加入待测组分的量是否被定量回收来判断有无系统误差。

④内检法：在生产单位，为定期检查分析人员是否存在操作误差或主观误差，在试样分析时，将一些已经确认浓度的试样（内部管理样）重复安排在分析任务中进行对照分析，以检查分析人员有无操作误差。

三、实验数据的处理方法

1. 可疑值的取舍

在实验测定过程中，由于随机误差的存在，一组平行测定值之间存在一定差异，这是正常现象，但也会遇到个别实验数据与平均值差异过大的测定值，这种与其他测定值有明显差异的测定值称为可疑值或离群值。

同一样品进行多次测定，经常发现个别数据与其他数据相差较大，对这些不如意的数据不能任意弃去。除非分析者有足够的理由确定这些分析数值是由于某种偶然过失或因外来干扰而剔除外，否则都应当依据误差理论来确定这些数据的取舍。常用 t 值检验法和 Q 值检验法来确定可疑值的取舍。

（1）t 值检验法　t 值的计算公式（2-24）为：

$$t = \frac{|X_{BAD} - X|}{R} \tag{2-24}$$

式中：X_{BAD}——可疑值；

X——平均值；

R——极差（为最大值与最小值之差，$R = X_{max} - X_{min}$）。

根据实验次数（观察次数），查表（表2-5）得 t_α，如果 $t > t_\alpha$ 则可以舍去可疑值，如果 $t \leq t_\alpha$ 则可疑值应保留。

表2-5　t_α 值表（可信度为95%的临界值表）

N	3	4	5	6	7	8	9	10	11	12	13	14	15	20
t	1.53	1.05	0.86	0.76	0.69	0.64	0.60	0.58	0.56	0.54	0.52	0.51	0.50	0.46

（2）Q 值检验法　Q 值的计算公式（2-25）为：

$$Q = \frac{|X_{BAD} - X_{NEXT}|}{R} \tag{2-25}$$

式中：X_{BAD}——可疑值；

X_{NEXT}——临近值；

R——极差（为最大值与最小值之差，$R = X_{max} - X_{min}$）。

根据实验次数查 Q 值表（表2-6）得 Q_α 值，如果 $Q > Q_\alpha$ 则可以舍去可疑值，如果 $Q \leq Q_\alpha$ 则可疑值应保留。

表2-6　Q 值表（可信度为90%的临界值表）

N	3	4	5	6	7	8	9	10
Q	0.94	0.76	0.64	0.56	0.51	0.47	0.44	0.41

Q 检验法的具体计算步骤：将实验值从小到大排序；求出最大值与最小值之差（极差）；求出可疑值（x）与其临近值的差；求出 Q 值；查表［根据测定次数和要求的置信度（95%），查表得 $Q_{0.95}$］；判断（若 $Q \geq Q_{0.95}$ 则应舍去，否则应予保留）。

2. 实验数据的处理方法

实验数据中各变量间的关系的表示可用列表法、图示法和经验公式法。

（1）列表法　在科学试验中一系列测量数据都是首先列成表格，然后进行其他的处理。列表法简单方便，但要进行深入的分析，表格就不能胜任了。首先，尽管测量次数相当多，但它不能给出所有的函数关系；其次，从表格中不易看出自变量变化时函数的变化规律，而只能大致估计出函数是递增的、递减的或是周期性变化的等。列成表格是为了表示出测量结果，或是为了以后的计算方便，同时也是图示法和经验公式法的基础。

表格有两种：一种是数据记录表，另一种是结果表。

数据记录表是该项试验检测的原始记录表，它包括的内容应有试验检测目的，内容摘要、试验日期、环境条件、检测仪器设备、原始数据、测量数据、结果分析以及参加人员和负责人等。

结果表只反映试验检测结果的最后结论，一般只有几个变量之间的对应关系。试验检测结果表应力求简明扼要，能说明问题。

列表法的基本要求：

①应有简明完备的名称、数量单位和因次。

②数据排列整齐（小数点），注意有效数字的位数。

③选择的自变量如时间、温度、浓度等，应按递增排列。

④如需要，将自变量处理为均匀递增的形式，这需找出数据之间的关系，用拟合的方法处理。

（2）图示法　图示法的最大优点是一目了然，即从图形中可非常直观地看出函数的变化规律，如递增性或递减性，是否具有周期性变化规律等，也可从图上获得最大值、最小值，做出切线，求出曲线下包围的面积等。但是，从图形上只能得到函数变化关系而不能进行数学分析。

图示的基本要点为：

①在直角坐标系中绘制测量数据的图形时，应以横坐标为自变量，纵坐标为对应的函数量。

②坐标纸的大小与分度的选择应与测量数据的精度相适应。分度过粗时，影响原始数据的有效数字，绘图精度将低于试验中参数测量的精度；分度过细时会高于原始数据的精度。坐标分度值不一定自零起，可用低于试验数据的某一数值作起点和高于试验数据的某一数值作终点，曲线以基本占满全幅坐标纸为宜，直线应尽可能与坐标轴成45°角。横坐标与纵坐标的实际长度应基本相等。

③坐标轴应注明分度值的名称、单位和有效数字，必要时还应标明试验条件，坐标的文字书写方向应与该坐标轴平行，在同一图上表示不同数据时应该用不同的符号加以区别。

④实验点的标示可用各种形式，如点、圆、矩形、叉等，但其大小应与其误差相对应。

⑤由于每一个测点总存在误差，按带有误差的各数据所描的点不一定是真实值的正确位置。根据足够多的测量数据，完全有可能做出一条光滑曲线。决定曲线的走向应考虑曲线尽可能通过或接近所有的点，顾及所绘制的曲线与实测值之间的误差的平方和最小，此时曲线两边的点数接近于相等。

做图完成后，可以通过图形进行进一步的分析和处理。

（3）经验公式法　测量数据不仅可用图形表示出数据之间的关系，而且可用与图形对应的一个公式（解析式）来表示所有的测量数据，当然这个公式不可能完全准确地表达全部数据。因此，常把与曲线对应的公式称为经验公式，在回归分析中则称为回归方程。

把全部测量数据用一个公式来代替，不仅有紧凑扼要的优点，而且可以对公式进行必要的数学运算，以研究各自变量与函数之间的关系。

所建立的公式能正确表达测量数据的函数关系，往往不是一件容易的事情，在很大程度上取决于试验人员的经验和判断能力，而且建立公式的过程比较烦琐，有时还要多次反复才能得到与测量数据更接近的公式。

建立公式的步骤大致可归纳如下：

①描绘曲线。用图示法把数据点描绘成曲线。

②对所描绘的曲线进行分析，确定公式的基本形式。

如果数据点描绘的基本上是直线，则可用一元线性回归方法确定直线方程。

如果数据点描绘的是曲线，则要根据曲线的特点判断曲线属于何种类型。判断时可参考现成的数学曲线形状加以选择。

③曲线化直。如果测量数据描绘的曲线被确定为某种类型的曲线，尽可能地将该曲线方程变换为直线方程，然后按一元线性回归方法处理。

④确定公式中的常量。代表测量数据的直线方程或经曲线化直后的直线方程表达式为 $y=a+bx$，可根据一系列测量数据用各种方法确定方程中的常量 a 和 b。

⑤检验所确定的公式的准确性，即用测量数据中自变量值代入公式计算出函数值，看它与实际测量值是否一致，如果差别很大，说明所确定的公式基本形式可能有错误，则应建立另外形式的公式。

如果测量曲线很难判断属何种类型，则可按多项式回归处理。

回归分析的基本原理和方法：若两个变量 x 和 y 之间存在一定的关系，并通过试验获得 x 和 y 的一系列数据，用数学处理的方法得出这两个变量之间的关系式，这就是回归分析，也称拟合。所得关系式称为经验公式，或称回归方程、拟合方程。

如果两变量 x 和 y 之间的关系是线性关系，就称为一元线性回归或称直线拟合。如果两变量之间的关系是非线性关系，则称为一元非线性回归或称曲线拟合。

这里只介绍一元线性回归的基本原理和方法，对于非线性拟合的方法在“Matlab 处理实验数据”中介绍。

直线拟合即是找出 x 和 y 的函数关系 $y=a+bx$ 中的常数 a，b。通常粗略一点可用作图法、平均值法，准确的做法是采用最小二乘法计算或应用计算机软件处理。

①作图法。把实验点绘到坐标纸上，根据实验点的情况画出一条直线，尽量让实验点与此直线的偏差之和最小，然后在图上得到直线的斜率 b 和截距 a。计算斜率量要尽可能从直线两端点求得。这种方法显然有相当的随意性。

②平均值法。当有 6 个以上比较精密的数据时，结果比作图法好。

将实验数据代入方程：$y_i=a+bX_i$，把这些方程尽量平均地分为两组，每组中各方程相加成一个方程，最后成一个二元一次方程组，可解得 a 和 b。

③最小二乘法计算。这是最准确的处理方法，其根据是残差平方和最小。这种方法需要 7 个以上的数据，计算量比较大。

3. 分析结果的差异性检验

经常采用 t 检验法和 F 检验法检验不同检验方法的分析结果的差异。

(1) t 检验法　设 X 和 Y 分别表示两种不同分析方法各次测定值的算术平均值；n_1 和 n_2 分别表示两种不同分析方法的测定次数。t 值的计算可以采用公式（2-26）进行：

$$t = \frac{X - Y}{S}\sqrt{\frac{n_1 n_2}{n_1 + n_2}} \tag{2-26}$$

式中：S 的计算按公式（2-27）进行：

$$S = \sqrt{\frac{\sum_{i=1}^{n_1}(X_i - X)^2 + \sum_{i=1}^{n_2}(Y_i - Y)^2}{n_1 + n_2 - 2}} \tag{2-27}$$

自由度$=n_1+n_2-2$，在给定的信度 α 下，由 t 表查得 t_α 值，通过比较 t 与 t_α 值的大小进行判定。在农林产品分析中，认为当 $t < t_{0.05}$ 时差异不显著，$t_{0.05} \leqslant t \leqslant t_{0.01}$ 时差异显著；当 $t > t_{0.01}$ 时差异极显著。

（2）F 检验法　设 S_1 和 S_2 为不同方法测定值的标准差；n_1 和 n_2 分别表示两种不同分析方法的测定次数，F 值的计算公式（2-28）为：

$$F = \frac{S_1^2}{S_2^2} \tag{2-28}$$

按自由度 $N_1=n_1-1$，$N_2=n_2-1$，在给定的信度 α 下，由 F 表查得 F_α 值，通过比较 F 与 F_α 值的大小进行判定。在农林产品分析中，认为当 $F < F_\alpha$ 差异不显著，$F > F_\alpha$ 时差异显著。

第三章　农林产品常规分析

农林产品常规分析主要包括农林产品中基本营养物质（如蛋白质、脂肪、糖类等）的测定，包括酸度测定、灰分测定、水分测定、粗蛋白与氨基酸的测定、总糖与还原糖的测定、粗脂肪的测定、单宁的测定等。

第一节　农林产品水分的测定

农林产品水分测定是农林产品检验的重要质量指标之一，也是一项重要的经济指标。水分的含量高低对微生物的生长及生化反应都有密切的关系。

一定的水分含量可保持农林产品品质，各种农林产品的水分含量都有各自的标准，无论在质量和经济效益上水分含量均起很大的作用。

例如，奶粉要求水分为3.0%~5.0%，若为4%~6%，也就是水分提高到3.5%以上，就造成奶粉结块，则商品价值就低，水分提高后奶粉易变色，贮藏期缩短，另外有些农林产品水分过高，组织状态发生软化，弹性也降低或者消失。

蔬菜含水量85%~91%，水果80%~90%，鱼类67%~81%，蛋类73%~75%，乳类87%~89%，猪肉43%~59%。从含水量来讲，农林产品的含水量高低影响到农林产品的风味、腐败和发霉。同时，干燥的农林产品吸潮后还会发生许多物理性质的变化，如面包和饼干类的变硬就不仅是失水干燥，而且也是由于水分变化造成淀粉结构发生变化的结果，此外，在肉类加工中，如香肠的口味就与吸水、持水情况的关系十分密切。所以，农林产品的含水量对农林产品的鲜度、硬软性、流动性、呈味性、保藏性、加工性等许多方面有着至为重要的关系。

农林产品工厂可按原料中的水分含量进行物料衡算。如鲜奶含水量87.5%，用这种奶生产奶粉（含水量2.5%）需要多少牛奶才能生产一吨奶粉（7：1出奶粉率）。类似的物料衡算，均可以依据水分测定进行。这也可对生产进行指导管理。又例如生产面包，50kg面粉需用多少斤水，要先进行物料衡算。面团的韧性好坏与水分有关，加水量多面团软，加水量少面团硬，做出的面包体积不大，影响经济效益。

在一般情况下要控制较低的水分防止微生物生长，但并非水分越低越好，要视情况而定。从上面几点就可说明测定水分的重要性，水分在我们农林产品分析中是必测的一项。

一、常压干燥法

1. 基本原理

在一定温度（95~105℃）和压力（常压）下，将样品放在烘箱中加热干燥，蒸发掉水分，干燥前后样品的质量之差即为样品的水分含量。

2. 仪器

电热恒温干燥箱；扁形铝制或玻璃制称量瓶：内径60~70mm，高度小于35mm；干燥器；分析天平。

3. 测定步骤

（1）称量瓶的校准　取洁净称量瓶，置于95~105℃干燥箱中，瓶盖斜置于瓶边。加热0.5~1h后，盖好取出，置干燥器内冷却0.5h，称量，反复干燥至恒重。

（2）样品测定　固体样品：将磨碎或切细的样品混匀，精确称取2~10g（视样品性质和水分含量而定），置于已干燥、冷却并称至恒重的有盖称量瓶中，移入100~105℃烘箱中，开盖烘2~4小时后取出，加盖置干燥器内冷却半小时后称重。再烘1小时，再冷却半小时称重。重复此操作，直至前后两次质量差不超过0.002g即算恒重。

半固体或液体样品：蒸发皿内先加约10g海砂及小玻璃棒一根，置100~105℃烘箱中半小时后取出，放入干燥器内冷却半小时称重，并重复干燥至恒重。然后精确称取5~10g样品，置于蒸发皿中用小玻璃棒搅匀放在沸水浴上蒸干，擦去皿底的水滴，置100~105℃干燥箱中干燥1小时左右，取出放入干燥器内冷却半小时后再称重，至前后两次质量差不超过2mg即为恒重。

4. 结果计算

（1）数据记于表3-1中。

表3-1　数据记录表

称量瓶质量 m_0/g	烘干前样品和称量瓶质量 m_1/g	烘干后样品和称量瓶质量 m_2/g			
		1	2	3	恒重值

（2）计算公式。

$$X = (m_1 - m_2)/(m_1 - m_0) \tag{3-1}$$

式中：X——每百克样品中水分的含量，g；

m_0——称量瓶的质量，g；

m_1——称量瓶和样品的质量，g；

m_2——称量瓶和样品干燥后的质量，g。

按公式（3-1）计算样品中的水分含量，结果保留3位有效数字。

二、真空干燥法

1. 基本原理

减压干燥法是利用在低压下水的沸点降低的基本原理，使农林产品中的水分在较低温度下蒸发，根据样品干燥后所失去的质量，计算水分含量。它适用于在100~105℃易分解、变质或不易除去结合水的农林产品，如味精、麦乳精、含糖农林产品以及含脂肪高的农林产品等。

2. 仪器

真空干燥箱（带真空泵）、干燥瓶、安全瓶。

在用真空干燥法测水分含量时，为了除去干燥过程中试样蒸发出来的水分，和烘箱恢复常压时空气中的水分，整套仪器。

3. 样品的测定

准确称取2~5g样品于已烘至恒重的称量瓶中。放入真空干燥箱内，打开抽气泵抽出干燥箱内空气至所需压力40~53.3kPa（300~400mmHg），并同时加热所需温度（50~60℃）。关闭通水泵或真空泵上的活塞，停止抽气，使干燥烘箱内保持一定的温度和压力，经一定时间后，打开活塞使空气经干燥装置缓缓进入干燥箱内，待压力恢复正常后，再打开干燥箱取出称量瓶，放入干燥器中半小时后称量，并重复以上操作至恒重。

4. 结果计算

与直接干燥法同。

三、蒸馏法

1. 基本原理

蒸馏法是基于两种不相溶的液体二元体系的沸点低于各组分的沸点这一基本原理，将农林产品中的水分与甲苯或二甲苯共沸蒸出，收集馏液，由于密度不同，馏出液在接收管中分层，根据馏出液中水的体积，计算水分含量。本法适用于含挥发性物质较多的农林产品，如油脂、香辛料等。

2. 试剂

甲苯或二甲苯，取甲苯或二甲苯先以水饱和后，分去水层进行蒸馏，收集馏出液备用。

3. 仪器

水分测定蒸馏器，如图3-1所示。

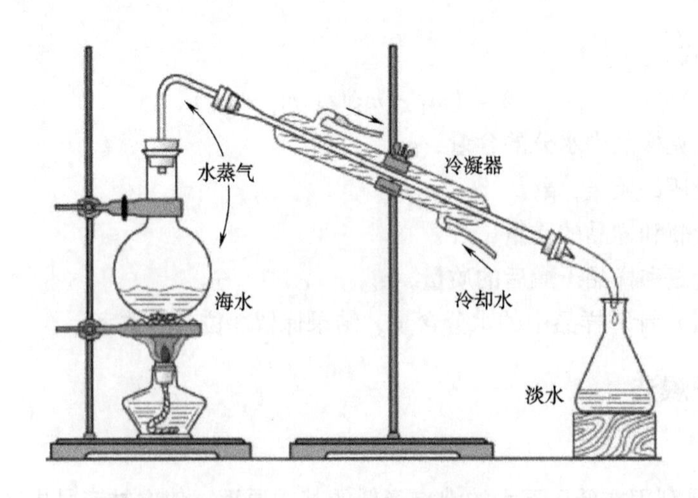

图3-1　水分测定蒸馏器

4. 操作方法

称取适量样品（估计含水2~5mL），放入250mL蒸馏瓶中，加入50~75mL新蒸馏的甲苯（或二甲苯）使甲苯浸没样品。连接冷凝管和水分接收管，从冷凝管顶端注入甲苯，装满水分接收管（刻度管）。

徐徐加热进行蒸馏，以2滴/秒的速度，待大部分水分被蒸出后，加速蒸馏约4滴/秒，当水分全部蒸出后，接收管内的水分体积不再增加时，从冷凝管顶端加入甲苯冲洗。如冷凝管壁附有水滴，可用附有小橡皮头的钢丝擦下，再蒸馏片刻至接收管上部从冷凝管壁无水滴附着为止，读取接收管水层的容积。

5. 计算公式

$$水分(mL/100g) = V/m \times 100 \tag{3-2}$$

式中：V——接收管内水的体积，mL；

m——样品的质量，g。

第二节　农林产品水分活度的测定

随着农林产品科学技术的发展，农林产品水分活性的重要性越来越受到人们的重视，各国科学家正在研究通过控制水分活性来达到免杀菌保存农林产品的新途径。

根据水分活度（以下简称A_w）的定义，它可近似等于农林产品在密封容器内的水蒸气压（P）与在相同温度下的纯水蒸气压（P_o）之比，则表达式为公式（3-3）：

$$A_w = \frac{P}{P_o} \tag{3-3}$$

根据拉乌尔定律，若理想溶液的溶质和溶剂物质的量分别为m_1和m_2，则其表达式为公式（3-4）：

$$A_w = \frac{P}{P_o} = \frac{m_2}{m_1 + m_2} \tag{3-4}$$

设1mol理想溶质溶于1kg水（计55.51mol），则此理想溶液的水分活性为：

$$A_w = 55.51/（1+55.51）= 0.9823$$

在含电介质的非理想溶液的A_w值可根据公式（3-5）计算：

$$\ln A_w = -\upsilon m\varphi/55.51 \tag{3-5}$$

式中：υ——1分子溶质产生的离子数；

m——溶液的摩尔浓度；

φ——由溶质决定的常数。

但是大多数农林产品是由多种组分构成的复杂系统，它的A_w值难以用一般公式法计算，虽然也有许多推荐公式，但都有一定适用范围，主要在农林产品的可溶性成分以及数量已经明确的条件下适用。比如配制微生物培养基以及研制新的中间水分农林产品推荐下面公式较为适用：

$$A_w = A_{w1} \times A_{w2} \times A_{w3} \times \cdots\cdots$$

即总的水分活性 A_w 等于各组分水分活性值的乘积。

一般说来，实际上测定农林产品水分活性都采用直接测定法。

一、A_w 测定仪法

（一）仪器与试剂

A_w 测定仪；恒温箱；氯化钡饱和溶液。

（二）测定步骤

1. 仪器校正

用小镊子将 2 张滤纸浸在 $BaCl_2$ 饱和溶液中，待滤纸均匀地浸湿后，轻轻地把它放在仪器的样品盒内，然后将具有传感器装置的表头放在样品盒上，小心拧紧，移至 20℃恒温箱中，维持恒温 3h 后，再拧动表头上的校正螺丝使 A_w 值为 9.000，重复上述过程再校正一次。

2. 样品测定

取经 15~25℃恒温后的试样 1g 左右，置于仪器样品盒内，保持样品表面平整而不高于盒内垫圈底部。然后将具有传感器装置的表头置于样品盒上（切勿使表头粘上样品），轻轻地拧紧，移至 20℃恒温箱中，保持恒温放置 2h 以后，不断从仪器表头上观察仪器指针的变化状况，待指针恒定不变时，所指示数值即为此温度下试样的 A_w 值。如果试验条件不在 20℃恒温测定时，根据表 3-2 所列的 A_w 校正值即可将其校正为 20℃时的数值。

表 3-2　A_w 值的温度校正

温度/℃	校正值	温度/℃	校正值
15	-0.010	21	+0.002
16	-0.008	22	+0.004
17	-0.006	23	+0.006
18	-0.004	24	+0.008
19	-0.002	25	+0.010

二、直接测定法

根据蒸气压、湿空气动力学等原理相应出现了不少直接测定仪器。国外也出现了许多测定水分活性的电子仪器，其测定原理有的是根据二电极中吸湿性物质的电导变化，也有的是直接依靠气体热传导的湿度传感器来检测。这类仪器具有快速、灵敏、精确度高的优点，我国可加强这类仪器的研制。在目前情况下，这种电子仪器的造价高，有些尚需进口，不利于推广。下面介绍一种坐标内插法，它不需要特殊的仪器装置，一般实验室都可采用。

（一）仪器及用具

康卫皿分析天平，恒温箱。

（二）试剂

见表 3-3。

表 3-3　标准饱和盐溶液的 A_w 值表（25℃）

标准试剂	A_w	标准试剂	A_w
$LiClH_2O$	0.11	$NaBr\cdot 2H_2O$	0.58
$K_2C_2H_2O_2$	0.23	NaCl	0.75
$MgCl_2\ 6H_2O$	0.33	$CdCl_2$	0.82
K_2CO_3	0.43	KNO_3	0.93
$Mg\ (NO_3)_2 6H_2O$	0.52	$K_2C_2O_3$	0.98

注：本表数据取各种文献数据的平均值。

（三）测定方法

主要测定容器是康卫皿，它分内外二室，测定时在外室加入标准盐饱和溶液，在内室的铝箔称量皿中加入 1g 左右的待测试样。试样应用天平精确称量，记下初读数。固体农林产品试样最好切细后放入。然后用玻璃盖涂上真空脂密封，放入恒温箱在 25℃条件下保持 2~3h，取出铝箔称量皿再次精确称出试样的重量，算出试样的增减量。如试样重量增加，说明内室的试样水分活性比外室的盐饱和溶液水分活性低，因此在密封容器内试样由于吸附水分而增重；反之，如试样的水分活性比盐饱和溶液水分活性高，则试样重量减少。

（四）计算

根据试样与两种以上标准饱和盐溶液平衡后试样重量的增减作坐标图（见图 3-2），纵坐标为试样重量增减的多少，横坐标为水分活性值。如图 3-2 的 A 点是试样与标准 $MgCl_2\cdot 6H_2O$ 饱和溶液平衡后重量减少 20.0mg，试样与标准 $Mg\ (NO_3)_2\cdot 6H_2O$ 平衡后失重 5.2mg，相应作出 B 点，与 NaCl 饱和溶液平衡后试样增加 11.1mg，作出 C 点，把三点连成一线与横坐标交于 D 点，得出试样的水分活性为 0.60。

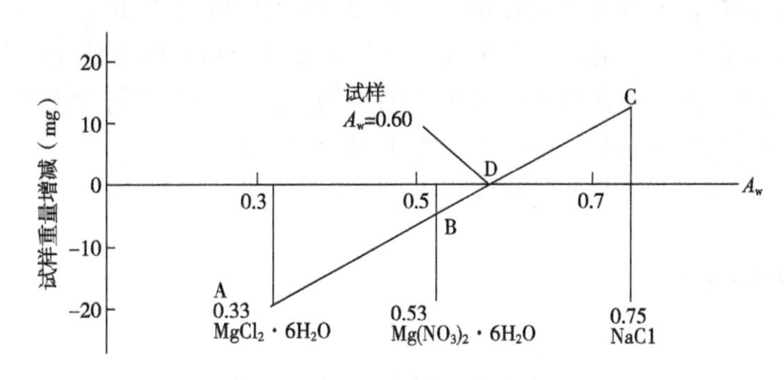

图 3-2　坐标法测定水分活性

（五）注意事项

（1）注意称重试样的精确度，否则会造成测定误差。对试样的 A_w 值范围预先最好进行估计，以便正确选用标准盐饱和溶液。

（2）若试样中含有酒精一类水溶性挥发物质时难以正确测定 A_w 值。

（3）如有米饭类、油脂类农林产品在 25℃下放置 2~3h 测不出 A_w 值，可继续放置 1~4 天，先测定 2h 后的试样重量，然后间隔一定时间称重，再做坐标求出。把首次与横坐标的相交点作为测定值。为防止试样腐烂，可以加入 0.2%的山梨酸钾作为防腐剂。

第三节　灰分的测定

农林产品的组成十分复杂，除含有大量有机物质外，还含有较丰富的无机成分。当这些组分经高温灼烧时，将发生一系列物理和化学变化，最后有机成分挥发逸散，而无机成分（主要是无机盐和氧化物）则残留下来，这些残留物称为灰分。灰分是表示农林产品中无机成分总量的一项指标。

农林产品的灰分与农林产品中原来存在的无机成分在数量和组成上并不完全相同，因为农林产品在灰化时，某些易挥发元素易发生反应，如氯、碘、铅会直接挥发；另一些元素，如磷、硫则以含氧酸形式挥发散失，使这些无机成分减少。另外，某些金属氧化物会吸收有机物分解产生的二氧化碳而形成碳酸盐，又使无机成分增多，因此，灰分并不能准确地表示农林产品中原来的无机成分的总量，从这种观点出发通常把农林产品经高温灼烧后的残留物称为粗灰分。

农林产品的灰分除总灰分（即粗灰分）外，按其溶解性还可分为水溶性灰分、水不溶性灰分和酸不溶性灰分。其中水溶性灰分反映的是可溶性的钾、钠、钙、镁等的氧化物和盐类的含量。水不溶性灰分反映的是污染的泥沙和铁、铝等氧化物及碱土金属的碱式磷酸盐的含量。酸不溶性灰分反映的是污染的泥沙和农林产品中原来存在的微量氧化硅的含量。

测定灰分具有十分重要的意义。不同的农林产品，因所用原料、加工方法及测定条件的不同，各种灰分的组成和含量也不相同，当这些条件确定后，某种农林产品的灰分常在一定范围内。如果灰分含量超过了正常范围，说明农林产品生产中使用了不合乎卫生标准要求的原料或农林产品添加剂，或农林产品在加工、贮运过程中受到了污染。因此，测定灰分可以判断农林产品受污染的程度。此外，灰分还可以评价农林产品的加工精度和农林产品的品质。例如：在面粉加工中，常以总灰分含量评定面粉等级，总灰分含量可说明果胶等胶质品的胶凝性能；水溶性灰分含量可反映果酱、果冻等制品中果汁的含量。总之，灰分是某些农林产品重要的质量控制指标，是农林产品成分全分析的指标之一。

一、总灰分的测定

1. 原理

把一定量的样品经炭化后放入高温炉内灼烧，使有机物质被氧化分解，以二氧化碳、氮的氧化物及水等形式逸出，而无机物质以硫酸盐、磷酸盐、碳酸盐、氯化物等无机盐和金属氧化物的形式残留下来。这些残留物即为灰分，称量残留物的重量即可计算出样品中总灰分的含量。

2. 仪器

（1）高温炉。

（2）瓷坩埚、坩埚钳。

（3）干燥器。

（4）分析天平。

3. 操作方法

（1）取大量适宜的瓷坩埚置高温炉中，在600℃下灼烧0.5h，冷至200℃以下后取出，放入干燥器中冷至室温，精密称量，并重复灼烧至恒量。

（2）加入2~3g固体样品或5~10g液体样品后，精密称量。

（3）液体样品须先在沸水浴上蒸干，固体或蒸干后的样品，先以小火加热使样品充分炭化至无烟，然后置高温炉中，在550~600℃灼烧至无炭粒，即灰化完全。冷至200℃以下后取出放入干燥器中冷却至室温，称量。重复灼烧至前后两次称量相差不超过0.5mg为恒量。计算：

$$X = \frac{m_1 - m_2}{m_3 - m_2} \times 100 \tag{3-6}$$

式中：X——样品中灰分的含量，%；

m_1——坩埚和灰分的质量，g；

m_2——坩埚的质量，g；

m_3——坩埚和样品的质量，g。

二、水溶性灰分和水不溶性灰分的测定

向测定总灰分所得残留物中加入25mL无离子水，加热至沸，用无灰滤纸过滤，用25mL热的去离子水分多次洗涤坩埚、滤纸及残渣，将残渣连同滤纸移回原坩埚中，水浴蒸至坩埚干涸，放入干燥箱中干燥，再进行灼烧、冷却、称重，直至恒重，得到水溶性灰分，而水不溶性灰分为总灰分减去水溶性灰分。计算公式：

$$X = \frac{m_4 - m_2}{m_3 - m_2} \times 100 \tag{3-7}$$

式中：X——样品中灰分的含量，%；

m_4——坩埚和水溶性灰分的质量，g；

m_2——坩埚的质量，g；

m_3——坩埚和样品的质量，g。

三、酸不溶性灰分的测定

向总灰分或水不溶性灰分中加入25mL 0.1mol/L盐酸做同水溶性灰分的测定，按下式计算酸不溶性灰分含量。

$$X = \frac{m_5 - m_2}{m_3 - m_2} \times 100 \tag{3-8}$$

式中：X——样品中灰分的含量，%；

m_5——坩埚和酸不溶性灰分的质量，g；

m_2——坩埚的质量，g；

m_3——坩埚和样品的质量，g。

第四节　碳水化合物的检验与分析

一、粗纤维的测定

1. 实验原理

利用纤维素不溶于稀酸、稀碱和通常的有机溶剂以及对氧化剂相当稳定的性质，经酸、碱、醇和醚相继处理，酸将淀粉、果胶及部分半纤维素水解除去，碱可溶解除去蛋白质、脂肪和部分半纤维和木质素，乙醇和乙醚可抽出树脂、单宁、色素、戊糖、剩余的脂肪、蜡质及一部分蛋白质，最后所得的残渣，减去灰分即为“粗纤维素”（由于其中还含有少量的半纤维素和木质素等，故称为粗纤维素）。

2. 仪器和用具

500mL 烧杯；古氏坩埚：30mL（用石棉铺垫后，在 600℃温度下灼烧 30min）；玻璃棉抽滤管：直径 1cm；250mL 量筒；500mL 平底烧瓶；500mL 容量瓶；5mL 移液管；吸滤瓶；抽气泵；万用电炉；高温炉；电热恒温箱；备有变色硅胶的干燥器；冷凝管等。

3. 试剂

①95%乙醇、乙醚、石蕊试纸；

②酸洗石棉：先用 1.25%碱液洗至中性，再用乙醇和乙醚先后洗 3 次，待乙醚挥发净后备用；

③硫酸溶液（0.128±0.005mol/L）：取硫酸分析纯 384mL 置于 1000mL 容量瓶中，蒸馏水稀释定容至刻度混匀即可（标定）；

④氢氧化钠溶液（0.313±0.005mol/L）：取氢氧化钠饱和溶液 17.6mL（或氢氧化钠 12.52g）加蒸馏水 1000mL 溶解摇匀即可（标定）。

4. 操作方法

（1）称取试样　称取粉碎试样 2~3g 倒入 500mL 烧杯中，如试样的脂肪含量较高时，可用抽提脂肪后的残渣作试样，或将试样的脂肪用乙醚抽提出去。

（2）酸液处理　向装有试样的烧杯中加入事先在回流装置下煮沸的 0.128mol/L 硫酸溶液 200mL，外记烧杯中的液面高度，盖上表面皿，置于电炉上，在 1min 内煮沸，再继续慢慢煮沸 30min。在煮沸过程中，要加沸水保持液面高度，经常转动烧杯，到时离开热源，待沉淀下降后，用玻璃棉抽滤管吸去上层清液，吸净后立即加入 100~150mL 沸水洗涤沉淀，再吸去清液，用沸水如此洗涤至沉淀用石蕊试纸试验呈中性为止。

（3）碱液处理　将抽滤管中的玻璃棉并入沉淀中，加入事先在回流装置下煮沸的 0.313mol/L 碱液 200mL，按照酸液处理法加热微沸 30min，取下烧杯，使沉淀下降后，趁热用处理到恒重的古氏坩埚抽滤，用沸水将沉淀无损失地转入坩埚中，洗至中性。

（4）乙醇和乙醚处理　沉淀，先用热至 50~60℃的乙醇 20~25mL 分 3~4 次洗涤，然后用乙醚 20~25mL 分 3~4 次洗涤，最后抽净乙醚。

（5）烘干与灼烧　古氏坩埚和沉淀，先在 105℃温度下烘至恒重，然后送入 600℃高温炉中灼烧30min。取出冷却，称重，再烧20min，灼烧至恒重为止。

5. 结果计算

粗纤维素干基含量按下列公式计算：

$$粗纤维素(干基) = \frac{W_1 - W_2}{W(100 - M)} \times 10000 \quad (3-9)$$

式中：W——试样重量，g；

W_1——坩埚与沉淀烘后重量，g；

W_2——坩埚与沉淀灼烧后重量，g；

M——水分百分率，%。

双试验结果允许差不超过平均值的1%，取平均值作为测定结果。测定结果取小数点后第一位。

二、还原糖和总糖的测定

（一）农林产品中还原糖含量的测定

1. 直接滴定法

（1）原理 将等量的碱性酒石酸铜甲液、乙液混合时，立即生成天蓝色的氢氧化铜沉淀，这种沉淀立即与酒石酸钾钠反应，生成深蓝色的可溶性酒石酸钾钠铜络合物。此络合物与还原糖共热时，二价铜即被还原糖还原为一价的氧化亚铜沉淀，氧化亚铜与亚铁氰化钾反应，生成可溶性化合物，达到终点时，稍微过量的还原糖将蓝色的次甲基蓝还原成无色，溶液呈淡黄色而指示滴定终点。根据还原糖标准溶液标定碱性酒石酸铜溶液相当于还原糖的质量，以及测定样品液所消耗的体积，计算还原糖含量。

（2）仪器与试剂。

①试剂：盐酸。

碱性酒石酸铜甲液：称取15g硫酸铜（$CuSO_4 \cdot 5H_2O$）及0.05g次甲基蓝，溶于水中并稀释至1000mL。

碱性酒石酸铜乙液：称取50g酒石酸钾钠、75g氢氧化钠，溶于水中，再加入4g亚铁氰化钾，完全溶解后，用水稀释至1000mL，贮存于橡胶塞玻璃瓶中。

乙酸锌溶液：称取21.9g乙酸锌，加3mL冰醋酸，加水溶解并稀释至100mL.

亚铁氰化钾溶液：称取10.6亚铁氰化钾，加水溶解并稀释至100mL。

葡萄糖标准溶液：准确称取1.0000g至（96±2）℃干燥2h的纯葡萄糖，加水溶解后加入5mL盐酸，并以水稀释至1000mL。此溶液葡萄糖浓度为1.0mg/mL。

果糖标准溶液：配制方法同葡萄糖标准溶液，配制浓度为1.0mg/mL的果糖标准溶液。

乳糖标准溶液：配制方法同葡萄糖标准溶液，配制浓度为1.0mg/mL的乳糖标准溶液。

转化糖标准溶液：准确称取0.9500g纯蔗糖，用100mL水溶解，置于具塞锥形瓶中，再加入6mol/L盐酸5mL，于68~70℃水浴中加热15min，放置到室温后定容至1000mL每毫升标准溶液含1.0mg转化糖。

②仪器：定糖滴定装置、电炉（500W）。

（3）实验步骤。

①样品处理：

水果硬糖：称取样品2g左右（精确至100mg）加水溶解并定容至250mL摇匀后备用。

乳类、乳制品及含蛋白质的冷食类：称取2.50~5.00g固体试样（吸取25.00~50.00mL液体试样），置于250mL容量瓶中，加入50mL水，再慢慢加入5mL乙酸锌溶液及5mL亚铁氰化钾溶液，加水至刻度，混匀、静置30min。用干燥滤纸过滤，弃去初滤液，滤液备用。

酒精性饮料：吸取100.0mL试样，置于蒸发皿中，用氧氧化钠（40g/L）溶液中和至中性，在水浴上蒸发至原体积的四分之一后，移入250mL容量瓶中，加水定容。

含大量淀粉的农林产品：称取10.00~20.00g试样置于250mL容量瓶中，加200mL水，在45℃水浴中加热1h，不断摇匀。冷却后加水至刻度、混匀，静置。吸取200mL上清液于另一250mL容量瓶中，以下操作同乳制品。

汽水等含有二氧化碳的饮料：于蒸发皿中吸取100.0mL试样，水浴加热除去二氧化碳后，移入250mL容量瓶中，并用水洗涤蒸发皿，洗液并入容量瓶中，定容、混匀后备用。

②标定碱性酒石酸铜溶液：于150mL锥形瓶中吸取碱性酒石酸铜甲液及乙液各5.0mL，加10mL水和玻璃珠2粒，从滴定管滴加约9mL葡萄糖（或其他还原糖）标准溶液并摇匀，置于电炉上加热至沸（要求控制在2min内沸腾），然而趁热以每2s加1滴的速度继续滴加葡萄糖（或其他还原糖）标准溶液，直至溶液蓝色刚好褪去，显示淡黄色即为终点，记录消耗葡萄糖或其他还原糖标准溶液的总体积。同时平行操作三份，沸腾后滴入的葡萄糖（或其他还原糖）标准溶液的体积应控制在0.5~1.0mL以内。否则，应加预加量重新滴定。

③样品溶液预备滴定：吸取碱性酒石酸铜甲液和乙液各5.0mL于150mL锥形瓶中，加10mL水和玻璃珠2粒并摇匀，在电炉上加热至沸，趁热以先快后慢的速度，从滴定管中滴加试样溶液，并保持溶液沸腾状态，待溶液颜色变浅时，以每2s加1滴的迅速滴定，直至溶液蓝色刚好褪去为终点，记录样品溶液消耗体积。当样品溶液中还原糖浓度过高时应适当稀释，再进行测定，使每次滴定消耗的体积控制在与标定碱性酒石酸铜溶液时所消耗的还原糖标准溶液的体积相近（10mL左右），记录消耗液的总体积，作为正式滴定参考用。

④样品溶液正式滴定：吸取碱性酒石酸甲液和乙液各5.0mL于150mL锥形瓶中，加10mL水和玻璃珠2粒，从滴定管加入比预备测定体积少1mL的样品溶液至锥形瓶中并摇匀，同上法滴定至终点。同法平行操作3份。

以上数据均记录于表3-4。

表3-4 数据记录表

项目	序号	标准还原糖溶液预加体积/mL	消耗标准还原糖溶液总体积/mL	后滴定标准还原糖溶液体积/mL	平均值/mL
标定碱性酒石酸铜甲、乙液	1				
	2				
	3				

续表

项目	序号	样品溶液预加体积/mL	消耗样品溶液总体积/mL	后滴加样品溶液体积/mL	平均值/mL
样品滴定	1				
	2				
	3				

（4）结果计算　试样中还原糖含量由下式计算，结果保留小数点后一位。

$$X = \frac{A}{m \times \frac{V}{250} \times 1000} \times 100 \tag{3-10}$$

式中：X——每百克试样中还原糖的含量（以某种还原糖计），g；

A——碱性酒石酸铜溶液（甲、乙液各 5mL）相当于某种还原糖的质量，mg；

m——样品的质量，g；

V——测定式平均消耗样品溶液的体积，mL。

（5）注意事项及说明。

①实验中的加热温度、时间及滴定时间对测定结果有很大影响，在碱性酒石酸铜溶液标定和样品滴定时，应严格遵守实验条件，力求一致。

②加热温度应使溶液在 2min 内沸腾，若煮沸的时间过长会导致耗糖量增加。滴定过程滴定装置不能离开热源，使上升的蒸汽阻止空气进入溶液，以免影响滴定终点的判断。

③甲、乙液应分别存放，使用时以等量混合。

④本法是与定量的酒石酸铜作用，铜离子是定量的基础，故样品处理时，不能用铜盐作蛋白质沉淀剂。

⑤滴定速度应尽量控制在 2s 加 1 滴。滴定速度快，耗糖增多；滴速慢，耗糖减少。滴定时间应在 1min 内，滴定时间延长，耗糖量减少。因此预加糖液的量应使继续滴定时耗糖量在 0.5~1.0mL 以内。

⑥为了提高测定的准确度，根据待测样品中所含还原糖的主要成分，要求用指定还原糖表示结果，就应用该还原糖溶液标定碱性酒石酸铜溶液。例如，用乳糖表示结果就用乳糖标准溶液标定碱性酒石酸铜溶液。

⑦本法对样品溶液中还原糖浓度有一定要求，应尽量使每次滴定消耗样品溶液体积与标定时所消耗的还原糖标准溶液体积相近，所以当样品溶解浓度过低时，可直接吸取 10mL 样品液代替 10mL 水加入碱性酒石酸铜溶液中，再用标准葡萄糖溶液或其他还原糖标准液直接滴至终点。这时每百克样品中含还原糖含量（g）按下式计算：

$$\text{每百克样品中还原糖含量（以某种还原糖计）} = \frac{(V_1 - V_2) \times c}{m \times \frac{V_3}{250}} \times 100 \tag{3-11}$$

式中：V_1——标定碱性酒石酸铜溶液消耗的标准还原糖溶液的体积，mL；

V_2——加入样品后滴定消耗的标准还原糖溶液的体积，mL；

c——标准葡萄糖或其他标准还原糖溶液的浓度，0.1%；

V_3——测定时吸取样品溶液的体积，mL；

m——样品质量，g。

2. 高锰酸钾滴定法

（1）目的要求　学习高锰酸钾滴定法测定还原糖的原理，掌握测定结果计算方法。

（2）原理　试样除去蛋白质后，将一定量的样液与过量的碱性酒石酸铜溶液反应，在加热条件下，还原糖把二价的铜盐还原为氧化亚铜，加入酸性硫酸铁，氧化亚铁被氧化为亚铁盐而溶解，用高锰酸钾标准溶液滴定氧化作用后生成的亚铁盐，根据高锰酸钾标准溶液的消耗量，计算氧化亚铜含量，再查表得还原糖含量。

（3）仪器与试剂。

①试剂：碱性酒石酸铜甲液：称取 34.63g 硫酸铜（$CuSO_4 \cdot 5H_2O$），加适量水溶解后，加 0.5mL 硫酸，再加水稀释至 500mL，用酒精制石棉过滤。

碱性酒石酸铜乙液：称取 173g 酒石酸钾钠与 50g 氢氧化钠，加适量水溶解并稀释至 500mL，用精制石棉过滤，贮存于橡胶塞玻璃瓶内。

精制石棉：取石棉，先用 3mol/L 盐酸浸泡 2~3d，用水洗净，加浓度为 400g/L 氢氧化钠溶液浸泡 2~3d，倾去溶液后用热碱性酒石酸铜乙液浸泡数小时，用水洗净。再以 3mol/L 盐酸浸泡数小时，以水洗至不是酸性，然后加水振动，使之成细嫩的浆状软纤维，用水浸泡并贮存于玻璃瓶中，即可作垂熔坩埚用。

高锰酸钾标准溶液。

40g/L 氧氧化钠溶液：称取 4g 氧氧化钠，加水溶解并稀释至 100mL。

硫酸铁溶液：称取 50g 硫酸铁，加入 200mL 水溶解，再缓慢加入 100mL 硫酸，冷却后加水稀释至 1000mL。

3mol/L 盐酸：量取 30mL 浓盐酸，加水稀释至 120mL。

②仪器：真空泵或水泵；可调电炉。

（4）实验步骤。

①样品处理：乳类、乳制品及其他含蛋白质的冷食类：称取 2.00~5.00g 固体试样（吸取 25.0~50.0mL 液体试样），置于 250mL 容量瓶中，加水 50mL 摇匀后加 10mL 碱性酒石酸铜甲液及 4mL 氢氧化钠溶液（40g/L），加水至刻度并混匀，静置 30min，过滤（弃去初滤液），滤液备用。

酒精性饮料：吸取 100.0mL 试样，置于蒸发皿中，用 40g/L 氢氧化钠溶液中和至中性，在水浴上蒸发至原体积的四分之一后，移入 250mL 容量瓶中，加 50mL 水混匀，加 10mL 碱性酒石酸铜甲液及 4mL 氢氧化钠（40g/L）加水定容并混匀，静置 30min 后过滤（同上步）。

含大量淀粉的农林产品：称取 10.00~20.00g 试样，置于 250mL 容量瓶中，加 200mL 水，在 45℃ 水浴中加热 1h，并不断摇匀。冷却后加水定容并混匀、静置。吸取 200mL 上清液于另一 250mL 容量瓶，加 10mL 碱性酒石酸铜甲液及 4mL 氢氧化钠溶液（40g/L），加水定容并混匀，静置 30min 后过滤（同上步）。

汽水等含有二氧化碳的饮料：吸取 100.0mL 试样于蒸发皿中，在水浴上除去二氧化碳后，移入 250mL 容量瓶中，并用水洗涤蒸发皿，洗涤液并入容量瓶中，再用水定容，混匀后备用。

②样品测定：吸取 50.00mL 处理后的试样溶液于 400mL 烧杯内，加入碱性酒石酸铜甲液及乙液各 25mL，烧杯上盖一表面皿加热，控制在 4min 内沸腾，再准确煮沸 2min，趁热用铺好石棉的古氏坩埚或 G4 垂熔坩埚抽滤，并用 60℃ 热水洗涤烧杯及沉淀，至洗液不呈碱性为止。将古氏坩埚或垂熔坩埚放入原 400mL 烧杯中，加入硫酸铁溶液及水各 25mL，用玻璃棒搅拌使氧化亚铜完全溶解，以高锰酸钾标准溶液滴定至微红色为终点。

同时平行操作 3 份，取平均值计算。

同时以 50mL 水代替样品，按同一方法做空白对照实验。

（5）结果计算。

试样中还原糖质量相当于氧化亚铜的质量按下式计算：

$$X = (V - V_0) \times c \times 71.54 \tag{3-12}$$

式中：X——试样中还原糖质量相当于氧化亚铜的质量，mg；

V——测定用试样消耗高锰酸钾标准溶液的体积，mL；

V_0——试剂空白消耗高锰酸钾标准溶液的体积，mL；

c——高锰酸钾标准溶液的实际浓度，mol/L；

71.54——1mL 高锰酸钾标准溶液相当于氧化亚铜的质量，mg。

根据上式计算所得氧化亚铜质量，查表，再按下式计算样品中还原糖含量：

$$X = \frac{m_1}{m_2 \times \frac{V}{250} \times 1000} \times 100 \tag{3-13}$$

式中：X——每百克样品中还原糖的含量，g；

m_1——查表得还原糖质量，mg；

m_2——样品质量或体积，g 或 mL；

V——测定用样品溶液的体积，mL；

250——样品处理后的总体积，mL。

（6）注意事项及说明。

①本法以测定过程中产生的铁离子为计算依据，因此在样品处理时，不能用乙酸锌和亚铁氰化钾作为澄清剂。另外所用碱性酒石酸铜溶液是过量的，即保证把所有的还原糖全部氧化后，还有过量的铜离子存在。所以煮沸后的反应液呈蓝色，如不呈蓝色，说明样液糖浓度过高，应调整样液浓度。

②测定时必须严格按规定的操作条件进行，保证在 4min 内待测样液加热至沸，否则误差较大。

③在过滤及洗涤氧化亚铜沉淀的过程中，应使沉淀始终在液面以下，以避免氧化亚铜暴露于空气中而被氧化。

（二）农林产品中总糖含量的测定

①总糖水解：称取 1.00g 样品在烧杯中，加 6mol/L 盐酸 10mL，蒸馏水 15mL，在沸水浴上加热 30min，取出后中和至中性，然后定容到 100mL，过滤，取滤液 10mL 稀释至 100mL，得稀释 1000 倍的总糖水解液。

②总糖的测定：方法同还原糖测定。

第五节　蛋白质的检验与分析

一、农林产品中粗蛋白的测定

衡量农林产品的营养成分时，要测定蛋白质含量，但由于蛋白质组成及其性质的复杂性，在农林产品分析中，通常用农林产品的总氮量表示，蛋白质是农林产品含氮物质的主要形式，每一蛋白质都有其恒定的含氮量，用实验方法求得某样品中的含氮量后，通过一定的换算系数，即可计算该样品中蛋白质的含量。

一般农林产品蛋白质含氮量为10%，如肉、蛋、豌豆、玉米等，其换算系数为6.25，小麦取5.70，大米为5.95、乳制品为6.38，大豆及其制品为5.17，动物胶为5.55，高粱6.24，花生为5.46，肉与肉制品为6.25，芝麻为5.30。

（一）原理

凯氏定氮法：农林产品经加硫酸消化使蛋白质分解，其中氮素与硫酸化合成硫酸铵。然后加碱蒸馏使氨游离，用硼酸液吸收后，再用盐酸或硫酸滴定。根据盐酸消耗量，再乘以一定的数值即为蛋白含量，其化学反应式如下。

（1）$2NH_2(CH_2)_2COOH+13H_2SO_4 \rightarrow (NH_4)_2SO_4+6CO_2+12SO_2+16H_2$

（2）$(NH_4)_2SO_4+2NaOH \rightarrow 2NH_2+2H_2O+Na_2SO_4$

（3）$2NH_3+4H_3BO_3 \rightarrow (NH_4)_2B_4O_7+5H_2O$

（4）$(NH_4)_2B_40_7+H_2SO_4+5H_20 \rightarrow (NH_4)_9SO_4+4H_2BO_2$

（二）试剂与仪器

（1）硫酸钾；

（2）硫酸铜；

（3）硫酸；

（4）2%硼酸溶液；

（5）40%氢氧化钠溶液；

（6）混合指示剂：把溶解于95%乙醇的0.1%溴甲酚绿溶液10mL和溶于95%乙醇的0.1%甲基红溶液2mL混合而成；

（7）0.01mol/L HCl标准溶液或0.05mol/L硫酸标准溶液；

（8）凯氏定氮蒸馏装置一套；

（9）小漏斗1只；

（10）150mL三角瓶3只；

（11）量筒10mL、50mL；

（12）10mL移液管1只；

（13）酸式滴定管1支；

（14）100mL容量瓶1只；

（15）定氮瓶。

（三）操作方法

1. 样品处理

精密称取0.2~2.0g固体样品或2~5g半固体样品或吸取10~20mL液体样品（约相当氮30~40mg），移入干燥的100mL或500mL定氮瓶中，加入0.2g硫酸铜，3g硫酸钾及20mL硫酸，稍摇匀后于瓶口放一小漏斗，将瓶以45°角斜支于有小孔的石棉网上，小火加热，待内容物全部炭化，泡沫完全停止后，加强火力，并保持瓶内液体微沸，至液体呈蓝绿色澄清透明后，再继续加热0.5h。取下放冷，小心加20mL水，放冷后，移入100mL容量瓶中，并用少量水洗定氮瓶，洗液并入容量瓶中，再加水至刻度，混匀备用。取与处理样品相同量的硫酸铜、硫酸钾、硫酸铵同一方法做试剂空白试验。

2. 蒸馏

按图3-3装好定氮装置，于水蒸气发生器内装水约1/2处加甲基红指示剂数滴及数毫升硫酸，以保持水呈酸性，加入数粒玻璃珠以防暴沸，用调压器控制，加热煮沸水蒸气发生瓶内的水。

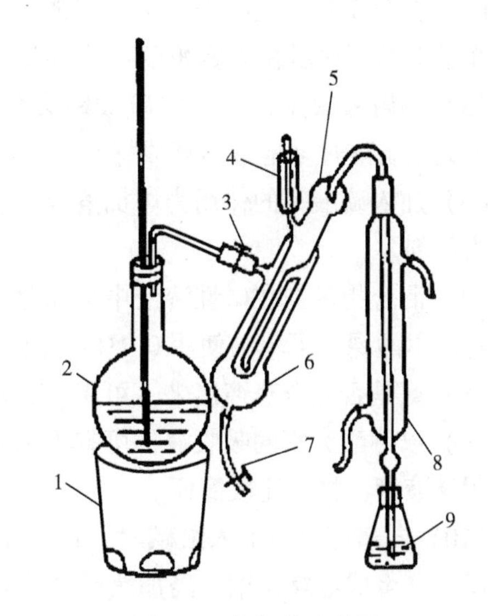

图3-3　定氮蒸馏装置

1—电炉　2—水蒸气发生器　3—螺旋夹
4—样品入口及棒状玻塞　5—反应室　6—反应室外层
7—橡皮管及螺旋夹　8—冷凝管　9—蒸馏液接收瓶

3. 滴定

向接收瓶内加入10mL 2%硼酸溶液及混合指示剂1滴，并使冷凝管的下端插入液面下，吸取10.0mL样品消化液由小玻璃杯流入反应室，并以10mL水洗涤小烧杯使流入反应室内，塞紧小玻璃杯的棒状玻璃塞。将10mL 40%氢氧化钠溶液倒入小玻璃杯，提起玻璃塞使其缓慢流入反应室，立即将玻璃塞塞紧，并加水于小玻璃杯以防漏气。夹紧螺旋夹，开始蒸馏，蒸气通入反应室使氨通过冷凝管而进入接收瓶内，蒸馏5min。移动接收瓶，使冷凝管下端离开液面，再蒸馏1min，然后用少量水冲洗冷凝管下端外部。取下接收瓶，以0.01mol/L硫酸或0.01mol/L盐酸标准溶液滴定至灰色或蓝紫色为终点。

同时吸取10.0mL试剂空白消化液按上述步骤操作。计算：

$$X=\frac{(V_1-V_2)\times c\times 0.0140}{m\times 10/100}\times F\times 100 \tag{3-14}$$

式中：X——样品中蛋白质的含量，g/100g或g/100mL；

V_1——样品消耗硫酸或盐酸标准液的体积，mL；

V_2——试剂空白消耗硫酸或盐酸标准溶液的体积，mL；

c——硫酸或盐酸标准溶液的浓度，mol/L；

0.0140——1.0mL 硫酸 [$c(1/2H_2SO_4)$ = 1.000mol/L] 或盐酸 [$c(HCl)_4$ = 1.000mol/L] 标准溶液相当于氮的质量，g；

m——样品的质量（体积），g（mL）；

F——氮换算为蛋白质的系数。

注：

（1）样品应是均匀的，固体样品应预先研细混匀，液体样品应振摇或搅拌均匀。

（2）样品放入定氮瓶内时，不要黏附颈上，万一黏附可用少量水冲下，以免被检样消化不完全，结果偏低。

（3）消化时如不容易呈透明溶液，可将定氮瓶放冷后，慢慢加入30%过氧化氢2~3mL，促使氧化。

（4）在整个消化过程中，不要用强火，保持和缓地沸腾，使火力集中在凯氏瓶底部，以免附在壁上的蛋白质在无硫酸存在的情况下使氮有损失。

（5）如硫酸缺少，过多的硫酸钾会引起氨的损失，这样会形成硫酸氢钾，而不与氨作用，因此当硫酸过多地被消耗或样品中脂肪含量过高时，要增加硫酸的量。

（6）加入硫酸钾的作用为增加溶液的沸点，硫酸铜为催化剂，硫酸铜在蒸馏时作碱性反应的指示剂。

（7）混合指示剂在碱性溶液中呈绿色，在中性溶液中呈灰色，在酸性溶液中呈红色。如果没有溴甲酚绿，可单独使用0.1%甲基红乙醇溶液。

（8）氨是否完全蒸馏出来，可用pH试纸测试馏出液是否为碱性。

（9）以硼酸为氨的吸收液，可省去标定碱液的操作，且硼酸的体积要求并不严格，也可免去用移液管，操作比较简便。

（10）向蒸馏瓶中加入浓碱时，往往出现褐色沉淀物，这是由于分解促进碱与加入的硫酸铜反应，生成氢氧化铜，经加热后又分解生成氧化铜的沉淀。有时铜离子与氨作用，生成深蓝色的结合物 $[Cu(NH_3)_4]^{2+}$。

二、蛋白质的两性反应和等电点的测定

（一）两性反应的测定

1. 原理

组成蛋白质氨基酸的氨基和羧基大多数成肽键结合，但也有一定数量的氨基和羧基，以及酚基、巯基、胍基、咪唑基等极性基团，易受pH值影响。蛋白质分子在酸性条件下，带正电荷为阳离子；在碱性条件下，带负电为阴离子。

2. 操作

（1）取两支试管，分别加0.5%酪蛋白溶液20滴和0.01%溴甲酚绿指示剂5~7滴，混匀，观察溶液呈现的颜色，并说明原因。

（2）以细滴管慢慢加入0.02mol/L盐酸溶液，随滴随摇，直至有明显的大量沉淀发生，此时溶液的pH值接近酪蛋白的等电点。观察溶液的变化，并说明原因。

（3）继续滴入0.02mol/L盐酸溶液，观察沉淀和溶液颜色的变化，并说明原因。

（4）再滴入0.02mol/L NaOH溶液进行中和，观察是否出现沉淀，并说明原因。

（二）酪蛋白等电点的测定

1. 原理

利用蛋白质在等电点时溶解度最低，最容易沉淀的特性，置于不同浓度的缓冲溶液，以观察蛋白质在此溶液的沉淀情况，即可确定蛋白质的等电点（酪蛋白等电点时 pH 值为 4.7）。

2. 操作

（1）取 9 支粗细相同的干燥的试管，编号后置于试管架上，按其顺序准确地加入各种试剂，见表 3-5。

表 3-5　试剂顺序和所需量　　单位：mL

试管编号	1	2	3	4	5	6	7	8	9	移液管 mL
蒸馏水	2.4	3.2	—	2.0	3.0	3.5	1.5	2.75	3.38	5
1.00mol/L 醋酸溶液	1.6	0.8	—	—	—	—	—	—	—	2
0.10mol/L 醋酸溶液	—	—	4.0	2.0	1.0	0.5	—	—	—	5
0.01mol/L 醋酸溶液	—	—	—	—	—	—	2.5	1.25	0.62	5
酪蛋白醋酸钠溶液	1.0	1.0	1.0	1.0	1.0	1.0	1.0	1.0	1.0	1
溶液的最终 pH 值	3.5	3.8	4.1	4.4	4.7	5.0	5.3	5.6	5.9	
沉淀出现的情况										

（2）混合均匀后静止约 20min，观察每支试管内的溶液的浑浊度以-、+、++、+++、++++符号表示沉淀的多少。根据观察的结果，指示哪一个 pH 值是酪蛋白的等电点。

3. 实验材料

蛋类，酪蛋白等。

4. 实验仪器

大、中试管；移液管；试管架；pH 试纸；烧杯。

5. 试剂

（1）0.5%酪蛋白溶液（以 0.01mol/l 氢氧化钠溶液作溶剂）；

（2）酪蛋白醋酸钠溶液；称取纯酪蛋白 0.25 克，加蒸馏水 20mL 及 1mol/L 氢氧化钠溶液 5mL（必须准确）。摇荡使酪蛋白溶解。然后加 1mol/L 醋酸 5mL（必须准确）倒入 50mL 容量瓶内，用蒸馏水稀释至刻度，混匀，结果是酪蛋白溶于 0.1mol/l 醋酸钠溶液内，酪蛋白的浓度为 0.5mol/L；

（3）0.01%溴甲酚绿指示剂，溶解溴甲酚绿 0.01 克 100mL 95%乙醇中；

（4）0.02mol/L 盐酸溶液、0.02mol/L 氢氧化钠溶液、0.01mol/L 醋酸溶液、0.10mol/L 醋酸溶液、1mol/L 醋酸溶液。

三、蛋白质的沉淀和变性反应

（一）沉淀反应

1. 原理

蛋白质分子在某些理化因素影响下，脱去水膜，中和电荷，其分子内部结构并未发生显著变化，性质也基本未变，除去沉淀因素后能复原。

2. 蛋白质的沉淀——盐析的作用

操作：取两支试管，加蛋白质氯化钠溶液和饱和硫酸铵溶液各 5mL，混合后静止 5min，观察其现象，解释原因。

3. 乙醇沉淀蛋白质

在一定条件下，加入一定量的冷乙醇溶液，使蛋白质发生沉淀，观察不同时间的乙醇-蛋白质溶液有何不同。

操作：

（1）取两支试管，各加两滴未稀释的鸡蛋白溶液和 1mL 水，观察有何现象，为什么?

（2）加入 2~3 滴饱和硫酸铵溶液，又有何变化?为什么?

（3）再各加入 1mL 冷乙醇溶液，摇匀，向其中一试管中立刻加入 10mL 蒸馏水，摇匀观察现象。

（4）30min 后，再向另一试管加入 10mL 蒸馏水，摇匀，观察其现象，与上一试管比较，解释原因。

（二）变性反应

1. 加热使蛋白质变性

（1）原理　蛋白质溶液加热时，链展开并交织在一起而凝固。盐类和氢离子浓度对蛋白质凝固有重要影响，少量盐类能促进蛋白质凝固。当蛋白质处于等电点时，加热凝固最完全、最迅速。在酸碱溶液中，蛋白质分子带有正电荷或负电荷，加热也不凝固，若有足量的中性盐存在，则加热凝固。

（2）操作　取 5 支试管，编号后按表 3-6 加入有关试剂。

将各管混匀，观察并记录有何现象，然后放入装有沸水的水浴锅，加热 10min，注意观察各管的沉淀情况。

表 3-6　实验结果表

试管号	试剂（滴）						
	5%蛋白液	0.1%醋酸	10%醋酸	饱和 NaCl 液	10% NaOH 液	蒸馏水	结果
1	20					14	
2	20	10				4	
3	20		10			4	
4	20		10	4			
5	20				4	10	

（3）试剂。

5%蛋白溶液：取 5mL 鸡蛋清（或鸭蛋清）用蒸馏水稀释至 100mL，搅拌均匀后，用纱布过滤。

盐析用蛋白液（蛋白氯化钠溶液）：取 20mL 鸡蛋清，加蒸馏水 200mL 和饱和氯化钠溶液 100mL，充分搅匀后用纱布滤去不溶物，加氯化钠的目的是溶解球蛋白。

饱和硫酸铵溶液；饱和氯化钠溶液；硫酸铵；硫酸镁、氯化钠；0.5%醋酸铅、1%硫酸铜、3%硝酸银；饱和苦味酸；20%鞣酸；10%三氯醋酸；10%氯化钠；10%氢氧化钠；0.1%醋酸；10%醋酸；1%醋酸；95%乙醇。

2. 重金属使蛋白质变性

（1）原理　重金属盐类易与蛋白质结合成稳定的复合物而沉淀。蛋白质在水溶液中是两性电解质，在碱性溶液中（对蛋白质的等电点而言），分子本身带着负电荷，能与带正电荷的重金属离子（Hg^{2+}、Pb^{2+}、Cu^{2+}、Ag^{+}等）结合成不溶的盐类而沉淀。经过这种处理后的蛋白质沉淀不再溶解于水中。重金属盐类（特别是在碱金属类存在时）沉淀蛋白质的反应通常很完全。因此，在临床上常用蛋白质解除金属盐食物中毒。但应注意，使用醋酸铅或硫酸铜沉淀时不可过量，否则，引起沉淀的再溶解（醋酸铅及硫酸铜加入过量时，可使沉淀复溶，这可能是由于蛋白质复合物吸附了过剩的金属离子而带电荷的缘故）。

（2）操作　取3支试管，各加入5%蛋白溶液5滴及0.01mol/L氢氧化钠溶液两滴，混匀，观察沉淀；向3支试管分别加入0.5%醋酸铅，1%硫酸铜和3%硝酸银1~2滴，混匀，观察沉淀。

3. 生物碱试剂使蛋白质变性

（1）原理　蛋白质的自由基能与酸性的生物碱试剂（苦味酸、鞣酸、三氯醋酸等）反应，形成不溶性的沉淀盐。

（2）操作　取3支已编号的试管，各加5%蛋白溶液5滴；

在1号试管中加入饱和苦味酸液1~2滴，观察现象，解释原因；向2号试管加入20%鞣酸，3号试管加入10%三氯醋酸液1~2滴，混匀，观察现象，解释原因。

四、氨基酸纸上层析

1. 实验原理

用滤纸为支持物进行层析的方法，称为纸层析法，它是分配层析法的一种。它的原理与分配柱层相同，所不同的是以滤纸作为支持物。一般滤纸能吸收22%~25%的水，其中6%~7%的水是与纸纤维结合成复合物，由于纸纤维上的羟基具有亲水性，能与水的氢键相连，使这部分水扩散性降低，所以能与水相混溶的溶剂形成类似不相混合的两相。这里以滤纸上结合水作为固定相，以与水不相混溶（或部分混溶）的溶剂作为流动相。展开时，溶剂往滤纸上流动，样品中各物质在两相中不断地进行分配，即发生一系列连续不断的抽提作用。由于各物质在两相中的分配系数（α=溶质在固定相的浓度/溶质在流动相的浓度）不同，因此，它们的移动速率也就不相同，从而达到分离的目的。

溶质在滤纸上的移动速率可以比移率 R_f 表示：

$$R_f = \text{原点到层析点中心的距离}\ (a)\ /\text{原点到溶剂前沿的距离}\ (b) = a/b$$

R_f值决定于被分离的物质在两相间的分配系数和两相间的体积比。由于两相体积比在同一实验条件是一常数，所以 R_f 值的主要决定因素是分配系数。

纸上层析的操作是在一张特别的滤纸上，一端滴上要分离的样品溶液，放在密闭容器内。使溶剂从有样品的一端流向另一端，从而使样品中的混合物得到分离。再经过显色，使分离后的各物质在滤纸上各不同位置上显示出来。

只要实验条件（如温度、展层溶剂的组分、pH、滤纸的质量等）不变，R_f值是常数，可做定性分析参考。如果溶质中氨基酸组分较多或其中某些组分的R_f值相同或近似，用单向层析不易将它们分开，为此可进行双向层析，在第一溶剂展开后将滤纸转动90°，以第一次展层所得的层析点为原点，再用另一种溶剂展层，即可达到分离目的。由于氨基酸无色，可利用茚三酮反应使氨基酸层析点显色，从而定性和定量。

2. 仪器和试剂

（1）仪器　层析滤纸、烧杯、剪刀、层析缸、培养皿、喷雾器、微量加样器或毛细管、吹风机一个、直尺、铅笔等。

（2）试剂。

①混合氨基酸溶液（水解后的氨基酸干粉）。

甘氨酸溶液：50mg 甘氨酸溶于 5mL 水中。

蛋氨酸溶液：25mg 蛋氨酸溶于 5mL 水中。

亮氨酸溶液：25mg 亮氨酸溶于 5mL 水中。

氨基酸混合液：甘氨酸 50mg、亮氨酸 25mg、蛋氨酸 25mg 共溶于 5mL 水中。

②展层溶剂。

碱相溶剂：正丁醇：12%氨水：95%乙醇 = 13：13：13（V/V）

酸相溶剂：正丁醇：80%甲酸：水 = 15：3：2（V/V），摇匀后放置半天以上，取上清液备用。

③显色贮备液：0.4mol/L 茚三酮-异丙醇：甲酸：水=20：1：5。

④0.1%硫酸铜：75%乙醇=2：38，临用前按比例混合。

3. 实验步骤

（1）标准氨基酸单向上行层析法。

画基线：戴上指套或橡皮手套，在长约20cm、宽约17cm 滤纸上，距短边2.5cm 处，用铅笔画一条线，即为基线。

点样：在原线上，从距纸的长边4cm 处开始，每隔3cm 用微量注射器或毛细管依次分别点上甘氨酸、蛋氨酸、亮氨酸与标准氨基酸溶液和混合氨基酸溶液。点样点干后可重复点加1~2 次。每一点的直径不超过2mm，点样量以每种氨基酸含5~20μg 为宜。

展层：将点好样的滤纸卷成筒形，滤纸两边不相接触，用线固定好，将原线的下端浸入盛有溶剂的培养皿中，不需平衡可立即展层。展层剂为酸性溶剂系统，在展层溶剂中加入显色贮备液（每10mL 展层剂加0.1~0.5mL 的显色贮备液）进行展层，基线必须保持在液面之上，以免氨基酸与溶剂直接接触。盖好层析缸，当溶剂前沿距纸端2cm 时（大约3h），取出滤纸。

显色：纸取出后，吹干或在80℃左右烘箱内烘3~5min，即出现紫红色的氨基酸层析斑点。用铅笔划下层析斑点，可进行定性、定量测定。

（2）混合氨基酸双向上行纸层法。

滤纸准备：滤纸裁成约28cm×28cm 的正方形，在距滤纸相邻两边各2cm 处的交点上，用铅笔划下一点，作为原点。

点样：混合氨基酸溶液（5mg/mL）10~15μL，分别点在原点上。

展层与显色：将点好样的滤纸卷成半筒形，立在培养皿中，原点应在下端。取少量12%的氨水于小烧杯中，盖好层析缸，平衡过夜。次日，取出氨水，加适量碱相溶剂（第一向）于培养皿中，盖好层析缸，上行展层，当溶剂前沿距滤纸上端1~2cm时，取出滤纸，冷风吹干。将滤纸转90度，再卷成半筒形，竖立在干净培养皿中，并于小烧杯中倒少量酸相溶剂，盖好层析缸，平衡过夜，次日将加显色剂的酸性溶剂（每10mL展层剂加0.1~0.5mL的显色贮备液）倾入培养皿中，进行第2向展层。展层毕，取出滤纸，用热风吹干，蓝紫色斑点即显现。

4. 计算

单向层析的R_f值，按R_f= 原点到层析斑点中心的距离/原点到溶剂前沿的距离，计量后计算。双向层析R_f值由两个数值组成，在第一向计量一次，第二向计量一次，分别与已知的氨基酸在酸碱系统的R_f值对比，即可初步决定它为何种氨基酸的斑点，将它剪下，在同一张纸剪下一块大小相同的空白纸作为对照，用硫酸铜-乙醇溶液洗脱，用722型分光光度计测定其吸光度，在标准曲线上查出氨基酸的含量。

5. 说明

影响R_f值的因素如下：

（1）物质结构的影响　极性物质易溶于极性溶剂中，所以物质的极性大小决定了物质在水和有机溶剂之间的分配情况。例如酸性和碱性氨基酸极性大于中性氨基酸，所以前者在水中（固定相）中分配较多，因此R_f值低于后者。—CH_2—是疏水基团，如果分子中极性基团数目不变，则—CH_2—增加，整个分子的极性就降低，因此易溶于有机溶剂中（流动相），R_f值也随着增加。极性基团的位置不同也会引起R_f值的变化。

（2）溶剂的影响　同一物质在不同溶剂中R_f值不同，选择溶剂系统时应使被分离物质在适当的R_f值范围内（0.05~0.85之间，并且不同物质的R_f值至少差别为0.55才能彼此分开。）

溶剂的极性大小也影响物质的R_f值，在用与水互溶的脂肪醇作为溶剂时，氨基酸的R_f值随着溶剂碳原子数目的增加而降低。

（3）pH的影响　溶剂系统的pH会影响物质极性基团的解离形式。酸性氨基酸在酸性时所带静电荷比碱性时少，所带电荷越少亲水性越小，因此在酸性溶剂中R_f值较碱性中更大，而碱性氨基酸则与此相反。借此性质用酸相和碱相溶剂进行双向层析，可使酸碱性不同的氨基酸达到分离的目的。

溶剂的pH还可以影响有机溶剂的含水量，溶剂酸碱性越大，则含水量多。对于极性物质来说R_f值增加，非极性物质R_f值则减少。若pH不合适，使同种物质有不同解离形式，其R_f也略有不同，则此物质层析呈带状图谱。因此溶剂中的酸或碱的含量必须足够，并且层析缸中用酸或碱的气体饱和才可以防止上述现象，使物质得到圆点状图谱。

（4）滤纸的影响　层析滤纸必须质地均匀、紧密，有一定机械强度，并且杂质少。如纸中含有Ca^{2+}、Mg^{2+}、Cu^{2+}等金属离子杂质，可与氨基酸形成络合物使层析图谱出现阴影，可用0.01mol/L HCl或0.4mol/L HCl洗涤滤纸除去杂质。

（5）温度和时间的影响　温度不仅影响物质在溶剂中的分配系数，而且影响溶剂相的组成及纤维素的水合作用。温度变化对R_f值影响很大，所以层析最好在恒温室中进行，温差不超过±0.5℃。

当所有条件都相同时，氨基酸层析时间短，则 R_f值要小。

除上述因素影响 R_f值外，样品中含有盐分和其他杂质以及点样过多均会影响样品的有效分离。

五、有效酸度（pH 值）的测定

1. 原理

pH 值是氢离子浓度的负对数，pH = −lg［H^+］ = 1/lg［H^+］。20℃的中性水，其离子积为［H^+］［OH^-］ = 14，pH+pOH = 14。因此，在酸性溶液中 pH<7，pOH > 7，而在碱性溶液中 pH > 7，pOH<7。中性溶液 pH 值为 7。

测定 pH 值的方法有 pH 试纸法、标准色管比色法和 pH 计测定法。前两者都是用不同指示剂的混合物显示各种不同的颜色来指示溶液的 pH 值。pH 试纸市场有出售。pH 计实际上是电化学法的一种，它由一支能指示溶液 pH 值的玻璃电极作指示电极，另用甘汞电极作参比电极组成一个电池。它们在溶液中产生一个电动势，其大小与溶液中的氢离子浓度有直接关系。即每相差一个 pH 单位就产生 59.1mV 的电极电位，就可以在 pH 计表头上读出样品溶液的 pH 值。

2. 试剂

（1）pH 值为 4.01 标准缓冲溶液（20℃）：准确称取经（115±5）℃烘干 2~3h 的优级邻苯二甲酸氢钾 10.12g，溶于不含二氧化碳的水中，稀释至 100mL，摇匀。

（2）pH 值为 6.88 标准缓冲溶液（20℃）：准确称取经（115±5）℃烘干 2~3h 的磷酸二氢钾 3.39g，无水磷酸氢二钠 3.5g 物溶于水中，稀释至 1000mL，摇匀。

（3）pH 值为 9.22 标准缓冲溶液（20℃）：准确称取纯硼砂 3.80g 溶于除去二氧化碳的水中，稀释至 1000mL，摇匀。

（4）直接按市售的 pH 标准缓冲溶液的盐类所标明的方法配制。

3. 仪器

酸度计附 221 型玻璃电极及甘汞电极。

4. 操作方法

（1）pH 计校正　先将 pH 计的电极接好，打开电源，调节补偿温度旋钮后，将电极插入缓冲溶液中，然后按下读数开关，调节电位调节器，使指针调在缓冲溶液的 pH 值上。放开读数开关，指针应指在 7，重复上述操作 2 次以上。

（2）样品测定　果蔬类样品经研碎均匀后，可在 pH 计上直接测定。肉、鱼类样品一般在按 1∶10 的比例用水浸泡，过滤，取滤液进行测定。测定时先用标准 pH 溶液进行校准。但电极需先用水冲洗，用滤纸轻轻吸干，然后进行测定。pH 值直接从表头上读出。样品测定完毕后，将甘汞电极取下来放好，而玻璃电极必须浸在下端有棉花的玻璃瓶中的蒸馏水里。

六、氨基酸薄层层析

1. 实验原理

取一定量经水解的样品溶液，滴在制好的薄层板上，在溶剂系统中进行双向上行法展开，样品各组分在薄层板上经过多次的被吸附、解吸、交换等作用，同一物质具有相同的 R_f 值，不同成分则有不同的 R_f 值，因而各种氨基酸可达到彼此被分离的目的。然后用茚三酮显色，与标准氨基酸进行对比，即可鉴别样品中所含氨基酸的种类，从显色斑点颜色的深浅可大致确定其含量。

2. 试剂

①展开剂Ⅰ：叔丁醇-甲乙酮-氢氧化铵-水（比例 5∶3∶1，*V/V*），须临时配制。

②展开剂Ⅱ：异丙醇-甲酸-水（比例 20∶1∶5，*V/V*），须临时配制。

③0.5%茚三酮的无水丙酮溶液。

④羧甲基纤维素或微晶纤维素。

⑤标准氨基酸溶液：浓度 0~2mg/mL。

3. 操作

①薄层板制备：称取 10g 微晶纤维素，加入 20mL 水和 2.5mL 丙酮，研磨 1min 调成匀浆后，用薄层涂布器涂布于洁净干燥的玻璃板上（玻璃板 200×200mm，厚度 3mm），使涂层厚度以 300~500μm 为宜（比一般的薄板厚一些），置水平架上晾干后即可使用。

②样品液制备：称取样品 5mg，放入小试管内，加入 0.6mL 5.7mol/L 盐酸溶液（恒沸点盐酸）。在火焰上熔融封口后，置于 110℃烘箱中水解 24h，取出，打开封口，置真空干燥器中减压抽干，以去掉多余的盐酸。以稀氨水调节 pH 值为 7 左右，再加入 10%异丙醇至最后体积达 0.5mL，置冰箱中保存备用。

③点样：用微量注射器吸取样液 5μL（每种氨基酸约几至 10μg），分次滴加在距薄板边缘约 2cm 处，边点边用电吹风吹干，使点样直径在 2~3mm 内。

④展开：采用双向上行法展开。将已点样的两个薄板的薄层面朝外合在一起，放入层析缸（250mm×100mm×250mm）中的玻璃缸内，将两块板的上端分开靠在缸壁上。先进行碱向展层，将展开剂Ⅰ从两块板中间加入，薄层浸入展开剂中的深度约 0.5cm，盖好缸盖，进行展开。当溶剂前沿达到距原点约 11cm 时（时间 1~1.5h），即可将薄板取出，冷风吹干，放平，刮去前沿上端的黄色杂质部分。再进行酸向展层，将薄板重新放入另一个缸中的槽内，与碱向体系成垂直方向，加入展开剂Ⅱ，进行展层。展开至距原点约 11cm 时，取出，吹干。

⑤显色：每块板喷以 7~10mL 0.5%茚三酮丙酮液，喷雾时应控制使薄层板恰好湿润而无液滴流下。喷雾后的薄板用电吹风吹干。有氨基酸存在的地方逐渐显出蓝紫色斑点，仅脯氨酸为黄色斑点。用铅笔将斑点圈出，并用描图纸复绘、复印或摄影保存。

⑥标准氨基酸按上述步骤进行点样、展层、显色。为了定量还可以点上不同浓度的氨基酸标准液，所得图谱供比较和确定样品中的氨基酸含量。

七、酶的特异性

1. 实验原理

酶是一种生物催化剂，它与一般的催化剂最主要的差别是酶具有高度的特异性（即专一性）。所谓特异性指的是一种酶只能对一种化合物或一类化合物（通常在这些化合物的结构中具有相同的化学键）起一定的催化作用，而不能对别的物质发生催化反应。例如：淀粉酶能催化淀粉水解，但不能催化脂肪水解。而脂肪酶则只能催化脂肪水解，却不能催化淀粉水解，本实验以蔗糖酶（来源于酵母）及枯草杆菌α-淀粉酶对淀粉和糖的作用为例，来说明酶的特异性。

淀粉和蔗糖缺乏自由醛基，无还原性。但在α-淀粉酶的作用下，淀粉很容易水解成为糊精及少量麦芽糖、葡萄糖，使之具有还原性。在同样的条件下，α-淀粉酶不能催化蔗糖水解，蔗糖酶能催化水解蔗糖产生具有还原性的葡萄糖和果糖，但不能催化淀粉水解。

2. 操作

（1）取两支试管，各加入本氏试剂 2mL，再分别加入可溶性淀粉溶液和 2%蔗糖溶液各 4 滴，混合均匀后，放在沸水浴中煮 2~3min，观察有无红黄色沉淀产生，纯净的淀粉和蔗糖不出现红黄色沉淀。

（2）取 3 支试管，分别加入 1%可溶性淀粉溶液 3mL，2%蔗糖溶液 3mL，及蒸馏水 3mL。再向 3 支试管各添加α-淀粉酶稀释液 1mL，混匀。放入 37℃恒温水浴中保温，15min 后取出，各加本氏试剂 2mL，摇匀后，放在沸水浴中煮 2~3min，观察有无红黄色沉淀产生？为什么？

（3）取 3 支试管，分别加入 1%可溶性淀粉溶液 3mL，2%蔗糖溶液 3mL 及蒸馏水 3mL，再向 3 支试管各添加蔗糖酶液 1mL，混匀，放入 37℃恒温水浴中保温，10min 后取出，各加本氏试剂 2mL，摇匀后，放入沸水中煮 2~3min，观察有无红黄色沉淀产生？为什么？

（4）再取一支试管，加入蔗糖酶液 1mL 和蒸馏水 3mL，混匀，加入本氏试剂 2mL，摇匀，在沸水浴中煮 2~3min。可以观察试管内溶液中呈现轻度阳性反应，这是由于蔗糖溶液酶溶液本身含有少量还原性杂质的缘故。因此，用此管作为对照，即可解释上述用淀粉做底物的试管内呈现轻度阳性反应的原因。

3. 材料

可溶性淀粉。

4. 试剂

（1）2%蔗糖溶液　蔗糖是典型的非还原糖，若商品蔗糖中还原糖含量超过一定标准，则呈现还原性，这种糖不能用。所以实验前必须进行检查。本实验用的蔗糖至少应是分析纯的试剂。

（2）1%可溶性淀粉溶液　称取可溶性淀粉 1g，加水 10mL，搅成糊状，倾入 90mL 沸水中，搅拌均匀，再煮 2~3min，冷却后定容至 100mL，此溶液应现用现配。

（3）枯草杆菌α-淀粉酶的稀释液。

（4）蔗糖酶液　取干酵母 100g（或鲜酵母适量），置于研钵中，添加适量的蒸馏水及少量的石英砂，用力研磨提取约 1h，再加蒸馏水，使总体积约为 500mL，过滤。将滤液存于冰箱中备用。

（5）本氏试剂（定性试剂）　将硫酸铜 17.3g 溶于 100mL 热蒸馏水中，冷却。将 173.0g 柠檬酸钠及 100g 碳酸钠加于约 800mL 蒸馏水中，加热使之溶解，冷却。把硫酸铜溶液缓缓倾入此试剂可保存很久。

5. 仪器

试管，试管架，6cm 玻璃漏斗和 10mL 量筒，200mL 三角瓶刻度吸管 5mL，2mL、1mL 滴管，铜水浴锅，电热恒温水浴研钵，滤纸，玻璃铅笔。

第六节　农林产品酸度的测定分析

分析与研究农林产品中的酸度，首先应区分如下几种不同概念的酸度：

1. 总酸度

总酸度是指农林产品中所有酸性成分的总量。它包括未离解的酸的浓度和已离解的酸的浓度，其大小可借标准碱滴定来测定，故总酸度又称“可滴定酸度”。

2. 有效酸度

有效酸度是指被测溶液中 H^+ 的浓度，准确地说应是溶液中 H^+ 的活度，所反映的是已离解的那部分酸的浓度，常用 pH 值表示。其大小可借酸度计（即 pH 计）来测定。

3. 挥发酸

挥发酸是指农林产品中易挥发的有机酸，如甲酸、醋酸等低碳链的直链脂肪酸。其大小可通过蒸馏法分离，再借标准碱滴定来测定。

4. 牛乳酸度

牛乳有如下两种酸度：

外表酸度：又叫固有酸度，是指刚挤出来的新鲜牛乳本身所具有的酸度，主要来源于鲜牛乳中酪蛋白、白蛋白、柠檬酸盐及磷酸盐等酸性成分。外表酸度在新鲜牛乳中占 0.15%～0.18%（以乳酸计）。

真实酸度：又叫发酵酸度，是指牛乳放置过程中，在乳酸菌作用下乳糖发酵产生生乳酸而升高的那部分酸度。若牛乳的含酸量超过了 0.20%，即认为有乳酸存在。习惯上把含酸量在 0.20%以上的牛乳列为不新鲜牛乳。外表酸度与真实酸度之和即为牛乳的总酸度（而新鲜牛奶总酸度即为外表酸度），其大小可通过标准碱滴定来测定。

农林产品中的酸不仅作为酸味成分，而且在农林产品的加工、贮运及品质管理等方面被认为是重要的指示标准，测定农林产品中的酸度具有十分重要的意义。

首先，有机酸影响农林产品的色、香、味及其稳定性。果蔬中所含色素的色调，与其酸度密切相关，在一些变色反应中，酸是起很重要作用的成分。如叶绿素在酸性下会变成黄褐色的脱镁叶绿素；花青素于不同酸度下，颜色也不相同。果实及其制品的口味取决于糖、酸的种类、含量及其比例，酸度降低则甜味增加，各种水果及其制品正是因其适宜的酸味和甜味使之具有各自独特的风味。同时水果中适量的挥发酸含量也会带给其特定的香气。另外，农林产品中有机酸含量高，则其 pH 值低，而 pH 值的高低，对农林产品的稳定性有一定的影响。降低 pH 值，能减弱微生物的抗热性和抑制其生长，所以 pH 值是果蔬罐头杀菌条件的主要依据。在水果加工中，控制介质 pH 值还可抑制水果褐变；有机酸能与 Fe、Sn 等金属反应，加快设备和容器的腐蚀作用，影响制品的风味和色泽；有机酸可以提高维生素 C 的稳定性，防止其氧化。

其次，农林产品中有机酸的种类和含量是判断其质量好坏的一个重要指标。挥发酸的种类是判断某些制品腐败的标准，如某些发酵制品中有甲酸积累，则说明已发生细菌性腐败；挥发酸的含量也是某些制品质量好坏的指标，如水果发酵制品中含有 0.1%以上的醋酸，则说明制品腐败；牛乳及乳制品中乳酸过高时，亦说明其已由乳酸菌发酵而产生腐败。新鲜的油脂常是中性的，不含游离脂肪酸，但油脂在存放过程中，本身含的解脂酶会分解油脂而产生游离脂肪酸，使油脂酸败，故测定油脂酸度（以酸价表示）可判断其新鲜程度。有效酸度也是判断农林产品质量的指标，如新鲜肉的pH值为5.7~6.2，如pH > 6.7，说明肉已变质。

另外，利用有机酸的含量与糖的含量之比，可判断某些果蔬的成熟度。有机酸在果蔬中的含量，因其成熟度及生长条件不同而异。一般随成熟度的提高，有机酸含量下降，而糖含量增加，糖酸比增大。故测定酸度可判断某些果蔬的成熟度，对于确定果蔬收获期及加工工艺条件很有意义。

一、总酸度的测定（滴定法）

1. 原理

农林产品中的有机弱酸在用标准碱液滴定时，被中和生成盐类。用酚酞作指示剂，当滴定至终点（pH为8.2，指示剂显红色）时，根据耗用标准碱液的体积，可计算出样品中总酸含量。其反应式如下：

$$RCOOH+NaOH \rightarrow RCOONa+H_2O$$

2. 试剂

①0.1mol/L NaOH标准溶液：称取氢氧化钠（AR）120g于250mL烧杯中，加入蒸馏水100mL，振摇使其溶解，冷却后置于聚乙烯塑料瓶中，密封，放置数日澄清后，取上清液5.6mL，加新煮沸过并已冷却的蒸馏水至1000mL，摇匀。

标定：精密称取0.6g（准确至0.0001g）在105~110℃干燥至恒重的基准邻苯二甲酸氢钾，加50mL新煮沸过的冷蒸馏水，振摇使其溶解，加两滴酚酞指示剂，用配制的NaOH标准溶液滴定至溶液呈微红色30s不褪。同时做空白试验。计算公式：

$$c = \frac{m \times 1000}{(V_1 - V_2) \times 204.2} \tag{3-15}$$

式中：c——氢氧化钠标准溶液的摩尔浓度，mol/L；

m——基准邻苯二甲酸氢钾的质量，g；

V_1——标定时所耗用氢氧化钠标准溶液的体积，mL；

V_2——空白试验中所耗用氢氧化钠标准溶液的体积，mL；

204.2——邻苯二甲酸氢钾的摩尔质量，g/mol。

②1%酚酞乙醇溶液：称取酚酞1g溶解于100mL 95%乙醇中。

3. 操作方法

（1）样液制备。

①固体样品、干鲜果蔬、蜜饯及罐头样品：将样品用粉碎机或高速组织捣碎机捣碎并混合均匀。取适量样品（按其总酸含量而定），用15mL无CO_2蒸馏水（果蔬干品须加8~9倍无CO_2蒸馏水）溶解将其移入250mL容量瓶中，在75~80℃水浴上加热0.5h（果脯类沸水浴加热1h）。冷却后定容，用干燥滤纸过滤，弃去初始滤液25mL，收集滤液备用。

②含CO_2的饮料、酒类：将样品置于40℃水浴上加热30min，以除去CO_2，冷却后备用。

③调味品及不含CO_2的饮料、酒类：将样品混匀后直接取样，必要时加适量水稀释（若

样品混浊，则需过滤）。

④咖啡样品：将样品粉碎通过 40 目筛，取 10g 粉碎的样品于锥形瓶中，加入 75mL 80% 乙醇，加塞放置 16h，并不时摇动，过滤。

⑤固体饮料：称取 5~10g 样品，置于研钵中，加少量无 CO_2 蒸馏水，研磨成糊状，加无 CO_2 蒸馏水移入 250mL 容量瓶中，充分振摇，过滤。

（2）滴定　准确吸取上法制备滤液 50mL，加入酚酞指示剂 3~4 滴，用 0.1mol/L NaOH 标准溶液滴定至微红色 30s 不褪，记录消耗 0.1mol/L NaOH 标准溶液的体积。

4. 结果计算

$$总酸度(\%) = \frac{cVK}{m} \times \frac{V_0}{V_1} \times 100 \tag{3-16}$$

式中：c——标准 NaOH 溶液的浓度，mol/L；

V——滴定消耗标准 NaOH 溶液的体积，mL；

m——样品质量或体积，g 或 mL；

V_0——样品稀释液总体积，mL；

V_1——滴定时吸取的样液体积，mL；

K——换算为主要酸的系数，即 1mmol NaOH 相当于主要酸的质量（g）。

因农林产品中含有多种有机酸，总酸度测定结果通常以样品中含量最多的那种酸表示。一般分析葡萄及其制品时，用酒石酸表示，其 K=0.075；分析柑橘类果实及其制品时，用柠檬酸表示，K=0.064 或 0.070（带一分子水）；分析苹果、核果类果实及其制品时，用苹果酸表示，K=0.067；分析乳品、肉类、水产品及其制品时，用乳酸表示，K=0.090；分析酒类、调味品时，用乙酸表示，K=0.060。

二、挥发酸的测定

挥发酸是农林产品中含低碳链的直链脂肪酸，主要是醋酸和痕量的甲酸、丁酸等，不包括可用水蒸气蒸馏的乳酸、琥珀酸、山梨酸以及 CO_2 和 SO_2 等。正常生产的农林产品中，其挥发酸的含量较稳定，若在生产中使用了不合格的原料，或违反正常的工艺操作，则会由于糖的发酵而使挥发酸含量增加，降低了农林产品的品质。因此，挥发酸的含量是某些农林产品的一项质量控制指标。

总挥发酸可用直接法或间接法测定。直接法是通过水蒸气蒸馏或溶剂萃取把挥发酸分离出来，然后用标准碱滴定；间接法是将挥发酸蒸发排除后，用标准碱滴定不挥发酸，最后从总酸度中减去不挥发酸即为挥发酸含量。前者操作方便，较常用，适用于挥发酸含量较高的样品。若蒸馏液有所损失或被污染，或样品中挥发酸含量较少，宜用后者。下面介绍水蒸气蒸馏法。

1. 原理

样品经适当处理后。加适量磷酸使结合态挥发酸游离出，用水蒸气蒸馏分离出总挥发酸，经冷凝、收集后，以酚酞作指示剂，用标准碱液滴定至微红色 30s 不褪为终点，根据标准碱消耗量计算出样品中总挥发酸含量。反应式见“总酸度的测定”。

2. 试剂

①0.1mol/L NaOH 标准溶液，1%酚酞乙醇溶液，同总酸度的测定；

②10%磷酸溶液：称取 10.0g 磷酸，用少许无 CO_2蒸馏水溶解，并稀释至 100mL。

3. 仪器

①水蒸气蒸馏装置（图 3-4）。

②电磁搅拌器。

4. 样品处理方法

①一般果蔬及饮料可直接取样。

②含 CO_2的饮料、发酵酒类，须排除 CO_2，方法是取 80~100mL（g）样品于锥形瓶中，在用电磁搅拌器连续搅拌，同时于低温真空下抽气 2~4min 以除去 CO_2。

③固体样品（如干鲜果蔬及其制品）及冷冻、黏稠的制品，先研碎后再取样。

5. 操作

准确称取均匀样品 2.00~3.00g（挥发酸少的可酌量增加），用 50mL 煮沸过的蒸馏水洗入 250mL 烧杯中，加入 10%磷酸 1mL，连接水蒸气蒸馏装置，加热蒸馏至馏液 300mL 为止。在严格的相同条件下做一空白试验（蒸气发生瓶内的水必须预先煮沸 10min，以除去 CO_2）。

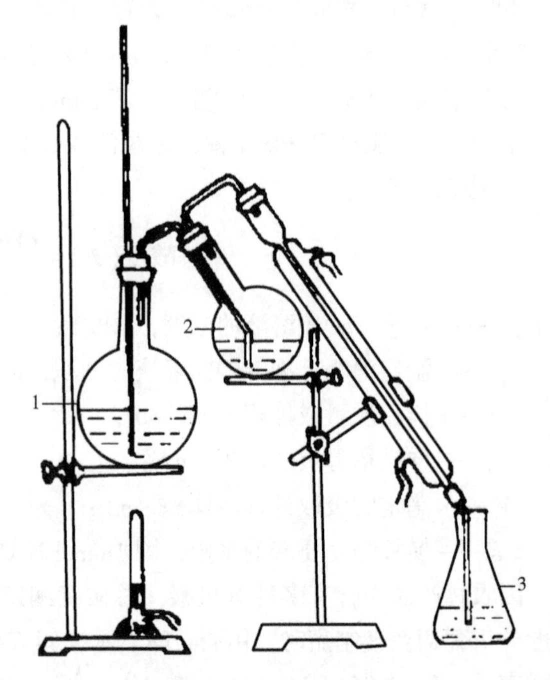

图 3-4　水蒸气蒸馏装置

1—蒸气发生瓶　2—样品瓶　3—接收瓶

馏液加热至 60~655℃，加入酚酞指示剂 3~4 滴，用 0.1mol/L 氢氧化钠标准溶液滴定全微红色于 1min 内不褪为终点。

第四章　农林产品功效成分检测

功能性农林产品中真正起生理作用的成分，称为生理活性成分，富含这些成分的物质则称为功能性农林产品、功能性农林产品基料或生理活性物质，即功能因子。已经确认的功能农林产品基料包括以下11类，如活性多糖、功能性甜味料、功能性油脂、肽与蛋白质、自由基清除剂、维生素、乳酸菌、微量活性元素、低能量和无能量基料、其他活性物质等。世界各国对发展功能性农林产品非常重视，把功能性农林产品开发作为21世纪农林产品发展方向。

功能性农林产品功效成分分析是功能性农林产品生产和管理的重要环节，对我国功能性农林产品走向科学化、系列化、标准化和国际化起到积极作用。

第一节　糖类成分的分析检测

功能性低聚糖通常包括低聚麦芽糖、低聚果糖、低聚半乳糖、低聚木糖、低聚龙胆糖、棉籽糖、水苏糖等，除低聚龙胆糖有苦味外，其余的都带有程度不一的甜味。

功能性低聚糖能促进人体肠道内固有的双歧杆菌的增殖，抑制肠道内腐败菌的生长，减少有毒发酵产物的形成。另外，双歧杆菌发酵低聚糖产生大量的短链脂肪酸，能刺激肠道蠕动、增加粪便湿润度并保持一定的渗透压，防止便秘的发生。

一、大豆低聚糖的测定

（一）气相色谱法

1. 基本原理

用气相色谱法（GC）对糖进定量时，对相对分子质量较大的四碳糖、五碳糖的衍生物，必须选用在高温下稳定的固定液。本法给定的三甲基硅烷（TMS）化条件为：在室温下，五碳糖完全TMS化后，至少要在7h内保持稳定。使用不锈钢柱，固定液用2%的Silicone OV-17［Chromosorb W（AW，DMCS）］，采用10℃/min的程序升温分析，进样口温度高达350℃，各种低聚糖分离效果良好。方法适用于含蔗糖、水苏糖、棉籽糖等低聚糖的大豆、小豆、豌豆制品及一般的农林产品。

2. 仪器

（1）气相色谱仪　配有氢火焰离子化检测器（FID）；

（2）色谱柱　不锈钢柱，5mm×3m；

（3）微量注射器。

3. 试剂

(1) 糖标准品　将蔗糖、棉籽糖、水苏糖等标准糖（70℃下减压干燥）用蒸馏水溶解，制备成1mg/mL标准溶液；

(2) 吡啶　用氢氧化钾干燥后蒸馏；

(3) 芘　作内标物用；

(4) 六甲基二硅烷（hexamethyldisilazane，HMDS）；

(5) 三氟乙酸（TFA）；

(6) 正已烷；

(7) 乙醇。

4. 操作方法

(1) 色谱条件　色谱柱，2%的Silicone OV-17，Chromosorb W（AW，DMCS，60~80目，5mm×3m）不锈钢柱；柱温，120~340℃（程序升温）；升温速度，10℃/min；进样口及检测器温度，350℃；氮气流速，60mL/min；FID的氢气流速，50mL/min；FID的空气流速1L/min。

(2) 标准曲线的绘制　取适量标准溶液（每种糖含量0~3mg），放置于磨口容器内，冷冻干燥。采用TMS衍生物制备法[见步骤（4）]制备标准糖的TMS衍生物溶液。注入1μL，按上述色谱条件进行GC分析。从得到的色谱图计算糖和内标物的面积。设X为质量比[TMS衍生物溶液中糖的质量（mg）/TMS衍生物溶液中内标物的质量（mg）]，Y为面积比（糖的峰面积/内标物的峰面积），求回归直线（即标准曲线）和相关系数。

(3) 样品的制备　准确称取粉碎的粒径在0.5mm以下的均匀试样1g，放入50mL具塞玻璃离心沉降管中，加正已烷10mL，充分振摇后离心分离，用倾注法弃去正已烷层，再重复一次。将试样中残存的正已烷蒸发除去。加入80%乙醇10mL，并放入沸石，装好冷凝管在水浴上回流30min，离心分离，将乙醇层倾入200mL容量瓶中，残渣再用80%乙醇10mL充分混匀，离心分离，乙醇层并入200mL容量瓶中（反复操作3~4次）。以80%乙醇稀释定容到200mL，取此液10mL浓缩至干，作为TMS化试样。

(4) TMS衍生物的制备和测定　取TMS化试样，加入内标物芘的吡啶溶（40mg/50mL）500μL，再加入HMDS 0.45mL、TFA 0.05mL，加塞充分振摇混匀，使糖溶解，在室温下放置15~60min，即为TMS衍生物溶液。注入1μL进行GS分析。

5. 结果计算

首先求出样品的GS色谱图上各种糖的峰面积与内标物峰面积之比，然后从标准曲线上查出样品中各种糖的含量。

(二) 液相色谱法

1. 基本原理

以十八烷基修饰的硅胶（ODS）作为固定相，纯水作流动相来分离单糖和寡糖，所得结果与常用的氨基柱HPLC法一致，并且具有流动相价廉、无污染、方法快速简便等特点，并且ODS柱比氨基柱稳定，使用寿命长。

2. 仪器

(1) 高效液相色谱仪　配有示差折光检测器；

（2）离心机；

（3）索氏抽提器。

3. 试剂

（1）蔗糖、水苏糖、棉籽糖标准品用蒸馏水配成 10mg/mL 标准溶液；

（2）乙醚；

（3）乙醇；

（4）饱和醋酸铅溶液；

（5）0.5mol/L 草酸溶液。

4. 操作方法

（1）色谱条件　色谱柱，ODS 柱，5mm×300mm，5μm；柱温，12℃；流动相，纯水（去离子水）；流速，1.0mL/min；进样量，20μL。

（2）标准曲线的绘制　取 10mg/mL 的标准糖液 1.0μL、2.0μL、3.0μL、4.0μL、5.0μL 直接进样，即得到下列浓度的糖溶液：10μg/mL、20μg/mL、30μg/mL、40μg/mL、50μg/mL。测量出各组分的色谱峰面积或峰高，以标准糖浓度和对应的面积（或峰高）做标准曲线，求回归方程和相关系数。

（3）样品的制备和测定　称取大豆样品 10g，在索氏抽提器中用乙醚脱脂。挥发除去乙醚后，放入 250 mL 带塞的锥形瓶中，加入 80%的乙醇水溶液 100mL，充分混合，置于 70℃ 恒温水浴中保温 1h。取出经 3000r/min 离心 10min，再用相同的乙醇水溶液重复提取 2 次，上清液合并于一烧杯中。加入饱和醋酸铅溶液 10mL 沉淀蛋白质，此时溶液 pH 值应控制在 4~5（大豆蛋白等电点）。多余的铅离子通过加入 0.5mol/L 草酸溶液 6mL 除去。离心除去沉淀，溶液以 0.5mol/L 氢氧化钠溶液中和至中性。再浓缩至 10mL 左右，用纯水定容至 50mL。取 10μL 用于色谱分析。

5. 结果计算

根据样液中蔗糖、水苏糖、棉籽糖各自的峰面积，由标准曲线计算出样品中蔗糖、水苏糖、棉籽糖的含量。

6. 注意事项

（1）用 HPLC 分离低聚糖，使用较多的是氨基柱。目前已采用氨基柱成功地测定了大豆中低聚糖的含量，流动相为乙腈-水（体积比=70：30）。在使用氨基柱分离糖时，一些还原糖容易与固定相的氨基发生化学反应，产生席夫碱，即—CH_2—NH_2+O ═CH— ⟶ —CH_2—N ═CH—，因此氨基柱的使用寿命短；且乙腈要求纯度高，价格昂贵。

（2）使用氨基柱的另一个缺点是系统平衡所需要的时间长，一般在 5h 以上。

二、膳食纤维的测定

（一）粗纤维的测定

1. 基本原理

在热的稀硫酸作用下，样品中的糖、淀粉、果胶等物质经水解而除去，再用热的氢氧化钠溶液处理，使蛋白质溶解、脂肪皂化而除去。然后用乙醇和乙醚处理，除去单宁、色素及残余的脂肪，所得的残渣即为粗纤维，如其中含有无机物，可经灰化后扣除。

2. 仪器

（1）30mL　古氏坩埚（用石棉铺垫后，在600℃下灼烧30min）；

（2）玻璃棉抽滤管　直径1cm；

（3）抽滤瓶、抽气泵；

（4）高温炉；

（5）电热恒温箱。

3. 试剂

（1）95%乙醇；

（2）乙醚；

（3）酸洗石棉　先用1.25%的碱液洗至中性，再用乙醇和乙醚先后洗3次，待乙醚挥发净后备用；

（4）1.25%［$c(\frac{1}{2}H_2SO_4)$ = 0.225mol/L］硫酸溶液　用移液管吸取相对密度为1.84的硫酸3.5mL，注入500mL水中，经标定后，调至准确浓度；

（5）1.25%（0.3125mol/L）氢氧化钠溶液　称取7.0g氢氧化钠溶于500mL水中，经标定后，调至准确浓度。

4. 操作方法

（1）试样的称取　称取粉碎试样2～3g，准确至0.0001g（或称取5.00g干样），倒入500mL烧杯中。如试样脂肪含量较高时，可用抽提脂肪后的残渣作为试样，或将试样的脂肪用乙醚抽提除去。

（2）酸处理　向装有试样的烧杯中加入事先在回流装置下煮沸的1.25%硫酸溶液200mL，外记烧杯中的液面高度，盖上表面皿，置电炉上，在1min内煮沸，再继续慢慢煮沸30min。在煮沸过程中，要加沸水保持液面高度，并经常转动烧杯。到时离开热源，待沉淀下沉后，用玻璃棉抽滤管吸去上层清液，吸净后立即加入100～150mL沸水洗涤沉淀；再吸去上清液，重复洗涤操作至用石蕊试纸试验呈中性为止。

（3）碱处理　将抽滤管中的玻璃棉并入沉淀中，加入事先在回流装置下煮沸的1.25%氢氧化钠溶液200mL，按照酸液处理法加热微沸30min。取下烧杯，使沉淀下沉后，趁热用处理至恒重的古氏坩埚抽滤，用沸水将沉淀无损失地转移到坩埚中，洗至中性。

（4）醇醚处理　沉淀先用热至50～60℃的乙醇20～25mL分3～4次洗涤，然后用乙醚20～25mL分3～4次洗涤，最后抽净乙醚。

（5）烘干与灼烧　将古氏坩埚和沉淀先在105℃烘至恒重，然后送入600℃高温炉中灼烧30min，取出冷却，称重，再烧20min，灼烧至恒重为止。

5. 结果计算

$$W = \frac{m_2 - m_1}{m(100\% - M)} \times 100\% \tag{4-1}$$

式中：W——粗纤维的含量,%；

m——试样的质量，g；

m_1——坩埚与沉淀灼烧后的质量，g；

m_2——坩埚与沉淀烘干后的质量，g；

M——水分，%。

双试验结果允许误差不超过平均值的1%。取平均值作为测定结果，测定结果取小数点后一位。

6. 注意事项

（1）试样一般要求过40目筛，并且充分混合使之均匀，过细过粗都不好。过粗，则难以水解充分，使结果偏高；过细，则使结果偏低，且过滤困难。

（2）严格控制酸、碱处理过程，确保测定结果的准确性。

（3）恒重要求　烘干质量<1mg，灰化质量<0.5mg。

（4）本法在测定中，纤维素、半纤维素、木质素等食物纤维都发生了不同程度的降解，且残留物中还包含了少量的无机物、蛋白质等成分，故测定结果称为"粗纤维"。

（二）不溶性膳食纤维的测定

1. 基本原理

来源于各类植物性食物和含植物性食物的混合物中的半纤维素、纤维素和木质素，不溶于水，称为不溶性膳食纤维。

样品经热的中性洗涤剂浸煮，其中的糖、淀粉、蛋白质、果胶等物质被溶解除去，残渣用热蒸馏水充分洗涤后，加入α-淀粉酶溶液以分解结合态淀粉，再用水、丙酮洗涤，除去残存的脂肪、色素等，残渣烘干，即为不溶性膳食纤维。

2. 仪器

（1）提取装置　由瓶口装有冷凝器的300mL锥形瓶和可在5~10min内将100mL水升至沸腾的可调电热板组成；

（2）F_3-2玻璃过滤坩埚（2号滤片，30mL容积）；

（3）电热烘箱；

（4）电热培养箱；

（5）过滤装置　由玻璃过滤坩埚和吸滤瓶组成，用水泵或真空泵抽滤；

（6）粉碎机。

3. 试剂

（1）十二烷基磺酸钠（化学纯）；

（2）乙二胺四乙酸二钠（EDTA-2Na）；

（3）四硼酸钠；

（4）磷酸氢二钠；

（5）乙二醇-乙醚（化学纯）；

（6）十氢萘（化学纯）；

（7）无水硫酸钠；

（8）石油醚（沸程30~60℃）；

（9）磷酸二氢钠；

（10）丙酮；

（11）α-淀粉酶（酶活性不低于800U/mg）；

(12) 甲苯(化学纯);

(13) 中性洗涤剂溶液的制备 将18.16g乙二胺四乙酸二钠和6.81g四硼酸钠用150mL水加热溶解,另将30g十二烷基磺酸钠和10mL乙二醇-乙醚溶于700mL热水中,然后加入第一种溶液中;将4.56g磷酸氢二钠溶于150mL热水中,也加入第一种溶液中;如果需要,用磷酸调节pH值到6.7~7.1,使用时若有沉淀形成,可加热到60℃使沉淀溶解。

(14) α-淀粉酶溶液的配制 用0.1mol/L磷酸氢二钠和0.1mol/L磷酸二氢钠溶液各500mL,混匀,配成0.1mol/L磷酸缓冲溶液;称取12.5mg α-淀粉酶,用0.1mol/L磷酸缓冲溶液溶解,定容到250mL。

4. 操作方法

谷物样品经粉碎后全部通过1mm筛孔。准确称取制备好的样品0.500~1.000g,置于300mL锥形瓶中。按顺序加入100mL中性洗涤剂溶液、2mL十氢萘、0.50g无水亚硫酸钠,在5~10min内,将300mL锥形瓶的内容物加热至沸腾,计时,微沸1h。把洁净的玻璃过滤坩埚放在105℃烘箱内干燥4h后放入干燥器中,冷却称重,直至恒重。将经过中性洗涤剂溶液处理的纤维残留物加到坩埚内,抽滤,用不少于300mL的100℃水清洗。加入5mL α-淀粉酶溶液,抽滤,以置换清洗用水,然后用合适的胶塞塞住玻璃过滤坩埚的底部,加入20mL酶液和几滴甲苯。放入(37±2)℃的培养箱中,保温18h。取下塞子,抽滤,用不少于500mL的水清洗纤维残留物,再用约75mL丙酮清洗,在100℃烘箱中干燥4h,然后放入干燥器中,冷却,称重,直至恒重。

5. 结果计算

$$W = \frac{m_2 - m_1}{m} \times 100\% \tag{4-2}$$

式中:W——不溶性膳食纤维的含量,%;

m_1——玻璃滤器烘干后的质量,g;

m_2——玻璃滤器及残留物烘干后的质量,g;

m——试样质量,g。

两次试验结果最大允许误差为0.1%,以其算术平均值作为测定结果,保留一位小数。

6. 注意事项

(1) 不溶性膳食纤维相当于植物细胞壁,它包含了样品中全部的纤维素、半纤维素、木质素、角质等。水溶性膳食纤维是指溶于水的膳食纤维,包括来源于水果的果胶、某些豆类种子中的豆胶、海藻中的藻胶、某些植物的黏性物质等,由于农林产品中水溶性膳食纤维含量一般较少,所以不溶性膳食纤维接近于农林产品中膳食纤维的真实含量。

(2) 样品粒度对分析结果影响较大,本方法试样过1mm筛层。

(3) 许多样品易形成泡沫,干扰测定,可用十萘钠作为消泡剂,也可用正丁醇,但后者测定结果精密度不及十萘钠。

(4) α-淀粉酶的用量,对于样品中淀粉来说应过量,但不应过量太多,因为直接影响到测定成本。

三、果胶的测定

（一）重量法

1. 基本原理

选用70%的乙醇处理样品，使果胶沉淀，再依次用乙醇、乙醚洗涤沉淀，可除去可溶性糖类、脂肪、色素等物质，残渣分别用酸或水提取总果胶或水溶性果胶。果胶经皂化生成果胶酸钠，再经乙酸酸化使之生成果胶酸，加入钙盐则生成果胶酸钙沉淀，烘干后称重。此法适用于各类农林产品，方法稳定可靠，但操作比较烦琐费时。

2. 仪器

（1）回流冷凝器；

（2）恒温水浴锅；

（3）烘箱。

3. 试剂

（1）70%乙醇溶液；

（2）乙醚；

（3）0.05mol/L 盐酸溶液；

（4）0.5mol/L 氢氧化钠溶液、0.1mol/L 氢氧化钠溶液；

（5）1mol/L 乙酸溶液；

（6）1mol/L 氯化钙溶液；

（7）10%硝酸银溶液。

4. 操作方法

（1）样品处理。

新鲜样品：称取试样30~50g，用小刀切成薄片，置于预先放有99%乙醇的500mL锥形瓶中，装上回流冷凝器，在水浴上沸腾回流15min后冷却，用布氏漏斗过滤。残渣置于研钵中，一边慢慢研磨，一边滴加70%的热乙醇，冷却后再过滤，反复操作至滤液不呈糖类的反应（用苯酚-硫酸法检验）为止。残渣用99%的乙醇洗涤脱水，再用乙醚洗涤以除去脂类和色素，风干除去乙醚。

干燥样品：将干燥样品研细，过60目筛。称取5~10g样品于烧杯中，加70%的热乙醇，充分搅拌以提取糖类，过滤，反复操作至滤液不呈糖类的反应。残渣用99%的乙醇洗涤，再用乙醚洗涤，风干除去乙醚。

（2）果胶的提取。

水溶性果胶的提取：用150mL水将上述布氏漏斗中的残渣移入250mL烧杯中，加热至沸腾并保持沸腾1h，随时补足蒸发的水分，冷却后移入250mL容量瓶中，加水定容，摇匀，过滤，弃去初滤液，收集滤液即得水溶性果胶提取液。

总果胶的提取：用150mL加热至沸的0.05mol/L盐酸溶液把漏斗的残渣移入250mL的锥形瓶中，装上冷凝器，沸水浴加热回流1h，冷却，移入250mL容量瓶中，加甲基红指示剂2滴，加0.5mol/L氢氧化钠溶液中和后，用水定容，摇匀，过滤，收集滤液即得总果胶提取液。

（3）果胶含量的测定　取25mL提取液（能生成果胶酸钙25mg左右）于500mL烧杯中，加入0.1mol/L氢氧化钠溶液100mL，充分搅拌，放置30min；再加入1mol/L乙酸溶液50mL，放置5min，边搅拌边缓缓加入1mol/L氯化钙溶液25mL，放置1h；加热煮沸5min，趁热用烘干至恒重的滤纸（或G2垂熔坩埚）过滤，用热水洗至无氯离子（10%硝酸银溶液检验）为止。残渣连同滤纸一同放入称量瓶中，置于105℃烘箱中（G2可直接放入）干燥至恒重。

5. 结果计算

$$W = \frac{(m_1 - m_2) \times 0.9233}{m \times \frac{25}{250} \times 1} \times 100\% \tag{4-3}$$

式中：W——果胶物质的含量（以果胶酸计），%；

m_1——果胶酸钙和滤纸或垂熔坩埚的重量，g；

m_2——滤纸或垂熔坩埚的质量，g；

m——样品的质量，g；

0.9233——由果胶酸钙换算为果胶酸的系数。果胶酸钙的实验式为 $C_{17}H_{22}O_{11}Ca$，其中钙的含量为7.67%，果胶酸的含量为92.33%。

6. 注意事项

（1）将新鲜样品切片浸入乙醇中，可钝化果胶酶的活性。

（2）本法采用氯化钙溶液作为沉淀剂，加入氯化钙溶液时，应边搅拌边缓缓滴加，以减少过饱和度，并避免溶液局部过浓。

（3）由于果胶物质的黏度一般很大，为了降低溶液的黏度，加快过滤和洗涤速度，并增大杂质的溶解度，使其容易被洗去，需采用热过滤和热水洗涤沉淀。

（二）咔唑比色法

1. 基本原理

果胶经水解生成半乳糖醛酸，在硫酸溶液中与咔唑试剂发生缩合反应，形成紫红色化合物，其颜色强度与半乳糖醛酸含量成正比。颜色在反应1~2h后最深，在530nm处测吸光度。本方法适用于各类农林产品，具有操作简便、快速、准确度高、重现性好等优点。

2. 仪器

（1）回流冷凝装置；

（2）恒温水浴锅；

（3）分光光度计。

3. 试剂

（1）0.15%咔唑乙醇溶液　称取0.15g咔唑，加入95%的乙醇溶解并定容至100mL；

（2）半乳糖醛酸标准溶液　准确称取7.5mg半乳糖醛酸，加蒸馏水溶解并定容至100mL；

（3）精制乙醇　取无水乙醇或95%的乙醇1000mL，加入4g锌粉、1∶1硫酸4mL，在水浴中回流10h，用全玻璃仪器蒸馏，每1000mL馏出液加锌粉和氢氧化钾各4g，重新蒸馏一次。

4. 操作方法

（1）样品处理 与“重量法”中“样品处理”方法相同。

（2）果胶的提取 与“重量法”中“果胶的提取”方法相同。

（3）样品的测定 取果胶提取液用水稀释至适量浓度（含半乳糖醛酸 10~70mg/L）。吸取 2mL 样品稀释液于预先加入了 12mL 冷却的硫酸的试管中（用冰水浴中冷却），充分混合后，再置于冰水浴中冷却。然后在沸水浴中加热 10min，冷却至室温后，加入 0.15%咔唑试剂 1mL，充分混合，室温下放置 30min，以试剂空白调零，在波长 530nm 处测吸光度值。

5. 结果计算

由测得的吸光度值与标准样品作对照，求出样品中果胶的含量。

6. 注意事项

（1）糖分的存在对咔唑的显色反应影响较大，使结果偏高。因此，从样品中提取果胶物质之前，用 70%乙醇充分洗涤试样，以完全除去糖分。

（2）硫酸的浓度对显色有影响，应使用同规格、同批号的硫酸，以保证硫酸浓度一致。

四、山梨糖醇的测定

（一）山梨糖醇脱氢酶法

1. 基本原理

在山梨糖醇脱氢酶（SDH）的作用下，山梨糖醇与烟酰胺腺嘌呤二核苷酸（NAD）发生如下反应：

$$山梨糖醇+NAD=果糖+NADH+H^+$$

上式反应几乎完全向右进行，生成烟酰胺腺嘌呤二核苷酸还原酶（NADH）的量与山梨糖醇的量相对应。NADH 在波长 340nm 处的吸光度与其浓度成正比，以此确定山梨糖醇的量。

2. 仪器

721 型分光光度计。

3. 试剂

（1）高碘酸钠

（2）山梨糖脱氢酶（SDH）溶液 称取 SDH 24mg（酶蛋白 4mg），溶于 1mL 水中，此液在 4℃保存，可稳定 2 周，冷冻保存可稳定 4 周；

（3）磷酸缓冲液 将 4.46g 吡咯磷酸钠加 80mL 水溶解，用约 2mL 1mol/L 盐酸溶液调节 pH=9.5，加水至 100mL，此液在 4℃保存可稳定 1 年；

（4）0.03mol/L 烟酰胺腺嘌呤二核苷酸（NAD）溶液 将 40mg NAD 加 2mL 水溶解，在 4℃保存，可稳定 4 周左右。

4. 操作方法

（1）样品的制备 准确称取 10g 以下的含 D-山梨糖醇 20~400mg 的样品，加水定容至 100mL，作为样品溶液。准确吸取样液 10mL，用水稀释到 100mL 作为分析用样液。

（2）标准溶液的制备 准确称取 1g D-山梨糖醇，加水溶解，准确稀释到 500mL 作为标准溶液（此溶液每毫升相当于 D-梨糖醇 2Fmg）。再准确吸取标准溶液 10mL，加 50mL 0.3%高碘酸钠溶液，加入 1mL 硫酸在水浴上加热 15min，冷却后加入 2.5g 碘化钾，充分振摇后，暗处放置5min，游离的碘用硫代硫酸钠溶液滴定（指示剂为淀粉溶液）。同时用同样的方法做空白试验，由试验滴定值和空白值之差来计算标准液的效价 F（1mL 0.1mol/L 硫代硫酸钠相当于 1.822mg 山梨糖醇）。准确吸取标准溶液 1mL、5mL、10mL、15mL、20mL，分别加水100mL，上述各溶液分别相当于 20Fμg、100Fμg、200Fμg、300Fμg、400Fμg。

（3）样品测定　准备 2 个 1cm 比色皿，记为 A 和 B，向 A、B 中分别准确加入 2.5mL 磷酸缓冲溶液和 0.1mL NAD 溶液，再准确向 A 杯中加入 0.2mL 样液，向 B 杯中加入 0.2mL 水，混合后，放置 5min。A 为样品测定液，B 为空白测定液。将样品测定液和空白测定液分别以水作为参比，在波长 340nm 处测定吸光度 E_A 和 E_B，分别向 A、B 杯中准确加入 0.05mL 山梨糖醇脱氢酶溶液，混合，放置 1h，然后按同样条件测定吸光度 E'_A 和 E'_B。求 E_A 和 E'_A 差 ΔE_A、E_B 和 E'_B 的差 ΔE_B，然后，计算 ΔE_A 和 ΔE_B 之差 ΔE_T。

（4）标准曲线的绘制　分别准确吸取标准曲线用标准溶液 0.2mL，代替上述（3）中的样液，分别加到比色皿 S_1、S_2、…、S_5 中，以下操作计算同上述（3）。求出 ΔE_{S_1}、ΔE_{S_2}、…、ΔE_{S_5}，绘制标准曲线。

5. 结果计算

$$W = \frac{\rho V_1 V_3}{1000 m V_2} \times 100\% \tag{4-4}$$

式中：W——样品中 D-山梨糖醇的浓度，mg/100g；

V_1——样品溶液的全量，mL；

V_2——用于制备检液的样品溶液量，mL；

V_3——检液量，mL；

m——取样量，g。

ρ——检液中的 D-山梨糖醇的浓度，μg/mL。

（二）滴定法

1. 基本原理

高碘酸在酸性条件下氧化带有邻羟基的化合物，如糖和多元醇等，当反应在室温下完成时，高碘酸被还原成碘酸，多元醇的末端羟基被氧化成甲醛，其余邻羟基被氧化成甲酸。由于氧化反应存在定量关系，可以通过测定反应产物的量来测定多元醇的含量。

2. 仪器

恒温水浴锅。

3. 试剂

（1）20g/L 高碘酸钾；

（2）硫酸；

（3）碘化钾；

（4）0.1mol/L 硫代硫酸钠；

（5）硫代硫酸钠标准溶液　将 248.18 $Na_2S_2O_3 \cdot 5H_2O$ 溶于适量水中，稀释至 1L；

（6）0.5%淀粉指示剂。

4. 操作方法

（1）样品制备　称取试样 1g（准确至 0.0002g），加水溶解于 500mL 容量瓶中，并稀释至刻度，备用。

（2）高碘酸氧化　取上述溶液 10mL，加高碘酸钾 5mL，加硫酸 1mL，在水浴上加热 15min，冷却，加碘化钾 2.5g，充分混合后置冷暗处 5min。

（3）滴定　用硫代硫酸钠标准溶液滴定，近终点时，加淀粉指示剂 5mL，继续滴定至溶液蓝色消失。同时做空白试验。

5. 结果计算

$$W = \frac{(V_0 - V)c \times 0.01822 \times 100}{m \times \frac{10}{50}} \times 100\% \tag{4-5}$$

式中：W——样品中山梨糖醇的质量分数。

V_0——空白试验所消耗硫代硫酸钠标准溶液的体积，mL；

V——试样所消耗硫代硫酸钠标准溶液的体积，mL；

c——硫代硫酸钠标准溶液的浓度，mol/L；

m——试样的质量，g；

0.01822——1mL 硫代硫酸钠相当于山梨糖醇的质量，g。

五、壳聚糖的测定

1. 基本原理

甲壳素是 2-乙酰基-2-脱氧-β-D-葡萄糖的聚合体，在浓碱中加热脱去乙酰基制得壳聚糖。采用高效液相色谱法，以 AsahipakNH_2P-50 4E 色谱柱为分离柱，用示差折光检测器进行检测，以壳聚糖标准品做标准曲线测定壳聚糖含量。

2. 仪器与试剂

（1）高效液相色谱仪　配有示差折光检测器、数据处理机或色谱工作站。

（2）全玻璃标准磨口回流装置。

（3）离心机。

（4）恒温水浴（温度范围：室温~100℃可调）。

（5）氢氧化钠。

（6）乙腈（分析纯）。

（7）壳聚糖标准品。

3. 操作步骤

（1）色谱条件　色谱柱：Asahipak NH_2P-50 4E 柱，4.6mm×250mm；柱温：30℃；流动相：乙腈-水（体积比=65∶35）；流速：10mL/min；检测器：示差折光检测器；进样量：5uL。

（2）标准曲线的绘制　精确称取干燥后的壳聚糖标准品 0.1000g，用流动相溶解并定容至 10mL，然后分别移取 7.50mL、5.00mL、2.50mL、0 于 10mL 容量瓶中并用流动相定容，在上述色谱条件下准确进样 5uL，根据浓度与峰面积关系绘制曲线。

（3）样品的制备　称取一定量壳聚糖样品，加入 20%氢氧化钠，再分别加入不同的有机溶剂，使碱液与有机溶剂的体积比为 1∶1，水浴加热，过滤、冲洗至中性，干燥得壳聚糖粗品，备用。

（4）样品的测定　称取一定量样品（壳聚糖含量应大于 1mg），用流动相溶解并定容至 100mL，混匀后经 0.3μm 的微孔滤膜过滤后即可进样。若样液不易过滤，可将其移入离心管中，在 5000r/min 下离心 20min，吸取 5mL 左右的上清液，再经 0.3μm 的微孔滤膜过滤，收集少量滤液用于高效液相色谱分析。

（5）结果计算　用峰面积外标法根据标准曲线可得出壳聚糖的含量。

六、多糖的分析检测

（一）党参多糖的提取与含量测定

1. 基本原理

党参多糖为灰白色粉末，可溶于水，不溶于乙醇、丙酮、氯仿等有机溶剂。

2. 材料、仪器与试剂

（1）仪器与试剂　分光光度计、索氏提取器、葡萄糖对照品、乙醚、石油醚、乙醇等。

（2）样品的制备　取新鲜洗净的党参根，阴干，60℃ 烘 3h，粉碎成粗粒，置干燥器中备用。

3. 操作步骤

（1）党参多糖的提取与精制　称取党参 100g，置索氏提取器中，依次用石油醚（30～60℃）、乙醚和 80%的乙醇回流提取 5h。残渣挥干溶剂后，再以水回流提取 4h。减压浓缩至一半体积，加入 0.1%活性炭脱色，抽滤，滤液加 95%乙醇使含醇量达 80%，冰箱静置过夜，滤过，残渣先后用无水乙醇、乙醚、丙酮洗涤数次，得多糖粗品，用水-乙醇重结晶纯化数次，60℃烘干，即得纯党参多糖。

（2）标准曲线的制备。

①标准葡萄糖溶液的配制：精密称取 105℃ 干燥至恒重的葡萄糖对照品 24.9mg，加适量水溶解，转移至 250mL 容量瓶中，加水至刻度，摇匀，配成浓度为 99.6ug/mL 标准葡萄糖溶液备用。

②5%苯酚溶液的配制：取苯酚 100g，加铝片 0.1g 和 $NaHCO_3$ 0.05g，常压蒸馏，收集 182℃ 馏分 10g，加蒸馏水 200mL 溶解，置棕色瓶内放冰箱备用。

③标准曲线的绘制：精密吸取葡萄糖标准溶液 0.1mL、0.2mL、0.3mL、0.4mL、0.5mL、0.6mL、0.7mL 置干燥试管中，依次加蒸馏水使最终体积均为 1.0mL，另取 1.0mL 蒸馏水作空白对照，对试管再加入 5%苯酚溶液 1.6mL，摇匀，迅速滴加浓硫酸 7.0mL，充分摇匀，室温放置 26min，于 490nm 处测定吸光度，绘制标准曲线。

（3）换算因素的测定　精密称取干燥至恒重的党参多糖 20.5mg，水溶解后定容到 100mL 容量瓶中，摇匀，作为多糖储备液。精密吸取此溶液 0.2mL，加水至 1mL，照标准曲线制备项下的方法，测其吸光度值。按下式测得换算因子 F 值：

$$F = W/CD \tag{4-6}$$

式中：W——多糖重量，μg；

C——多糖液中葡萄糖的浓度，μg/mL；

D——多糖的稀释倍数。

（4）样品溶液的制备　精密称取党参各样品 0.20g，用 80%乙醇浸泡过夜，再于索氏提取器中用 80%乙醇回流 2h，残渣挥去溶剂后，断续用水回流 2h，反复洗至 250mL 容量瓶中，定容，摇匀成为样品液。

（5）稳定性实验　取样品溶液按标准曲线制备项下的方法测定吸光度，每隔 1h 测 1 次，测定 5h 内稳定性状况。

（6）样品多糖含量测定　精密吸取各样品液 1mL，于 250mL 容量瓶中，蒸馏水定容，摇匀，精密吸取此溶液 1mL，按测定标准曲线同样方法测其吸光度值，按下式测得多糖平均含量：

$$多糖含量\ \% = CDF/W \times 100 \tag{4-7}$$

式中：C——多糖样品溶液的葡萄糖浓度，μg/mL；

D——样品溶液的稀释倍数；

F——换算因子；

W——样品的重量，μg。

（二）多糖平均分子量的测定

1. 基本原理

多糖是天然高分子中具有多分散性的聚合物，为了鉴定一种聚合物，首先必须测定其分子量与分子量分布，这是高分子化合物的最基本参数之一。目前用于有机高分子分子量测定的许多物理方法，一般也适用于多糖。多糖分子量测定因其不均一性往往比较困难。通常所测的分子量一般只能是一种统计平均值。凝胶过滤法、离心沉降法、液相色谱（GPC）和黏度法均可测定多糖的分子量。

2. 仪器与试剂

（1）液相色谱（含凝胶色谱柱）；

（2）超纯水机；

（3）蒸馏水；

（4）糖标准溶液。

3. 操作步骤

（1）色谱条件　色谱柱：TSK-GEL 或 Agilent 色谱柱；流动相：0.05mol/L Na_2SO_4（含 0.05%NaN_3）；流速：0.6~1.0mL/min；检测器：示差检测器，检测器温度 35℃（有时也可与紫外检测器联用）；柱温：30℃；数据采集时间：45min。

（2）粗多糖提纯　取多糖原料约 5g，加水 25mL，微热振摇使其溶解，用 Sevag 法去蛋白，即加入等量氯仿-正丁醇（4∶1）充分振摇，离心，弃下层凝胶样物，取上层溶液同法处理，直至下层溶液不再出现凝胶样物质。取上层溶液加入 4 倍体积的无水乙醇，振摇，离心，弃溶液，取沉淀物，加水 10mL 振摇使溶解，再加入 4 倍体积的无水乙醇，振摇，离心，同法处理两次。取沉淀 60℃减压干燥 4h，取干燥物研细，备用。

（3）标定曲线　根据供试品分子量大小，一般选用 5 个或更多已知分子量的多糖标准品（常用的为葡聚糖 dextran），分别用流动相溶解制成每 1mL 中约含 10mg 的溶液，分别注入 25μL 标准品溶液，记录示差色谱图，记录峰值保留时间。由 GPC 专用软件绘制标准曲线。

以保留时间对分子量的对数做线性回归，得回归方程为：

$$\lg M < [w] > = a + bRT \tag{4-8}$$

式中：$M<[w]>$——标样的重均分子量；

RT——标样的保留时间。

（4）样品测量　取纯化后的样品以流动相制成10mg/mL溶液，分别用0.45μm微孔滤膜过滤，各取20μL或25μL注入色谱仪，记录示差色谱图。

（5）结果处理　采用GPC专用软件，可获得样品归一化色谱图，微分、积分分子量分布图，各时间点的分子量（片断数据）和各种平均分子量。根据供试品需要选择各项测定结果。

分子量计算如下：

$$M_n = \Sigma RI<[i]>/\Sigma(RI<[i]>/M<[i]>$$

$$M_w = \Sigma(RI<[i]>M<[i]>)/\Sigma RI<[i]>$$

$$D = M_w/M_n \tag{4-9}$$

式中：M_n——数均分子量；

RI_i——样品i级分的物质量，即示差色谱图的峰高；

M_i——样品i级分的分子量，即示差色谱图1时间点代入标准曲线获得的分子量。

（三）气相色谱（GC）法测定植物多糖的糖基比

1. 基本原理

多糖水解后得到多种单糖，采用糖腈乙酸酯衍生物气相色谱法测定这些单含量和糖摩尔比，即可得到多糖糖基组成。

2. 仪器

（1）分光光度计；

（2）离心机；

（3）气相色谱仪；

（4）恒温水浴（温度范围：室温~100℃可调）；

（5）安培管。

3. 操作步骤

（1）糖基标准保留时间供试液制备　将鼠李糖、半乳糖、阿拉伯糖、葡萄糖、果糖、木糖、甘露糖和肌醇等标准样品干燥至恒重。取适量样品硅醚化（吡啶：六甲基二硅胺烷：三甲基氯硅烷=0.5：0.2：0.1），振荡5min，离心分离30min（10000r/min），取上层清液进样。

（2）自制样品供试液制备　取多糖样品10mg置于安瓿管中，加入2.0mL 2.0mol/L三氟乙酸，真空封管后110℃水解2h，冷却后以玻璃棉过滤，然后减压蒸干残余的三氟乙酸。在水解物中加入2mg肌醇六乙酰酯作为内标物，分别加入10mg盐酸羟胺及1.0mL无水吡啶，溶解后在90℃反应30min，冷却至室温，加入1.0mL无水醋酸酐，90℃水浴反应30min，冷却后加入1.0mL水搅拌，然后用氯仿萃取3次，合并氯仿层，减压抽干后加入1.0mL氯仿溶解进行气相色谱分析。

（3）样品测量　取样品溶液5或10微升注入气相色谱。

色谱条件：DB-5石英毛细管柱（0.32mm×30m），内径0.32μm；N_2为载气，流速50mL/min，分流比为1：50，氢火焰离子化检测器，氢气0.6kg/cm²，空气0.5kg/cm²；进样口温度为250℃，柱温采用程序升温，从0到5min为190℃，然后以10℃/min的速率升至230℃。

（4）结果处理　采用GC专用软件，可获得样品归一化色谱图，根据峰面积计算单糖组成摩尔比。

第二节　农林产品功能油脂的分析检测

天然存在的不饱和脂肪酸和多不饱和脂肪酸的种类繁多，其中亚油酸、α-亚麻酸和花生四烯酸为必需脂肪酸。亚油酸在人体内不能自行合成，必须从食物中摄取，亚麻酸和花生四烯酸可以在体内由亚油酸转化，但转化率受多种因素的限制。

磷脂是含有磷酸根的类脂化合物，对生物膜的生物活性和机体的正常代谢有着重要的调节作用。磷脂具有促进神经传导、提高大脑活力、促进脂肪代谢、防治脂肪肝、降低血清胆固醇、预防心血管疾病等作用。

一、油脂物理特性及感官质量评价

（一）油脂透明度的检验

1. 基本原理

油脂的透明度指油脂在一定温度下（此时油脂为液态），静置一段时间后其中含有悬浮物质的程度。

2. 仪器与用具

比色管：100mL，直径 25mm；乳白色灯泡。

3. 操作步骤

量取混合均匀的油样 100mL 注入比色管中，在 20℃温度下静止 24h，然后移置在乳白灯泡前（或者在比色管后衬以白纸），观察透明度，记录观察结果。

4. 结果表示

观察结果以“透明”“微浊”“混浊”表示。

（二）油脂色泽的检验（罗维朋比色计法）

1. 基本原理

罗维朋比色计法是用标准颜色玻璃片将光线过滤后，与油脂的色泽进行比较。当标准玻璃片色泽与油脂的颜色完全一致时，玻璃片色泽的总数即表示油脂的色泽。此法是目前国际上常用的检验方法。

2. 仪器与药品

（1）罗维朋比色计　主要由光源、碳酸镁反光片、灯泡、标准色玻璃片、观察管和玻璃比色槽等构成。

标准玻璃片由不同深浅的红、黄、蓝、灰色 4 种颜色。它们都装在一个暗盒中，各片都有划片露在盒外，滑片可以任意滑动，以调准色泽。红、黄二种色为常用色，依色泽由浅到深。红色玻璃有 0.1~20.0，黄色玻璃有 1.0~70.0。蓝色玻璃片作为调配绿色用。灰色玻璃片作为调配亮度用。选用玻璃片配色时，片色要尽可能少。比色槽厚度有 3 种，分别为 12.7mm、25.4mm、133.35mm。一般油脂颜色深时选用薄的；颜色浅时选用厚的。

（2）滴管、滤纸、脱脂棉、无水乙醚。

3. 操作步骤

（1）放平仪器，安置观察管和碳酸镁片，检查光源是否完好。

（2）将澄清（或过滤）的油样注入洁净的比色槽中，使油面达到离比色槽上口约5mm处。

（3）将比色槽置于比色计中，关闭活动盖，仅露出玻璃片标尺和观察管。先固定黄色玻璃片色值；打开光源，移动红色玻璃片调色，直至玻璃片色与油样色完全相同为止。如果色已相同，但两边光亮度不等时需配灰色玻璃片于油样前，直至两边亮度相等。如果油脂有绿色，须配入蓝色玻璃片，这时移动红色玻璃片，使配入蓝色玻璃片的色值达到最小为止。

（4）记下各类玻璃片号码的各自总数，即为被测油样的色值。

4. 结果表示

注明油脂颜色和比色槽厚度。试验结果允许差，红不超过0.2，以试验结果高的作为测定结果。

5. 注意事项

（1）为了保持适宜的比色温度和光度，使用前需先检查仪器内灯泡的使用时间，若已达到100h，两灯泡须同时更换。

（2）若碳酸镁反光片表面呈暗灰色，应用小刀轻轻刮去变色层后再使用。

（3）标准色玻璃片要保持清洁。比色槽用后要洗净抹干后存放。

（三）油脂色泽的检验（重铬酸钾溶液比色法）

1. 基本原理

利用重铬酸钾的硫酸溶液与油样进行比色，比至等色时，该溶液100mL含有重铬酸钾的质量（g），即是油脂的重铬酸钾法色值。

2. 仪器与用具

分析天平（感量0.0001g）、纳氏比色管50mL、容量瓶100mL、称量皿、移液管、量筒、棕色试剂瓶、研钵、试管架。

3. 试剂

重铬酸钾浓硫酸（比重1.84无还原性物质）溶液：精确称取碾细的重铬酸钾1g（准确至0.0002g），在烧杯中加入少量硫酸溶解，然后全部倒入100mL容量瓶中，加浓硫酸至刻度，摇匀，装入棕色瓶中作1号液。

4. 操作步骤

（1）配制标准系列　取纳氏比色管7只编号，按表4-1规定的稀释比例，用1号液和浓硫酸配成标准系列。

（2）比色　取澄清油样50mL注入纳氏比色管中，与标准系列进行比色，比至等色时的色值，就是该油样的重铬酸钾法色值，它与罗维朋比色计法的关系见表4-2。

表4-1　标准系列与色值表

比色管编号	稀释1号液/mL	比例浓硫酸/mL	总计/mL	色泽
1	20.0	30.0	50	0.40
2	17.5	32.5	50	0.35

续表

比色管编号	稀释1号液/mL	比例浓硫酸/mL	总计/mL	色泽
3	15.0	35.0	50	0.30
4	12.5	37.5	50	0.25
5	10.0	40.0	50	0.20
6	7.5	42.5	50	0.15
7	5.0	45.5	50	0.10

表4-2　重铬酸钾法与罗维朋法对照表

重铬酸钾法色泽	罗维朋色泽								油脂色泽
	棉籽油		花生油		大豆油		菜籽油		
	黄	红	黄	红	黄	红	黄	红	
0.10	35	1.6	25	0.3	70	1.0	35	0.8	柠檬色
0.15	35	2.5	25	1.4	70	3.0	35	2.0	浅黄色
0.20	35	3.8	25	2.0	70	3.5	35	3.0	黄　色
0.25	35	5.5	25	2.5	70	4.0	35	3.8	橙黄色
0.30	35	6.8	25	3.0	70	5.0	35	5.0	棕黄色
0.35	35	8.5	25	4.0	70	6.0	35	6.0	棕　色
0.40	35	9.8	25	5.4	70	7.2	35	6.8	棕褐色

（四）油脂滋味、气味的检验

1. 基本原理

各种油脂都具有特有的气味和滋味，利用油脂在加热过程中产生的气味来鉴别油脂。

2. 仪器

万用电炉或水浴锅、温度计（100℃）、烧杯（50mL，100mL）。

3. 操作步骤

取少量油样注入烧杯，在水浴上加热至50℃，用玻棒边搅拌边闻气味。也可取被检油样少许，涂抹于手掌上，然后双掌猛烈摩擦，使油温上升，再闻其气味。同时用舌尖尝辨滋味。

4. 实验标准

凡具有该油固有的气味和滋味，无异味的为合格。如果有异味按实际情况记录。

（五）油脂比重的测定

1. 基本原理

比重是指油脂在20℃时的重量与同体积的纯水在4℃时的重量之比，用 d_4^{20} 表示。

油脂的比重与本身成分有密切关系。在组成甘油三酯的脂肪酸中，分子量越小，不饱和程度越高，则比重就越大。而有些多烯共轭酸和羟基酸含量多，比重也越大。测定油脂的比重，可以帮助了解油脂的纯度、杂质以及有无掺假情况。同时油脂的氧化程度和酸败情况均会影响油脂的比重。

测定比重的方法通常有3种，即比重法、比重瓶法和比重天平法。

2. 仪器

500mL量筒、100℃温度计、脱脂棉。

比重计分为轻表和重表。测定比水轻的液体时，下部铅球装少量水银，多量铅；测比水重的液体时，下部铅球装多量水银，少量铅。

3. 试剂

无水乙醚、无水乙醇。

4. 操作步骤

（1）洗涤比重瓶　依次用洗涤液、水、乙醇和乙醚洗净比重瓶。

（2）测定水重　用吸管吸取蒸馏水沿瓶口内壁注入比重瓶，插入带温度计的瓶塞（加塞后瓶内不得有气泡存在），将比重瓶置于20℃恒温水浴中，待瓶内水温达到（20±0.2）℃时，取出比重瓶，用滤纸吸去排水管逸出的水，盖上瓶帽，抹干瓶外部，约30min后称重。

（3）测定瓶重　倒出瓶内水，用乙醚和乙醇除净瓶内水分，用干燥空气吹去瓶内残留的乙醚，并吹干瓶内外，然后加瓶盖和瓶帽称重（瓶重应减去瓶内空气重量，1cm的干燥空气重量在标准状态下为0.001293g=0.0013g）。

（4）测定油脂重　吸取20℃以下澄清油样，注于瓶内，加塞，用滤纸蘸乙醚抹干外部，置于20℃恒温水浴中，经30min后取出，抹干排水管逸出的油样和瓶外部，盖上瓶帽，称重。

5. 结果计算

在油样和水的温度均为20℃条件下测得的油样重（w_2）和水重（w_1），按公式（4-10）计算比重。

$$d_{20}^{20} = \frac{w_2}{w_1} \tag{4-10}$$

式中：w_1——水重；

w_2——油样重；

d_{20}^{20}——油温、水温均为20℃时油脂的比重。

然后按式（4-11）换算成油温20℃、水温4℃时的比重。

$$d_4^{20} = [d_{t1}^{t2} + 0.00064(t_2 - 20)] \times d_4^{t1} \tag{4-11}$$

（六）油脂折光指数的测定

1. 基本原理

折光指数（n）是指光线在空气中行走的速度其在介质（油样）中行走的速度之比。也就是入射角（α）的正弦与折射角（β）正弦之比，即可表示为式（4-12）：

$$n = \frac{\sin\alpha}{\sin\beta} \tag{4-12}$$

2. 仪器

烧杯50mL、玻璃棒（一头烧至圆形）、试镜纸、镊子、阿贝折光仪。阿贝折光仪主要结构为：

棱镜：它是由两个相同的三棱镜（下棱镜的一面为磨砂面）分别装在两只金属盒中，构成棱镜组。两块棱镜之间有 0.15mm 的空隙，用以容纳被测油样。上下棱镜靠棱镜锁紧扳手开启和锁紧，并随着棱镜转动手轮的转动能在水平轴上旋转。

补偿器：旋转色散棱镜手柄抵消由折射棱镜及被测油样所产生的色散，使视野中除黑白两色外无其他颜色，以保证明暗两部分的分界线清晰。

镜筒：折射仪的右镜筒，用以观察上棱镜中的明暗界限，镜筒目镜上有两条线交叉于视野中心；右面一镜筒用来观察读数。

恒温系统：棱镜与金属盒之间有空隙，通入恒温水以保持油样的恒定温度。恒温水由下棱镜恒温水龙头流入，从上棱镜的孔口流出。由温度计测得水的温度。

3. 试剂

乙醚、乙醇。

4. 操作步骤

（1）校正仪器　放平仪器，用脱脂棉蘸乙醚抹净上下棱镜，在温度计座处插入温度计。用已知折光指数的物质校正仪器（常用纯水或用 α-溴代萘或用标准玻片进行校正），如果不符合校正物质的折光指数时，用小钥匙拧动目镜下方的小螺丝，把明暗分界线调整在十字交叉线的交点上。

（2）测定　用圆头玻璃棒取混合均匀、过滤的油样两滴，滴在棱镜上（玻璃棒不要触及镜面），转动上棱镜，关紧两块棱镜，约经 3min 待油样温度稳定后，拧动阿米西棱镜手轮和棱镜转动手轮，使视野分成清晰可见的明暗两部分。其交界线恰好在十字交叉的交点上，记下标尺读数和温度。

5. 结果计算

标尺读数即为测定温度条件下的折光指数。如果测定温度不在 20℃ 室温，必须按公式（4-13）换算为 20℃时的折光指数（n_{20}）。

$$折光指数(n_{20}) = n_t + 0.000388(t - 20) \tag{4-13}$$

式中：n_t——油温在 t℃时测得的折光指数；

t——测定折光指数时的油温℃；

0.00038——油温在 10~30℃范围内，每差 1℃ 时折光指数的校正系数。

（七）油脂熔点的测定

1. 基本原理

加热毛细管中的油脂，当油脂完全溶化呈透明状态时的温度即为该油脂的熔点。

2. 仪器

毛细玻管（内径 1mm，外径最大为 2mm，长度为 80mm）、水银温度计（100℃ ，1/10℃刻度）、冰箱、恒温烘箱、电炉、恒温水浴、烧杯 500mL、酒精喷灯、锥形瓶、漏斗、滤纸。

3. 操作步骤

（1）样品处理　将油样过滤、烘去水分及挥发物，取洁净干燥的毛细管 3 只，分别吸取油样达 10~20mm 高度，用酒精喷灯将吸取油样的管端封闭，然后放入烧杯中，置于 4~10℃的冰箱中过夜，到时取出用橡皮筋将 3 只管扎紧在温度计上，使油样与水银球相平。

（2）在 500mL 烧杯中，先装入半杯水，悬挂一只温度计，然后将油样管和温度计也悬挂在杯内水中，使水银球浸入水中 30mm 处。置于水浴中开始加热。初始温度要低于油样熔点 8～10℃，同时搅动杯中的水，使水温上升的速度为每分钟约 0.5℃。

4. 测定结果

油样在熔化前先发生软化，继续加热直到玻管内的油样完全变成透明为止，立即读取当时的温度，即为该油脂的熔点。

试验结果允许差不超过 0.5℃，其取平均值作为测定结果。测定结果取小数点后第一位。

(八) 油脂酸凝固点的测定

1. 基本原理

凝固点是一种物质由液体凝结为固体时，在短时间内停留不变的最高温度。

2. 仪器

凝固点测定装置为内管为内径约 20mm、长约 150mm 的干燥试管，用软木塞悬在内径为 40mm、长约 120mm 的外套管中，外套的底部放置适当重物（如细铅粒），使下端较重而稳定，内管用软木塞塞紧，通过软木塞插入刻度为 0.1℃的温度计和搅拌器，使温度计水银球的末端距离内管底部约为 10mm。搅拌器为玻璃棒，上端略弯，末端成直角，内管连同外管置于盛有水（或其他冷却液）的 1000mL 烧杯中，水面不低于内管中油样的表面。

3. 试剂

60%的氢氧化钠溶液、6mol/L 硫酸溶液、95%乙醇、甲基橙指示剂。

4. 操作步骤

(1) 将未经加热的油脂混匀后过滤得备用油样。

(2) 称取油样 40g 于 600mL 烧杯中，加入 60%的氢氧化钠溶液 20mL 和 95%乙醇 80mL 的混合液，置于水浴上加热，同时不断搅拌，煮沸皂化 30min，混合物至澄清即表示皂化完全。

(3) 继续在水浴锅加热蒸发乙醇，并用玻璃棒将皂化物捣碎、搅拌，使乙醇完全挥发出来，然后加入热蒸馏水 300～400mL 使其溶解，并煮沸 1h。

(4) 取下烧杯，加甲基橙指示计 3～5 滴和 6mol/L 的硫酸 50mL，使溶液呈红色，再置恒温水浴上加热，直至析出的脂肪酸层澄清为止。

(5) 放出水层，然后加 250mL 热水洗涤，静置分层后，再放出水层，如此反复洗涤，直至洗液不呈酸性。

(6) 将脂肪酸置于有夹套的漏斗中或在 100～105℃的烘箱内过滤，并在烘箱中放置 1h，以除去水分。

(7) 放冷至 60℃，注入凝固点测定器玻璃管中，以玻璃棒不断上下搅拌，直至温度计不再下降或开始回升时停止搅拌，温度突然升高并再度下降时的最高温度即为脂肪酸的凝固点。以两次平行测定平均值为最后结果，测定结果取小数点后第一位，同时双试验结果允许差不超过 0.3℃。

(九) 油脂黏度的测定

1. 基本原理

油脂黏度常用恩格拉（恩氏，E）黏度表示。它由某油脂在指定温度下从恩氏黏度计流出 200mL 所需的时间与流出 200mL 水所需时间之比值，即为该油脂的恩氏黏度（E）。

2. 仪器

恩格拉黏度计、玻璃吸管、秒表、电吹风。

3. 试剂

水、乙醚、乙醇。

4. 操作步骤

（1）黏度计准备　首先进行黏度计水平校正。缓缓扭动三角支架底部的螺钉使内圆柱形容器中的三个销钉（作为液体指示器）的尖端处在水平位置，液体容器的增减用吸管进行。测定前内容器及其出液口要用乙醚、乙醇仔细擦净，并用电吹风吹干。

（2）测定水流时间（水值 T_{20}）　将20℃时的蒸馏水约240mL注入内容器，其表面应稍高于销钉之尖端，夹套水温保持20℃。约经10min，将多余的水用吸管吸除或稍稍拔起木塞放出后，把一只量瓶（200mL）放在出液口下方。盖上上部容器盖，并按住木塞杆，确知水温为20℃时迅速拔起木塞，并同时按下秒表，记下水流至200mL所需的时间，重复测定3次，其结果误差不得大于0.5秒，取平均值（小数点后1位）作为水值（T_{20}）。一般而论，$50s < T_{20} < 52s$。

（3）测定油脂流出时间（油值 T_t）　将约245mL，t℃的油样注入干净的容器内，在夹套中加入 t℃ 的水并保持恒温，分别用温度计和搅拌器控制油温、水温。当油温达到所需值时，保持5min后，用吸管吸出多余的油或稍稍拔起木塞放出多余的油样，使油脂水平与销钉尖端平面一致。放置量瓶（200mL），盖上容器盖，拔起木塞同时按下秒表，记下油样流至200mL所需的时间即为油值 T_t。

5. 结果计算

被测油样在 T℃时的恩氏黏度（E）表示为式（4-14）

$$Et = T_t(\text{油})/T_{20}(\text{水}) \tag{4-14}$$

（十）油脂水分及挥发物的测定

1. 基本原理

利用水与油脂沸点不同而将二者分离，烘箱温度通常控制在（105±2）℃。与水同时挥发的还有与其沸点相近的挥发性物质，因此测定结果叫作“油脂水分和挥发物的含量”。此法常用于不干性油脂的测定。

2. 仪器与设备

电热恒温烘箱、备有变色硅胶的干燥器、天平（感量0.0001g）、烧杯50mL、称量皿（容量30~50mL）

3. 操作步骤

（1）用已烘至恒重的称量皿称取混合油样约10g（准确至0.001g），在（105±2）℃温度下烘90min。

（2）取出油样放入干燥器冷却至室温（约需20min）后称重。

（3）再将油样放入烘箱烘20min，直至前后两次重量不超过0.001g为止。如后一次重量大于前一次重量，则取前一次重量为测定结果。

4. 结果计算

水分及挥发物含量按式（4-15）计算

$$水分及挥发物(\%) = W - W_1/W \times 100 \tag{4-15}$$

式中：W——烘前油样重量，g；

W_1——烘后油样重量，g。

试验结果允许差不超过0.04%，求其平均数，即为测定结果。测定结果取小数点后第二位。

（十一）油脂杂质含量的测定

1. 基本原理

利用泥土、沙子、皮壳等机械杂质不能溶于有机溶剂的性质，用乙醚或石油醚等溶剂能溶解油样，以过滤的方法使杂质与油脂分离，然后将溶剂烘干，玻璃砂芯漏斗（或坩埚）增加的重量即为含杂质量。

2. 仪器

抽气泵、抽气瓶、安全瓶、2号玻璃砂芯漏斗（或古氏坩埚）、胶管、天平（感量0.0001g）、镊子、量筒、玻璃棒、烧杯、电热恒温烘箱。

3. 试剂

无水乙醚或石油醚、95%乙醇、酸洗石棉、脱脂棉、定量滤纸（代替石棉用）。

4. 操作步骤

（1）准备抽滤装置。首先用胶管连接抽气泵、安全瓶和抽气瓶，接上水龙头。

（2）用水将石棉分成粗、细两部分，开动水龙头抽气，先用粗石棉、后用细石棉铺垫玻璃砂芯漏斗（约3mm厚），再用水、少量乙醇和石油醚依次沿玻棒倾入砂芯漏斗中抽洗。待石油醚挥发干后，将砂芯漏斗置于105℃电热烘箱中烘至恒重（直到前后两次重量不超过0.001g）。

（3）称取混合均匀的油样15~20g于已知重量的烧杯中，加入20~25mL石油醚（蓖麻油用95%的乙醇），用玻璃棒搅拌使油样溶解，倾入漏斗过滤，再用石油醚将烧杯中的杂质干净地洗入漏斗内，将杂质用石油醚分数次抽洗，直到无油迹为止。

（4）取下漏斗，用沾有溶剂的脱脂棉揩净漏斗外部后，置于105℃的烘箱内烘至恒重。

5. 结果计算

杂质含量按公式（4-16）计算

$$杂质(\%) = W_1/W \times 100 \tag{4-16}$$

式中：W_1——杂质重量，g；

W——油料重量，g。

双试验结果允许差不超过0.04%，取平均数，即为测定结果。测定结果取小数点后第二位。

二、油脂酸价的测定

1. 基本原理

酸价的测定是根据酸碱中和的基本原理进行。即以酚酞作指示计，用氢氧化钾标准溶液进行滴定中和油脂中的游离脂肪酸。

2. 仪器

碱式滴定管、锥形瓶 250mL、试剂瓶、容量瓶、移液管、称量瓶、天平（感量 0.001g）、量筒 100mL。

3. 试剂

（1）0.1mol/L 氢氧化钾（或氢氧化钠）标准溶液；

中性乙醚：乙醇（2：1）混合溶剂：临用前以酚酞作指示剂，用 0.1mol/L 氢氧化钾中和至刚变色；

（2）1%酚酞乙醇指示剂。

4. 操作步骤

（1）按表 4-3 称取均匀的油样注入锥形瓶。

（2）加入中性乙醚-乙醇溶液 50mL，摇动，使油样完全溶解。

（3）加 2~3 滴酚酞指示剂，用 0.1mol/L 的碱液滴定至出现微红色在 30s 内不消失，记下消耗的碱液数量。

表 4-3　油样取样量

估计酸价	油样量/g	准确度
< 1	20	0.05
1~4	10	0.02
4~5	2.5	0.01
15~75	0.5	0.001
> 75	0.1	0.0002

5. 结果计算

（1）以酸价表示　油脂酸价按公式（4-17）计算。

$$酸价（KOH\ mg/油\ g）= V \times C \times 56.1/W \qquad (4-17)$$

式中：V——滴定时消耗的氢氧化钾溶液体积，mL；

C——氢氧化钾溶液浓度，mol/L；

56.1——氢氧化钾的摩尔质量；

W——油样质量。

试验结果允许差不超过 KOH 0.2mg/油 g，求其平均数，即为测定结果。测定结果取小数点后第一位。

（2）以百分含量表示　油脂中所含游离脂肪酸的数量除用酸价表示外，还可用游离脂肪酸的百分含量来表示［见式（4-18）］：

$$FFA\% = AV \times 脂肪酸分子量/56.108 \times 1/10 \qquad (4-18)$$

对于某一脂肪酸，其分子量为常数，则

$$FFA\% = f \times AV$$

显然不同的脂肪酸，其 f 值各异，由它们表示的百分含量也不同。用酸价换算成 FFA 的百分含量公式如下：

$$油酸\% = 0.503 \times AV(最常用的换算关系)$$

$$月桂酸\% = 0.356 \times AV$$

$$软脂酸\% = 0.456 \times AV$$

$$蓖麻酸\% = 0.530 \times AV$$

$$芥酸\% = 0.602 \times AV$$

$$亚油酸\% = 0.499 \times AV$$

三、油脂加热试验

1. 基本原理

油脂的加热试验，是在较短时间内（16~18min）将植物油脂加热到280℃（亚麻籽油289℃），油脂中的有机物质（主要是磷脂）易焦化，变成黑色絮状沉淀物或使油色变深。

2. 仪器与设备

万用电炉、装有细砂的金属盘（砂浴盘）或石棉网、烧杯100mL、温度计300~350℃、铁支架。

3. 操作步骤

（1）取混合均匀油样约50mL注入100mL烧杯内，置于带有砂浴盘的电炉上加热，用铁支架悬挂温度计，使其水银球恰在油脂中心，在16~18min内使油样温度升至280℃（亚麻油加热至289℃）。

（2）取下烧杯，趁热观察析出物多少和油色变化情况。待冷却至室温后，再观察一次。

4. 测定结果

植物油脂加热试验仅是了解油脂中磷脂多寡的简易方法，不是定量分析，因此试验结果以“油色不变”“油色变深”“油色变黑”“无析出物”“有微量析出物”“多量析出物”以及“有刺激性异味”等表示。

四、油脂碘价的测定

1. 基本原理

油脂碘价（IV）：100g油脂所能加成碘的质量（g）。

根据碘价的定义，化学反应在碘与双键之间进行，将氯化碘溶于冰醋酸中就得到韦氏碘液，过量的氯化碘的冰醋酸可与油脂中的不饱和脂肪酸发生加成反应，而生成饱和的卤素衍生物。

反应后多余的氯化碘以碘化钾（KI）还原析出的碘用硫代硫酸钠标准溶液滴定，根据硫代硫酸钠的用量并与空白试验对比，即可求出碘的实际加成量。

2. 仪器

碘量瓶250或500mL、滴定管50mL、大肚吸管25mL、容量瓶1000mL、分液漏斗、洗气瓶、烧杯、玻棒、分析天平（感量0.0001g）。

3. 试剂

0.1mol/L硫代硫酸钠标准溶液、15%碘化钾、0.5%淀粉指示剂、三氯甲烷、盐酸、硫酸、碘、高锰酸钾、冰醋酸 、氯化碘、三氯化碘。

韦氏碘液其配制方法有 3 种：

（1）取 25g 氯化碘溶于 1500mL 冰醋酸中。

（2）称取纯碘 13g 溶于 1000mL 冰醋酸中，从中量出 150mL 作调节韦氏碘液用，其余碘液通入经过洗涤和干燥的氯气，使之与碘作用生成氯化碘。通入的氯气，使溶液由深褐色变到透明的橙红色为止。氯化过量时，则用碘液调节，或将氯气通至用硫代硫酸钠溶液标定时，其用量比未通入氯气前大一倍为止。标定方法：分别量取碘液和韦氏液各 20mL 各加入 20mL 15%碘化钾溶液和水 100mL，分别用 0. 1mol/L 硫代硫酸钠溶液进行滴定。

为使韦氏碘液更加稳定，可在水浴锅上加热 20min，冷却后注入棕色瓶，置暗处备用。

（3）取三氯化碘 7. 9g 和纯碘 8. 7g，分别溶于冰醋酸中，合并两液，再用冰醋酸稀释至 1000mL 储于棕色瓶中备用。

4. 油样用量

碘价数值与试样用量见表 4-4。

表 4-4　油样用量与 IV 的关系

油脂碘价	油样用量范围/g	油脂碘价	油样用量范围/g
20 以下	1. 2000～1. 2200	100～120	0. 2300～0. 2500
20～40	0. 7000～0. 7200	120～140	0. 1900～0. 2100
40～60	0. 4700～0. 4900	140～160	0. 1700～0. 1900
60～80	0. 3500～0. 3700	160～180	0. 1500～0. 1700
80～100	0. 2800～0. 3000	180～200	0. 1400～0. 1600

5. 操作步骤

（1）按表 4-4 数量称取经干燥过滤的油样（准确至 0. 0002g）注入干洁的碘量瓶中。

（2）往碘量瓶中加入 20mL 氯仿溶解油样后。加入 25mL 韦氏碘液，立即加塞（塞和瓶口均涂以碘化钾溶液，以防碘挥发），摇匀后，将瓶子放于黑暗处。

（3）30min 后（碘值在 130 以上时需放置 60min）立即加入 15%碘化钾溶液 20mL 和水 100mL，不断摇动，用 0. 1mol/L 硫代硫酸钠滴定至溶液呈浅黄色时，加入 1mL 淀粉指示剂，继续滴定，直至蓝色消失。

（4）相同条件下，不加油样做两个空白试验，取其平均值作计算用。

6. 结果计算

油脂碘值按公式（4-19）计算

$$碘价（gI/100g 油）=（V_2-V_1）\times C\times 0.1269/W\times 100 \quad (4-19)$$

式中：V_1——油样用去硫代硫酸钠溶液体积，mL；

V_2——空白试验用去硫代硫酸钠溶液体积，mL；

C——硫代硫酸钠溶液的浓度，mol/L；

W——油样质量；

0. 1269——1/2 碘的毫摩尔质量，g/mmol。

双试验结果允许误差，碘值在 100 以上者不超过 1；碘值在 100 以下者不超过 0. 6，求其平均值即为测定结果。测定结果取小数点后第一位。

五、油脂皂化价与不皂化物及含皂量的测定

（一）油脂皂化价的测定

1. 基本原理

油脂的皂化价（SV）：完全皂化 1g 油脂所需氢氧化钾的质量（mg）。将油脂与过量的 0.5mol/L 氢氧化钾-乙醇溶液回流加热，使其完全皂化。之后用盐酸标准溶液滴定剩余的氢氧化钾，以酚酞为指示剂反应终点。由所耗碱量及试样重量即可算出皂化价。

2. 仪器

锥形瓶 250mL、酸式滴定管 50mL、回流冷凝器、恒温水浴锅、吸管 25mL、烧杯、试剂瓶、天平（感量 0.001g）。

3. 试剂

1%的酚酞指示剂、0.5mol/L 盐酸标准溶液。

中性乙醇：用 0.1mol/L 氢氧化钾中和至酚酞指示剂恰好变色。

0.5mol/L 氢氧化钾-乙醇溶液：称取 30g 分析纯氢氧化钾溶于 1L 纯度为 95%的精馏乙醇中。

本试验所用的乙醇必须精制，因为乙醇内常含有醛，遇碱后缩合，脱水，不断进行下去会生成长碳链的树脂状物质，其中—CH ═CH—CHO 为一发色基团（呈黄褐色）。因此，如不除去醛，会影响滴定时的终点确定。

精馏乙醇：称取硝酸银 2g，加入水 3mL，注入 1L 乙醇中，用力振摇。另取氢氧化钾 3g 溶于 15mL 热乙醇中，冷却后，注入主液充分摇动，静置 1~2 周待澄清后吸取清液蒸馏。

4. 操作步骤

（1）称取混合均匀试样 2g（准确至 0.001g）于锥形瓶内。

（2）加入 0.5mol/L KOH 乙醇溶液 25mL，接上回流冷凝管，在水浴上煮沸约 30min。

（3）待煮液透明后，停止加热，取下锥形瓶用 10mL 的中性乙醇溶液冲洗冷凝管下端，加酚酞指示剂数滴，趁热用 0.5mol/L 盐酸溶液滴定至红色消失。

（4）同时做一空白实验。

5. 结果计算

油脂的皂化价按式（4-20）计算

$$\text{皂化价（mg KOH/g 油）} = (V_2 - V_1) \times C \times 56.1 / W \tag{4-20}$$

式中：V_1——滴定油样用去的盐酸溶液体积，mL；

V_2——滴定空白用去的盐酸溶液体积，mL；

C——盐酸溶液的浓度，mol/L；

W——油样质量，g；

56.1——氢氧化钾的摩尔质量，g/mol。

试验结果允许差不超过 1.0mg KOH/g 油，求其平均数即为测定结果。测定的结果取小数点后的第一位。

（二）油脂不皂化物的测定

1. 基本原理

首先将油脂皂化，继而用有机溶剂（乙醚或石油醚）萃取不皂化物，再蒸发去有机溶剂，即得到不皂化物。

2. 仪器

锥形瓶 250mL、冷凝管、分液漏斗 250mL、量筒 50mL、索氏抽提器、烧杯、恒温水浴锅、烘箱、天平（感量 0.001g）

3. 试剂

95%乙醇、乙醚、中性乙醚-乙醇混合液（2∶1）、0.5mol/L 氢氧化钾水溶液。

2mol/L 氢氧化钾-乙醇溶液：称取氢氧化钾约 20g，溶于 1L 精馏乙醇中。

4. 操作步骤

（1）称取混合均匀油样 5g 于一恒重的锥形瓶中，加入 2mol/L 氢氧化钾-乙醇溶液 50mL，连接冷凝管在水浴锅上加热皂化 1h，得到澄清透明的溶液。

（2）取下冷凝器，锥形瓶仍留在水浴锅中，让乙醇挥除大部分，然后加 80mL 蒸馏水，摇匀，冷却。

（3）将锥形瓶中皂化液移入分液漏斗，用 50mL 乙醚冲洗锥形瓶数次，洗液全部转入分液漏斗。剧烈振荡后静置分层。

（4）将下层皂化液分至另一分液漏斗，进行 3 次萃取，每次用 50mL 乙醚。

（5）合并 3 次乙醚萃取液于分液漏斗。先后用 0.5mol/L 氢氧化钾溶液和水各 20mL 剧烈振荡洗涤一次，如此再洗涤两次。最后用水洗至加酚酞指示剂不显红色为止。

（6）将洗净的乙醚萃取液，用索氏抽提器回收乙醚，回收完毕，将抽提瓶中的残留物在 105℃下烘 1h，冷却，称重后再烘 30min，直至恒重为止。

（7）将称重后的残留物溶于 30mL 中性乙醚-乙醇中，用 0.02mol/L 氢氧化钾溶液滴定至粉红色。

5. 结果计算

油脂中不皂化物含量按式（4-21）计算

$$\text{不皂化物}(\%) = 100\% \times (W_1 - 0.28V \times C)/W \qquad (4-21)$$

式中：W_1——残留物重量，g；

W——油样重量，g；

V——滴定所消耗的氢氧化钾体积，mL；

C——氢氧化钾溶液的摩尔浓度；

0.28——油酸的毫摩尔质量，g/mmol。

双试验结果允许差不超过 0.2%，求其平均数，即为测定结果。测定的结果取小数点后第一位。

（三）油脂含皂量的测定

1. 基本原理

油样经乙醚（或石油醚）和乙醇溶解后，加入热水及微量硫酸，使残留的皂化物发生水解，继而用硫酸中和水解释出的碱。根据耗用的硫酸量换算为油酸钠量，即为油脂的

“含皂量”。

2. 仪器

锥形瓶250mL、量筒10mL和100mL、微量滴定器、恒温水浴锅、电炉、烧杯、分析天平（感量0.001g）。

3. 试剂

石油醚沸点60~90℃、0.2%甲基红乙醇溶液、0.02mol/L硫酸溶液。

95%中性乙醇：酚酞为指示剂，用氢氧化钾中和至刚好变色。

4. 操作步骤

（1）称取混合均匀油样约10克于干净的锥形瓶中。

（2）往锥形瓶中加入95%中性乙醇10mL和石油醚60mL，摇匀，使油样完全溶解。

（3）缓缓加入80℃蒸馏水80mL，振荡成乳状后滴入3滴甲基红指示剂。

（4）趁热逐滴加入0.02mol/L硫酸溶液，每加一滴振摇一次，滴至分层下的溶液显出微红色。记录所用硫酸溶液的体积（mL）。

5. 结果计算

油脂含皂量按式（4-22）计算

$$含皂量(\%) = V \times C \times 0.304 \times 100/W \tag{4-22}$$

式中：V——滴定用去硫酸溶液的体积，mL；

C——硫酸溶液的摩尔浓度；

W——油样重，g；

0.304——油酸钠毫摩尔质量，g/mmol。

双试验结果允许差不超过0.02%，求其平均数，即为测定结果。测定结果取小数点后第二位。

六、油脂过氧化值的测定

1. 基本原理

碘化钾在酸性条件下能与油脂中的过氧化物反应而析出碘。析出的碘用硫代硫酸钠溶液滴定，根据硫代硫酸的用量来计算油脂的过氧化值。

2. 仪器

碘价瓶250mL、微量滴定管5mL、量筒5mL和50mL、移液管、容量瓶100mL和1000mL、滴瓶、烧瓶。

3. 试剂

氯仿-冰乙酸混合液：取氯仿40mL加冰乙酸60mL，混匀。

饱和碘化钾溶液：取碘化钾10g，加水5mL，储于棕色瓶中。

0.01mol/L硫代硫酸钠标准溶液：用移液管吸取约0.1mol/L的硫代硫酸钠溶液10mL，注入100mL容量瓶中，加水稀释至刻度。0.5%淀粉指示剂。

4. 操作步骤

（1）称取混合均匀的油样2~3g于碘量瓶中，或先估计过氧化值，再按表4-5称样。

（2）加入氯仿-冰乙酸混合液30mL，充分混合。

（3）加入饱和碘化钾溶液 1mL，加塞后摇匀，在暗处放置 3min。

（4）加入 50mL 蒸馏水，充分混合后立即用 0.01mol/L 硫代硫酸钠标准溶液滴定至浅黄色时，加淀粉指示剂 1mL，继续滴定至蓝色消失为止。

（5）同时做不加油样的空白试验。

表 4-5　油样称取量

估计的过氧化值/mmol	所需油样/g	估计的过氧化值/mmol	所需油样/g
0~12	5.0~2.0	30~50	0.8~0.5
12~20	2.0~1.2	50~90	0.5~0.3
20~30	1.2~0.8		

5. 结果计算

油样的过氧化值按式（4-23）计算：

$$过氧化值(I_2\%) = (V_1 - V_2) \times N \times 0.1269/W \times 100 \tag{4-23}$$

式中：V_1——油样用去的硫代硫酸钠溶液体积，mL；

V_2——空白试验用去的硫代硫酸钠溶液体积，mL；

N——硫代硫酸钠溶液的当量浓度；

W——油样重，g；

0.1269——1mmol 硫代硫酸钠相当于碘的质量，g。

用过氧化物氧的毫克当量数表示时，可按公式（4-24）计算：

$$过氧化值(mmol/kg) = (V_1 - V_2) \times N/W \times 1000 \tag{4-24}$$

式中：V_1、V_2、N 同公式（4-23）。

两种表示法间的换算关系　mmol /kg=I_2%×78.9

试验结果允许差不超过 0.4meq/kg，求其平均数，即为测定结果。测定结果取小数点后第一位。

七、油脂磷脂含量的测定

1. 基本原理

将含磷脂试样加氧化锌高温灼烧，使有机磷转变成无机磷，即以磷酸盐的形式留存在灰分中。加酸溶解灰分，使生成的磷酸根离子与钼酸钠作用生成磷钼酸钠，遇硫酸联氨被还原成蓝色的络合物钼蓝。产生蓝色的深度与磷的含量成正比。将被测液与磷标准液在相同条件下比色定量。将磷的含量乘以适当的换算系数，即得磷脂的含量。

2. 仪器

瓷坩埚或石英坩埚、分光光度计或带塞的 50mL 比色管、电炉、高温炉、恒温水浴、分析天平（感量 0.001g）、移液管 5mL 和 10mL、容量瓶 100mL 和 500mL 和 1000mL、表面皿、烧杯、量筒、漏斗、滤纸、坩埚钳、试剂瓶。

3. 试剂

50%的氢氧化钾溶液、盐酸、硫酸、氧化锌、0.015%硫酸联氨溶液；2.5%钼酸钠稀硫酸液：量取140mL硫酸注入300mL水中，摇匀，冷却至室温，加入12.5g钼酸钠，溶解后加水至500mL，摇匀，静置24h备用。

磷标准溶液：称取无水磷酸二氢钾0.4391g溶于1000mL水中，作为1号液，含磷0.1mg/mL，吸收1号液10mL，加水稀释至100mL，含磷0.01mg/mL，作为2号液，比色用。

4. 操作步骤

（1）绘制标准曲线　取5只50mL比色管，编成1、2、4、6、8 5个号码，按号码顺序分别注入磷标准2号液1mL、2mL、4mL、6mL、8mL，再按顺序分别加水9mL、8mL、6mL、4mL、2mL。接着向5只管内各加0.015%硫酸联氨溶液8.0mL，各加钼酸钠稀硫酸溶液2.0mL，加塞、摇匀。然后去塞，将5只管置于正在沸腾的水浴中加热10min，取出冷却至室温，用水稀释至50mL，充分摇匀，经10min后，用分光光度计在波长650nm下，用3cm液槽，用水调整零点，分别测定吸光度。以消光值为纵坐标，以磷量（0.01mg、0.02mg、0.04mg、0.06mg、0.08mg）为横坐标绘制标准曲线。

（2）被测液制备　用坩埚称取油样约10g（准确至0.001g）加氧化锌0.5g，先在电炉上加热炭化，然后送入550~600℃的高温炉中灼烧至灰化（白色），灼烧时间约2h，取出坩埚冷却至室温，用热盐酸（1：1）10mL溶解灰分，并加热微沸5min，将溶解液过滤注入100mL容量瓶中，用热水冲洗坩埚和滤纸，待滤液冷却至室温后，用50%氢氧化钾溶液中和至出现混浊，缓慢滴加盐酸使氧化锌沉淀全部溶解后，再滴2滴，最后用水稀释至刻度，摇匀。

（3）比色　用移液管吸取被测液10mL注入50mL比色管中，加入0.015%硫酸联氨8.0mL，加2.0mL钼酸钠稀硫酸溶液，加塞，摇匀。然后去塞，将比色管置于正在沸腾的水浴中加热10min，取出冷却至室温，用水稀释至50mL，充分摇匀，经10min后，用分光光度计在波长650nm下，用3cm液槽，用水调整零点，测定吸光度。

5. 结果计算

根据被测液的吸光度，从标准曲线查得磷量（P），按公式（4-25）计算磷脂含量：

$$\text{磷脂}(\%) = P \times \frac{V_2}{V_1} \times 26.31 \times \frac{100}{W \times 1000} \tag{4-25}$$

式中：P——标准曲线查得的磷量，mg；

V_2——样品灰化后稀释的体积，mL；

V_1——比色时所取的被测液体积，mL；

26.31——每毫克磷相当于磷脂的质量，mg；

W——试样重量，g。

试验结果允许差不超过0.04%，求其平均数，即为测定结果。测定结果取小数点后第二位。

八、磷脂的分析测定

（一）大豆磷脂的测定

1. 基本原理

大豆磷脂能溶于正己烷、石油醚、乙醚、三氯甲烷、甲醇等有机溶剂，但不溶于丙酮。

将大豆磷脂溶于有机溶剂中，用磷脂饱和丙酮溶液使大豆磷脂析出。用重量法测定大豆磷脂的含量。此法简单、易于掌握、准确度高、精密度较好；适用于一般实验室。

2. 仪器

（1）恒温水浴；

（2）恒温箱；

（3）玻璃回流装置；

（4）G3 玻璃砂芯漏斗。

3. 试剂

（1）甲醇；

（2）三氯甲烷；

（3）磷脂饱和丙酮溶液。

4. 操作方法

（1）磷脂饱和丙酮溶液的制备　取大豆磷脂约 2g，置 100mL 烧杯中，用 10mL 石油醚溶解，加 25mL 丙酮使磷脂析出。通过 G3 玻璃砂芯漏斗抽滤，用 30mL 丙酮分 4 次洗涤磷脂，最后尽量抽去残留丙酮。立即将粉状磷脂移入 1000mL 容量瓶中，加丙酮至 1000mL，在 0~5℃下浸泡 2h，每隔 15min 剧烈振摇一次，用快速滤纸过滤上清液，滤液于 0~5℃冷藏备用。

（2）样品的制备　取样品置于 200mL 烧杯中，加三氯甲烷-甲醇（体积比=2∶1）混合溶剂 60mL，装上冷凝管，在 65℃水浴上回流 1h，用 G3 玻璃砂芯漏斗过滤。用上述混合溶剂多次淋洗烧杯和漏斗，合并滤液于已恒重的烧杯中，在水浴上蒸干。在烧杯中加磷脂饱和丙酮溶液 5mL（0~5℃），用已恒重的玻璃棒搅拌残渣，将上清液倒入已恒重的 G3 漏斗中。将残渣再用少量磷脂饱和丙酮溶液（0~5℃）洗数次，将洗液倒入 G3 漏斗中。以上所用烧杯，第二次用的 G3 漏斗、玻璃棒已恒重。将 G3 漏斗、玻璃棒放进相应的烧杯中，在［（100~102）±1］℃恒温箱中恒温至恒重，称重，计算出大豆磷脂的含量。

5. 结果计算［式（4-26）］

$$W = \frac{m_1 - m_2}{m} \times 100\% \tag{4-26}$$

式中：W——样品中大豆磷脂的含量，%；

m_1——砂芯漏斗、烧杯、玻璃棒和样品提取物恒重的质量，g；

m_2——砂芯漏斗、烧杯、玻璃棒的质量，g；

m——样品的质量，g。

6. 注意事项

（1）在加入磷脂饱和丙酮溶液时，需要快速，而且保持溶剂温度在 0~5℃之间，将残渣洗成白色粉末，不得有黄色颗粒，否则影响测定结果。

（2）在大豆磷脂恒重时，由于大豆磷脂极易吸水，在干燥器内冷却时间不宜过长，而且称量要快。

（二）卵磷脂的测定

卵磷脂是一种天然的两性表面活性剂，其化学名称为磷脂酰胆碱。卵磷脂广泛存在于动植物体内，具有重要的生理功能和独特的乳化性能。目前，卵磷脂的生产和销售呈现快速发展势头，其产品含量是确定质量和价格的重要指标。卵磷脂含量的主要测定方法有薄层色谱法、薄层扫描法、高效液相色谱法等。其中，薄层扫描法对样品进行定量分析，方法简便，重现性、稳定性较好。

方法一：高效液相色谱法。

1. 基本原理

采用高效液相色谱-示差折光检测器对卵磷脂产品中的卵磷脂含量进行测定，卵磷脂工作曲线下限为10mg/L，可满足卵磷脂质量分数大于1%的产品要求。分析方法操作简便，一次进样分析时间不超过20min。

2. 仪器

高效液相色谱仪，配有示差折光检测器、数据处理机或色谱工作站。

3. 试剂

（1）甲醇；

（2）乙腈；

（3）磷酸；

（4）卵磷脂标准溶液　将卵磷脂标准品（美国Sigma公司）用流动相配制成1.00mg/mL的标准溶液。

4. 操作方法

（1）色谱条件　色谱柱，Lichrosorb Si60柱，4.6mm×250mm，5μm；流动相，乙腈-甲醇-磷酸-水（体积比=100：100：4：2）；流速，1.0mL/min；柱温，30℃；检测器，示差折光检测器；检测器温度，350℃；进样量，10μL。

（2）样品测定　根据卵磷脂含量多少称取20~100mg样品，置25mL容量瓶中，加入流动相约20mL，超声波溶解5min，用流动相稀释到刻度，摇匀后经0.45μm滤膜过滤，滤液用于色谱分析。

5. 结果计算

采用外标法定量计算样品中卵磷脂的含量，见式（4-27）。

$$W = \frac{A_2 c V}{A_1 m} \tag{4-27}$$

式中：W——样品中卵磷脂的含量，mg/kg；

A_1——标准品的峰高或峰面积；

A_2——样品的峰高或峰面积；

c——标准溶液中卵磷脂的含量，μg；

V——样品溶液的最终定容体积，mL；

m——样品的实际质量，g。

方法二：薄层扫描法。

1. 仪器

薄层扫描仪。

2. 试剂

（1）显色剂　称取12g溴百里酚蓝，加入新配制的300mL 0.01mol/L氢氧化钠溶液中，搅拌均匀，备用；

（2）展开剂　三氯甲烷-无水乙醇-三乙胺-水（体积比=10∶11.3∶11.7∶2.7）；

（3）溴百里酚蓝；

（4）硅胶；

（5）三氯甲烷-甲醇（体积比=9∶1）混合溶液；

（6）卵磷脂标准溶液　准确称取卵磷脂标准品（纯度99%，美国产 Sigma 公司产品）5mg，用5mL三氯甲烷-甲醇（9∶1）混合溶液溶解，配成浓度为1mg/mL的标准溶液；

（7）大豆卵磷脂（进口分装）。

3. 操作方法

（1）薄层色谱条件。

薄层板的制备：取适量硅胶 GF_{254} 与0.5%的CMC-Na（羧甲基纤维素钠）溶液，以1∶3.5的比例混合研磨成糊状，用自动铺板仪铺成厚度为0.4mm的薄层板，晾干，在105℃烘箱中活化30min，置干燥器中备用。

薄层色谱分离：将试样溶于三氯甲烷-甲醇混合溶液中，用展开剂展开9cm，待展开完毕后，取出薄层板，自然晾干。放入溴百里酚蓝染液缸中，染色15s。取出后用滤纸吸干残留的染液，在105℃烘箱中干燥。

薄层扫描条件：扫描方式为反射法锯齿扫描，光源为钨灯，线性化器 $S_x=3$，狭缝为1mm×1mm，测定波长617nm，参比波长为694nm，在370~700nm范围内扫描，灵敏度中等。

（2）标准曲线的绘制　准确吸取卵磷脂标准溶液1μL、2μL、3μL、4μL、5μL点于薄层板上，展开，显色后测定面积积分值。以点样量（μL）为横坐标、斑点峰面积为纵坐标，绘制得一条不通过原点的标准曲线。

（3）样品的测定　样品测定时，根据含量的大小称取20~100mg样品于25mL容量瓶中，用约20mL三氯甲烷-甲醇混合溶液超声波溶解5min，用三氯甲烷-甲醇混合溶液稀释到刻度，摇匀后经0.45μm滤膜过滤。在硅胶板上交叉点上样品液、标准液，展开、显色、扫描。

4. 结果计算

以样品斑点峰面积在标准曲线上求出样品中卵磷脂的含量。

5. 注意事项

（1）薄层板在展开前，层析缸最好用展开剂预饱和30min，这样可尽量避免边缘效应，减少误差。

（2）展开距离一般为7~18cm。

（3）显色后，烘板的温度、时间对斑点扫描结果的影响较大。在该方法中，当薄层板上的黄绿色背景刚转为天蓝色最适宜。

（4）对于卵磷脂的显色，一般有碘蒸气显色法及磷钼酸乙醇溶液喷雾显色法。采用碘蒸气显色法的局限性较大，显色不稳定，在很短时间内颜色就会淡去；并且因上述实验选择的展开剂体系中含有三乙胺，根本不能用碘蒸气来显色。而喷雾型的显色方法比较复杂，喷雾量太少显色不完全，定量结果偏低；喷雾量太多则吸附剂不能承担，显色剂就会流下来，造成背景很不均匀，严重影响结果的准确性，并且往往用肉眼观察困难，一般需要通过一段较长的实践摸索阶段。

九、EPA 和 DHA 的分析测定

EPA 和 DHA 的分析测定采用气相色谱法。

1. 基本原理

油脂经皂化处理后生成游离脂肪酸，其中长碳链不饱和脂肪酸（EPA 和 DHA）经甲酯化后挥发性提高。可以用色谱柱有效分离，用氢火焰离子化检测器检测，使用外标法定量。方法检出限 0.1mg/kg。

2. 仪器

（1）气相色谱仪　附有氢火焰离子化检测器（FID）；

（2）索氏抽提器；

（3）氯化氢发生系统（质谱发生器）；

（4）刻度试管（带分刻度）：2mL、5mL、10mL；

（5）组织捣碎机；

（6）旋涡式振荡混合器；

（7）旋转蒸发器。

3. 试剂

（1）正己烷：分析纯，重蒸；

（2）甲醇：优级纯；

（3）2mol/L 氢氧化钠-甲醇溶液：称 8g 氢氧化钠，溶于 100mL 甲醇中；

（4）2mol/L 盐酸-甲醇溶液：把浓硫酸小心滴加在约 100g 的氯化钠上，把产生的氯化氢气体通入事先量取的约 470mL 甲醇中，按质量增加量换算，调制成 2mol/L 盐酸-甲醇溶液，密闭保存在冰箱内。

（5）二十碳五烯酸、二十二碳六烯酸标准溶液　精密称取 EPA、DHA 各 50.0mg，加入正己烷溶解并定容到 100mL，此溶液每毫升含 EPA 和 DHA 各 0.50mg。

4. 操作方法

（1）色谱条件　色谱柱，玻璃柱 1m×4mm（id），填充涂有 10% DEGS/Chromosorb W DMCS 80~100 目的载体。气体和气体流速，氮气 50mL/min、氢气 70mL/min、空气 100mL/min。系统温度，色谱柱 185℃、进样口温度 210℃、检测器温度 210℃。

（2）样品制备。

海鱼类农林产品：用蒸馏水冲洗干净晾干，先切成碎块去除骨骼，然后用组织捣碎机捣碎、混匀，称取样品 50g 置于 250mL 容量瓶中，加 100~200mL 石油醚（沸程 30~60℃），充分混匀后，放置过夜，用快速滤纸过滤，减压蒸馏挥干溶剂，得到油脂后称重备用（可计算提油率）。

称取处理得到的油脂 1g 于 50mL 容量瓶中，加入 10mL 正己烷轻摇使油脂溶解，并用正己烷定容到刻度。吸取此溶液 1.00~5.00mL 于另一 10mL 比色管中，再加入 2mol/L 氢氧化钠-甲醇溶液 1mL，充分振荡 10min 后，放入 60℃的水浴中加热 1~2min，皂化完成后，冷却到室温。

添加农林产品：称取样品 10g，置于 60mL 分液漏斗中，用 60mL 正己烷分三次萃取（每

次振摇萃取 10min），合并提取液，在 70℃的水浴上挥至近干，备用。

用 2~3mL 正己烷分两次将处理后的浓缩液小心转至 10mL 具塞比色管中，以下按海鱼类农林产品处理过程中“再加入 2mol/L 氢氧化钠-甲醇溶液……”操作。

鱼油制品：称取鱼油制品 1g 于 50mL 具塞容量瓶中，以下按海鱼类农林产品处理过程中“加入 10mL 正己烷轻摇使油脂溶解……”操作。

（3）甲酯化。

标准溶液系列：准确吸取 EPA、DHA 标准溶液 1.0mL、2.0mL、5.0mL 分别移入 10mL 具塞比色管中，再加入 2mol/L 盐酸-甲醇溶液 2mL，充分振荡 10min，并于 50℃的水浴中加热 2min，进行甲酯化，弃去下层溶液，再加约 2mL 蒸馏水洗净并去除水层，用滴管吸出正己烷层，移至另一装有无水硫酸钠的漏斗中脱水，将脱水后的溶液在 70℃水浴上加热浓缩，定容到 1mL，待上机测试用。此标准系列中 EPA 或 DHA 的浓度依次为 0.5mg/mL、1.0mg/mL、2.5mg/mL。

样品溶液：在经皂化处理后的样品溶液中加入 2mol/L 盐酸-甲醇溶液 2mL，以下按上述标准系列中“充分振荡 10min……”起操作。

（4）测定。

标准曲线的制作：分别吸取经甲酯化处理的标准溶液 1.0μL，注入气相色谱仪中，可测得不同浓度的 EPA 甲酯、DHA 甲酯的峰高，以浓度为横坐标，相应的峰高响应值为纵坐标，绘制标准曲线。

把经甲酯化处理的样品溶液 1.0~5.0μL 注入气相色谱仪中，以保留时间定性，以测得的峰高响应值与标准曲线比较定量。

5. 结果计算［见式（4-28）~式（4-30）］

海鱼类（以脂肪计）：

$$W = \frac{A \times V_3 \times V_1}{m \times V_2} \tag{4-28}$$

鱼油制品：

$$W = \frac{A \times V_3 \times V_1}{m \times V_2} \tag{4-29}$$

添加农林产品：

$$W = \frac{A \times V_3}{m} \tag{4-30}$$

式中：W——试样中二十碳五烯酸或二十二碳六烯酸的含量，mg/kg；

A——被测定样液中二十碳五烯酸或二十二碳六烯酸的含量，mg/mL；

V_1——鱼油和海鱼类试样皂化前定容总体积，mL；

V_2——鱼油和海鱼类试样用于皂化样液体积，mL；

V_3——样液最终定容体积，mL；

m——样品的质量，g。

6. 注意事项

由于多不饱和脂肪酸极易被空气所氧化，一般都要对其充氮气或加入抗氧化剂保护。

十、农林产品中脂肪酸组成的分析

（一）气相色谱法测定亚油酸

1. 基本原理

含亚油酸的油脂以碱水解制得亚油酸钠，再进行甲酯化处理，以气相色谱法测定亚油酸甲酯，用石英玻璃色谱柱，以丁二酸二乙二醇酯（DEGS）为固定液，涂布浓度10%，柱长3m，柱温185℃，以外标法定量。

2. 仪器

配有氢火焰离子化检测器的气相色谱仪。

3. 试剂

（1）三氟化硼甲醇溶液；

（2）亚油酸对照品（美国Sigma公司，含量＞99.0%）。

4. 操作方法

（1）色谱条件　色谱柱，石英玻璃柱，以丁二酸二乙二醇酯（DEGS）为固定液，涂布浓度10%，柱长3m，柱内径3mm，柱温185℃；汽化室温度，240℃；检测器温度，230℃，载气流速，60mL/min；氢气流速，50mL/min；空气流速，500mL/min。

（2）标准溶液的制备　精密称取亚油酸标准品40mg，置于10mL具塞刻度试管中，加三氟化硼甲醇溶液1mL，在60℃水浴中酯化5min，放冷。精密加入正己烷2mL，振摇，加入饱和氯化钠溶液2mL，摇匀，分层后取上层液作为标准溶液，此溶液的浓度为20mg/mL。

（3）样品的制备　取含亚油酸的油脂样品约50mg（以红花籽油为例），精密称量，置于10mL具塞刻度试管中，加0.5mol/L氢氧化钾甲醇溶液2mL，在60℃水浴中皂化15min，待油珠溶解，放冷。加三氟化硼甲醇溶液2mL，在60℃水浴中酯化5min，放冷。精密加入正己烷2mL，振摇，加入饱和氯化钠溶液2mL，摇匀，分层后取上层液作为供试样品溶液，直接进行气相色谱分析。

5. 结果计算［见式（4-31）］

$$F=\frac{C_0V_0}{A_0},\quad W=\frac{FA_1V}{V_1m}\times 100\% \tag{4-31}$$

式中：A_0——标准品的峰面积；

V_0——标准品的进样量，μL；

C_0——标准品的浓度，mg/mL；

F——校正因子；

A_1——样品的峰面积；

V——样品的总体积，mL；

V_1——样品的进样量，μL；

m——样品质量，g；

W——样品中亚油酸的含量，%。

（二）气相色谱法测定亚油酸和γ-亚麻酸

1. 基本原理

应用气相色谱法同时测定亚油酸和γ-亚麻酸的含量。选择石油醚为溶剂，用索氏抽提法提取样品，以十七酸甲酯为内标物，在提取物的正己烷溶液中加入 H_2SO_4-CH_3OH（体积比=1：9）甲酯化试剂适量，用气相色谱法测定亚油酸甲酯和γ-亚麻酸甲酯的含量。该法灵敏、准确、快速，重现性好。

2. 仪器

气相色谱仪，配有氢火焰离子化检测器（FID）、数据处理机或色谱工作站。

3. 试剂

（1）甲醇；

（2）硫酸；

（3）正己烷；

（4）石油醚；

（5）α-亚油酸甲酯标准溶液　精密称取α-亚油酸甲酯标准品（纯度为99%，美国 Sigma 公司）适量，加入正己烷制成含量为 2mg/mL 的标准溶液，备用；

（6）γ-亚麻酸甲酯标准溶液　精密称取γ-亚麻酸甲酯标准品（纯度为99%，美国 Sigma 公司）适量，加入正己烷制成含量为 2mg/mL 的标准溶液，备用；

（7）十七酸甲酯内标液　精密称取十七酸甲酯标准品（纯度为99%，美国 Sigma 公司），配制成 0.4mg/mL 的正己烷溶液作为内标液，备用。

4. 操作方法

（1）色谱条件　色谱柱，以 20mol/L 聚乙二醇涂布的毛细管柱（日本岛津），0.25mm×25m；柱温，(200±3)℃；检测器，氢火焰离子化检测器（FID）；检测器灵敏度 $\leqslant 1\times10^{-11}$ g/s；载气，氮气；分流比，60：1；尾吹气流速，40mL/min；进样量，4μL。

（2）校正因子的测定　精密称取α-亚油酸甲酯、γ-亚麻酸甲酯和十七酸甲酯标准品适量，加入正己烷配制成 0.7mg/mL 的标准溶液，取 4μL 注入气相色谱仪，测定 3 次，计算校正因子，其 RSD 应不大于 2.0%。

（3）脂肪的抽提　取样品 20g，研磨成细粉，精密称取约 2g，置于索氏抽提器中，加石油醚 60mL，于 70℃恒温水浴中加热回流 6h。提取液蒸去大部分溶剂后，以正己烷转移滤入 10mL 容量瓶中，并稀释到刻度，混匀，得供试品溶液。

（4）甲酯化　精密吸取供试品溶液 1mL，置于 10mL 容量瓶中，准确加入内标液 1mL，置于水浴中挥干溶剂，放冷，加入 H_2SO_4-CH_3OH（体积比=1：9）1mL。密塞，于 70℃恒温水浴中加热 10min。放冷，加正己烷 1mL，振摇，加水至刻度，静置分层，上层液用于色谱分析。

5. 结果计算［式（4-32）］

$$W = \frac{A_7 m_1 R_F \times 1000}{A_1 m_7} \tag{4-32}$$

式中：W——样品中亚油酸或γ-亚麻酸的含量，g/kg；

A_7——样品峰面积；

m_1——内标物质量，mg；

R_F——响应因子，F_1/F_7；

A_1——内标物峰面积；

m_7——样品质量，mg。

（三）高效液相色谱法测定α-亚麻酸、亚油酸、油酸

1. 基本原理

α-亚麻酸（18∶3）、亚油酸（18∶2）、油酸（18∶1）均为不饱和脂肪酸，存在于亚麻油、菜籽油、紫苏籽油等多种植物油中，有多种生理作用。不饱和脂肪酸甲酯化后直接用高效液相色谱法测定。方法的线性范围为（5~30）μg/20μL，回收率（83.6±0.3）%（$n=4$）。

2. 试剂

（1）高效液相色谱仪　配有紫外检测器、数据处理机或色谱工作站；

（2）超声波脱气装置；

（3）天平（感量为万分之一或十万分之一克）。

3. 试剂

（1）乙腈；

（2）甲醇；

（3）碳酸氢钾；

（4）硫酸钠；

（5）冰乙酸；

（6）四氢呋喃；

（7）乙醚；

（8）2，6-二叔丁基对甲酚（BHT）；

（9）亚油酸（18∶2）甲酯标准品　美国Sigma公司；

（10）油酸（18∶1）甲酯标准品　美国Sigma公司；

（11）α-亚麻酸（18∶3）甲酯标准品　美国Sigma公司；

（12）α-亚麻酸（18∶3）甘油酯标准品　美国Sigma公司；

4. 操作条件

（1）色谱条件　色谱柱，YWG-C_{18}柱，4.6mm×250mm，5μm；柱温，25℃；流动相，甲醇-乙腈-水（体积比=75∶22∶3）；检测波长，222nm；流速，1mL/min；进样量，20μL。

（2）标准曲线的绘制　标准品用流动相溶解，配成各脂肪酸浓度分别为0.25mg/mL、0.5mg/mL、0.75mg/mL、1.0mg/mL、1.25mg/mL、1.5mg/mL的标准系列溶液，进样量为20μL，各脂肪酸含量为5μg、10μg、15μg、20μg、25μg、30μg，测峰面积。以各脂肪酸的含量为横坐标、所对应的峰面积为纵坐标做标准曲线，并求出相关系数，各脂肪酸含量在5~30μg之间呈良好的线性关系。

（3）样品的测定　取约0.2g植物油样品（以亚麻油为例），精密称量，溶于4mL含BHT的四氢呋喃中，与新制的0.5mol/L甲醇钠8mL混合，在10℃反应10min，加0.4mL冰醋酸中止反应。反应液用20mL蒸馏水稀释后，以50mL乙醚分3次萃取。合并萃取液，用无水硫酸钠及碳酸氢钾干燥后，减压抽干，得油状液体并用流动相定量稀释。离心，进样20μL。测

峰面积。

5. 结果计算［式（4-33）］

$$W=\frac{Vc}{m} \tag{4-33}$$

式中：W——样品中的α-亚麻酸、亚油酸或油酸的含量，μg/g；

V——样液的最终定容体积，mL；

c——测定液α-亚麻酸、亚油酸、油酸的浓度（从标准曲线上查得），μg/mL；

m——样品质量，g。

第三节　维生素的检测

维生素是维持人体正常生命活动所必需的一类天然有机化合物。其种类很多，目前已确认的有30余种，其中被认为对维持人体健康和促进发育至关重要的有20余种，如维生素A、维生素B_1、维生素C、维生素D等。维生素的结构复杂，理化性质及生理功能各异，但都有以下共同特点：它们或其前体化合物都在天然食物中存在；不能供机体热能，也不是构成机体组织的基本原料，主要功能是作为辅酶的成分调节代谢过程，需要量极少；一般在体内不能合成，或合成量不能满足生理需要，必须经常从食物中摄取；长期缺乏任何一种维生素都会导致相应的疾病，但摄入量过多，超过生理需要量时，可导致体内积存过多而引起中毒。

根据维生素的溶解性，可将其分为两大类：脂溶性维生素和水溶性维生素，前者能溶于脂肪或脂溶剂，在食物中与脂类共存，包括维生素A、维生素D、维生素E、维生素K，后者溶于水，包括B族维生素和维生素C。

一、维生素C的测定

（一）荧光法

1. 基本原理

样品中还原型抗坏血酸经氧化剂氧化生成脱氢型抗坏血酸后，与邻苯二胺（OPDA）反应生成具有荧光的喹喔啉（Quinoxaline），其荧光强度与脱氢抗坏血酸的浓度在一定条件下成正比，以此测定食物中抗坏血酸和脱氢抗坏血酸的总量。

若样品中含丙酮酸时，也能与邻苯二胺生成一种荧光化合物。当加入硼酸后，硼酸与脱氢抗坏血酸形成螯合物不能与邻苯二胺生成荧光化合物；而硼酸与丙酮酸并不作用，丙酮酸仍可以发生上述反应，因此，加入硼酸后再测出的荧光读数即是空白读数。

2. 仪器

（1）组织捣碎机；

（2）离心机；

（3）荧光分光光度计。

3. 试剂

（1）0.02mol/L氢氧化钠溶液；

（2）百里酚蓝指示剂；

（3）0.03mol/L 硫酸溶液；

（4）乙酸钠溶液　取 500g 乙酸钠，水溶解并稀释到 1000mL；

（5）硼酸-乙酸钠溶液　称取硼酸 3g，溶于 100mL 乙酸钠溶液（500g/L）中，临用前配制。

（6）邻苯二胺溶液　称取 20mg 邻苯二胺盐酸盐溶于 100mL 水中（使用前配制）；

（7）偏磷酸-冰醋酸溶液　称取 15g 偏磷酸，加入 40mL 冰乙酸，加水稀释至 500mL，过滤后，储存于冰箱中；

（8）抗坏血酸标准溶液　准确称取 50mg 抗坏血酸溶于偏磷酸-冰醋酸溶液中，定容到 50mL，此标准溶液每毫升含 1mg 的抗坏血酸。吸取上述溶液 5mL，再用偏磷酸-冰醋酸溶液定容到 50mL，此标准溶液每毫升含 0.1mg 的抗坏血酸；

（9）溴；

（10）活性炭　取 50g 活性炭加入 250mL 10%盐酸，加热至沸，减压过滤，用蒸馏水冲洗活性炭，至检查滤液中无高价铁离子为止，然后置 110℃烘箱中烘干，备用；

（11）偏磷酸-冰醋酸-硫酸溶液　称取 15g 偏磷酸，加入 40mL 冰醋酸，用 0.03mol/L 硫酸稀释至 500mL。

4. 操作方法

（1）标准曲线的绘制　准确吸取 0.1mg/mL 的抗坏血酸标准溶液 50mL，移入锥形瓶中，在通风橱中加入 2~3 滴溴，轻摇变微黄，再通入空气将多余的溴排出，使溶液仍为无色。若以活性炭作氧化剂时，可在锥形瓶中加入 1~2g 酸处理活性炭，振摇 1min 后，过滤，滤液按下述步骤操作。

取两个 10mL 棕色容量瓶，各瓶中准确加入刚处理过的标准溶液 5mL，其中一个加入 2mL 乙酸钠溶液，用水定容至刻度，此溶液作为“标准溶液”，浓度为 2.5mg/mL；另一个容量瓶中加入 5mL 硼酸-乙酸钠溶液，用水定容到刻度，此溶液作为“空白标液”。

取 10 支试管，置于试管架上，每一个浓度的标准溶液为两个试管。分别吸取 2.5mg/mL 抗坏血酸标准溶液 0.5mL、1.0mL、1.5mL、2.0mL（相当于 1.25mg、2.5mg、3.75mg 和 5mg 的抗坏血酸），移入各试管中，分别加水至总体积为 2.0mL，另吸取标准空白液 2.0mL，移入两试管中。

在暗室或避光条件下，迅速准确地向各试管中加入 5mL 邻苯二胺溶液，加塞振摇 1~2min，在暗室中避光反应 35min。

在 350nm 激发波长、433nm 发射波长的条件下，记录“标准溶液”各浓度的荧光强度（以峰高表示）和标准空白荧光强度。“标准溶液”荧光强度减去标准空白荧光强度得相对荧光强度。以相对荧光强度为纵坐标，标准溶液浓度作为横坐标绘制标准曲线。

（2）样品处理和测定。

样品处理：称取均匀样品 10g（抗坏血酸含量 1mg 左右），先取少量试样加入 1 滴百里酚蓝，若显红色（pH 值为 1.2），即用偏磷酸-冰醋酸溶液定容到 100mL；若显黄色（pH 值为 2.8），即可用偏磷酸-冰醋酸-硫酸溶液定容到 100mL，定容后过滤备用。

氧化：将全部滤液倒入锥形瓶中，加入 1~2g 酸处理活性炭，振摇 1min 后，过滤。或在通风橱中加入2~3滴溴，再通入空气将多余的溴排出。

取两个100mL棕色容量瓶。各吸取20mL氧化处理过的样液，其中一个加入40mL乙酸钠，用水定容到刻度，作为“样品溶液”；另一个加入40mL硼酸-乙酸钠溶液，用水定容到刻度，作为“样品空白”。

取4支试管，其中两支各加入2mL“样品溶液”，另两支各加入2mL“样品空白”。以下按步骤（1）中“在暗室或避光条件下……”操作，得出样品的相对荧光强度，从标准曲线上查出样品溶液中相对应的抗坏血酸含量。

5. 结果计算［式（4-34）］

$$W = \frac{cV}{m} \times \frac{100}{20} \tag{4-34}$$

式中：W——样品中抗坏血酸含量，μg/g；

V——样品的定容体积，mL；

c——根据样品的相对荧光强度在标准曲线上查得的含量，μg/mL；

m——实际样品的质量，g；

100/20——该方法中样品的稀释倍数。

6. 注意事项

（1）活性炭加入量要合适，量过多，对抗坏血酸有吸附作用，使结果偏低。

（2）邻苯二胺在空气中颜色变暗，影响显色，所以，应临用前配制。

（3）本实验全部过程应避光。

（二）2，4-二硝基苯肼法

1. 基本原理

样品中还原型抗坏血酸经活性炭氧化成脱氢抗坏血酸，再与2，4-二硝基苯肼作用，生成红色的脎，根据脎在硫酸溶液中含量与总抗坏血酸含量成正比，进行比色定量。

2. 仪器

（1）可见-紫外分光光度计；

（2）离心机；

（3）恒温箱：(37±2)℃；

（4）捣碎机。

3. 试剂

（1）硫酸（体积比=9∶1）　谨慎加900mL浓硫酸于100mL水中；

（2）4.5mol/L硫酸　取250mL浓硫酸，慢慢加入700mL水中，冷却后用水稀释至1000mL；

（3）2，4-二硝基苯肼溶液　称取2g 2，4-二硝基苯肼溶于100mL 4.5mol/L的硫酸溶液中，过滤后贮于冰箱内备用，每次用前需过滤；

（4）2%草酸溶液　溶解20g草酸于700mL水中，用水稀释到1000mL；

（5）1%草酸溶液　稀释500mL 20g/L草酸溶液至1000mL；

（6）1%硫脲　溶解硫脲5g于500mL1%草酸溶液中；

（7）2%硫脲　溶解硫脲10g于500mL1%草酸溶液中；

（8）1mol/L 盐酸溶液　取 100mL 盐酸，加入水中，并稀释到 1000mL；

（9）抗坏血酸标准溶液　溶解 100mg 纯抗坏血酸于 100mL 1%草酸溶液中。此溶液每毫升相当于 1mg 抗坏血酸。

（10）活性炭　取 50g 活性炭加入 250mL 1mol/L 盐酸中，加热至沸，减压过滤，用蒸馏水冲洗活性炭，至检查滤液中无高价铁离子为止，然后置 110℃烘箱中烘干。

4. 操作方法

（1）绘制标准曲线　于 50mL 标准溶液中加 2g 酸处理活性炭，振摇 1min，过滤。

取 10mL 滤液放入 500mL 容量瓶中，加 5g 硫脲，用 1%草酸溶液稀释到刻度，此溶液每毫升相当于 20μg 抗坏血酸。吸取上述稀释液 5mL、10mL、20mL、25mL、40mL、50mL、60mL 分别置于 100mL 容量瓶中，用 1%硫脲稀释到刻度，得标准系列。每个容量瓶对应的抗坏血酸浓度分别为 1μg/mL、2μg/mL、4μg/mL、5μg/mL、8μg/mL、10μg/mL 、12μg/mL。

上述标准系列中每一浓度的溶液均吸取 3 份，每份 4mL，分别置于 3 支试管中，其中一支作为空白，在其余试管中各加入 1.0mL 的 2，4-二硝基苯肼溶液，将所有试管都放入(37±0.5)℃的恒温箱或水浴中保温 3h。3h 后将空白取出，冷却至室温。加入 1.0mL 的 2，4-二硝基苯肼溶液，10～15min 后，与所有试管一同放入冰水中冷却。向每一试管中慢慢滴加 5mL 硫酸（体积比=9：1），滴加时间至少需要 1min，边加边摇动试管。将试管从冰水中取出，在室温下放置 0.5h。用 1cm 比色皿，以空白液调零，在波长 520nm 处测定吸光度。以吸光度值为纵坐标，抗坏血酸浓度为横坐标，绘制标准曲线。

（2）样品制备　全部实验过程要避光。

鲜样制备：称取 100g 鲜样和 100mL 2%草酸溶液，倒入组织捣碎机中打成匀浆，称取 10～40g 匀浆（含 1～2mg 抗坏血酸）置于 100mL 容量瓶中，用 1%草酸溶液稀释到刻度，摇匀。

干样制备：准确称取样品 1～4g（含 1～2mg 抗坏血酸），放入研钵内，用 1%草酸溶液磨成匀浆，转入 100mL 容量瓶中，用 1%草酸溶液稀释到刻度，摇匀。

液体样品：直接取样（含 1～2mg 抗坏血酸），用 1%草酸溶液定容到 100mL。

上述溶液过滤，滤液备用。不易过滤的样品，可用离心机沉淀后，倾出上清液，过滤后备用。

（3）氧化处理　吸取 25mL 上述滤液于锥形瓶中，加入酸处理过的活性炭 2g，振摇 2min，过滤，弃去初滤液数毫升。取 10mL 此氧化处理液，加入 10mL 2%硫脲溶液混合均匀。

（4）测定　于 3 支试管中各加入 4mL 氧化处理后的稀释液，以下按绘制标准曲线，自“其中一支作为空白，在其余试管中各加入 1.0mL 的 2，4-二硝基苯肼溶液，……”起依法操作。

5. 结果计算［式（4-35）］

$$W = \frac{cV}{1000m} \times F \times 100 \tag{4-35}$$

式中：W——样品中总抗坏血酸含量，mg/100g；

c——由标准曲线查到的“样品氧化液”中总抗坏血酸的浓度，μg/mL；

V——试样用 1%草酸溶液定容的体积，mL；

F——试样氧化处理过程中的稀释倍数；

m——试样质量，g。

6. 注意事项

（1）硫脲可防止维生素 C 继续氧化，并促进脎的形成。但脎的形成受反应条件的影响，因此，应在同样的条件下，测定样品和绘制标准曲线。

（2）加入硫酸（体积比=9∶1）时，必须在冰浴中边滴加边摇动，否则将会因为溶液温度过高，使部分有机物分解着色，影响分析结果。

（3）测定波长一般在 495~540nm，样品杂质较多时，在 540nm 下测定较为合适。

（三）高效液相色谱法

1. 基本原理

样品中的维生素 C 经 0.1%的草酸溶液迅速提取后，在反相色谱柱上分离。用 0.01mol/L 磷酸氢二铵为流动相，经紫外检测器测定，与标准样品比较定量。

2. 仪器

高效液相色谱仪，配有紫外检测器、数据处理机或色谱工作站。

3. 试剂

标准溶液的配制：精密称取维生素 C 标准品 2mg 于 50mL 容量瓶中，用 0.1%草酸溶液溶解定容。

4. 操作步骤

（1）色谱条件 色谱柱，YWG-C_{18}柱，4.6mm×250mm，5μm；流动相，0.01mol/L 磷酸氢二铵（pH 为 4.3）；流速，1mL/min；检测波长，254nm。

（2）样品处理。

液体样品：取原液 5mL 于 25mL 容量瓶中，用 0.1%草酸溶液定容，摇匀后经 0.45μm 滤膜过滤后待测。

固体样品：称 1g 于研钵中，用 5mL 0.1%草酸溶液迅速研磨，过滤，残渣用 0.1%草酸溶液洗涤、过滤，合并滤液于 25mL 容量瓶中，用蒸馏水定容，摇匀后经 0.45μm 滤膜过滤后待测。

（3）样品测定 在相同条件下，取 5μL 标准溶液和 5μL 样品溶液分别进行色谱分析，以相应的峰面计算维生素 C 的含量。

5. 注意事项

维生素 C 易分解，样品提取后应立即进行分析。分析过程中应用新配维生素 C 标准溶液校正。

二、维生素 A、维生素 D、维生素 E 的测定

（一）维生素 A 的测定

维生素 A 又称抗干眼病维生素，是所有具有视黄醇生理活性的 β-紫罗宁衍生物的统称，通常所说的维生素 A 即指视黄醇而言。维生素 A 缺乏会导致夜盲、干眼、角膜软化及生长抑制等一系列症状。由于维生素 A 可以在肝脏积累，因此，肝脏中维生素 A 的含量通常随年龄的增长而增加，故成人缺乏维生素 A 的现象较少。

常用的维生素A的测定方法有三氯化锑比色法、三氟乙酸比色法、紫外分光光度法、高效液相色谱法等。

1. 三氯化锑比色法

（1）基本原理　在三氯甲烷溶液中，维生素A与三氯化锑反应生成蓝色可溶性络合物，并在波长620nm处有一最大吸收峰，其蓝色深度与溶液中维生素A的浓度成正比。

（2）仪器　分光光度计；回流冷凝装置。

（3）试剂。

①无水硫酸钠130℃烘箱中烘6h，装瓶备用；

②乙酸酐；

③乙醚应不含过氧化物；

④无水乙醇不含醛类物质；

⑤三氯甲烷应不含分解物，否则会破坏维生素A。25%三氯化锑-三氯甲烷溶液：将25g三氯化锑迅速投入装有100mL三氯甲烷的棕色试剂瓶中（勿使其吸收水分），充分振摇使用其溶解，用时吸取上清液；

⑥50%氢氧化钾溶液　50g氢氧化钾溶于50mL水中；

⑦1%酚酞指示剂；

⑧0.5mol/L氢氧化钾溶液。

⑨维生素A标准溶液：视黄醇（纯度85%以上）或视黄醇乙酸酯（纯度90%）经皂化处理后使用。用脱醛乙醇溶解维生素A标准品，使其浓度大约为1mL相当于1mg视黄醇。临用前用紫外分光光度法标定其准确浓度。

标定：取维生素A标准溶液10.00μL，用乙醇稀释到3.00mL，在325nm波长处测吸光度值。用比吸光系数计算维生素A的浓度。

浓度计算见式（4-36）：

$$X = \frac{\overline{A}}{1835} \times K \times \frac{1}{100} \tag{4-36}$$

式中：X——维生素A的溶液，g/mL；

$\overline{A}$——维生素A的平均紫外吸光度值；

1835——维生素A（1%）的比吸光系数；

K——标准稀释倍数，按以上操作为3.00/（10.00×10^{-3}）。

（4）操作方法　维生素A易被光破坏，实验操作应在微弱光线下进行。

皂化：根据样品中维生素A含量的不同，称取0.5~5g均匀样品于250mL磨口锥形瓶中，加入10mL 50%氢氧化钾溶液及20mL乙醇，混匀。装上冷凝管，在电热板上加热回流30~60min，使皂化完全（溶液澄清透明时，表明皂化完全）。取下皂化瓶，用10mL水冲洗冷凝管下端及瓶口。

提取：皂化瓶置流水下冷却至室温，将皂化液移入500mL分液漏斗中，用30mL水分两次冲洗锥形瓶，洗液并入分液漏斗（如有渣子可用脱脂棉滤入分液漏斗中）。用50mL乙醚分两次冲洗皂化瓶，所有洗液合并于分液漏斗中。振摇并注意放气，提取不皂化部分，静置分层后，将下层水溶液放入另一分液漏斗中。再加约30mL乙醚分两次冲洗皂化瓶，洗液倾入第二个分液漏斗中。振摇后静置分层，放出下层水溶液，将醚液合并于第一个分液漏斗中。如此反复提取4~6次，至水溶液中无维生素A为止（醚层不再使三氯化锑-三氯甲烷溶液呈蓝色）。

洗涤：向合并的乙醚提取液中加水约30mL，轻摇分液漏斗，静置分层后弃去下层水溶液。向醚液中加入15~20mL 0.5mol/L氢氧化钾溶液，轻摇分液漏斗，静置分层后弃去下层碱溶液（除去醚溶性酸皂）。继续用水洗，每次用水约30mL。如此反复3~5次，至洗液与酚酞指示剂呈无色为止。醚层液放置10~20min，小心放出析出的水。

浓缩：将醚层经无水硫酸钠滤入150mL锥形瓶中，再用约25mL乙醚冲洗分液漏斗及无水硫酸钠两次，洗液并入锥形瓶中。装好冷凝管，水浴蒸馏回收乙醚，待乙醚仅剩2~5mL时，取下锥形瓶减压抽干，立即准确加入一定量的三氯甲烷（约5mL）使溶液中维生素A的含量在适宜浓度范围（3~5μg/mL）。

标准曲线的绘制：准确吸取维生素A标准溶液0、0.1mL、0.2mL、0.3mL、0.4mL、0.5mL于6个10mL棕色容量瓶中，以三氯甲烷定容，得标准系列使用液。再取相同数量的3cm比色皿顺次移入标准系列使用液各1mL，每个皿中加入乙酸酐1滴，于620nm波长处，以10mL三氯甲烷加1滴乙酸酐调零，将标准色阶按顺序移到光路前，迅速加入三氯化锑-三氯甲烷溶液9mL，于6s内测定吸光度。以吸光度为纵坐标，维生素A的含量为横坐标绘制标准曲线。

样品测定：取2个3cm比色皿，分别加入1mL三氯甲烷和1mL样液，各加入1滴乙酸酐。其余步骤同标准曲线的绘制。

（5）结果计算［式（4-37）］。

$$X = \frac{cV}{m} \times \frac{100}{1000} \tag{4-37}$$

式中：X——样品中维生素A的含量，mg/100g；

c——由标准曲线上查得样品中维生素A的含量，μg/mL；

V——提取后用三氯甲烷定容的体积，mL；

m——样品质量，g。

（6）注意事项　三氯化锑腐蚀性很强，不能沾到手上或其他物件上，且三氯化锑遇水即生成白色沉淀，不易冲洗，故使用时不能长期暴露在空气中，以免吸水。用过的仪器先用稀盐酸浸泡后再洗涤。

2. 紫外分光光度法

（1）基本原理　维生素A是脂溶性维生素。测定维生素A必须先将样品中的脂肪抽提出来进行皂化，萃取其不皂化部分，再经色谱柱除去杂质等干扰物质；在紫外光区325nm处进行测定，求出含量。

（2）仪器　紫外分光光度计；色谱柱：直径1m，长30cm，下有砂芯玻璃板，具活塞。

（3）试剂。

①乙醚：不应含过氧化物；

②石油醚（沸程30~60℃）：重蒸得到；

③洗脱液：乙醚与石油醚的体积比分别为4%、8%、12%、16%、20%、24%、30%、

35%、40%、45%和50%；

④80%氢氧化钾溶液；

⑤无水乙醇：不含醛类；

⑥焦性没食子酸：粉状；

⑦25%~28%的氨水；

⑧25%三氯化锑-三氯甲烷溶液：称取25g三氯化锑，溶于100mL三氯甲烷中，储存于棕色瓶中；

⑨中性氧化铝（色谱用，100~200目）：将中性氧化铝在550℃灰化炉中灰化5.5h，降温到300℃左右，取出装瓶，冷却后每100g氧化铝加入4mL水，用力振摇，使无块状，瓶口封紧储存于干燥器中，16h后使用；

⑩碱性氧化铝（色谱用，100~200目）：将碱性氧化铝在120℃烘箱中烘4h，冷却后称取100g，置于100mL试剂瓶中，加入4mL水，用力振摇，使无块状，瓶口封紧储存于干燥器中，16h后使用。

（4）操作方法。

提取和皂化：准确称取10.00g样品（含维生素A2500IU左右），置于烧杯中，加入40mL水搅匀，移入250mL分液漏斗中，分别加入氨水5mL、乙醇35mL，摇匀，然后加乙醚进行抽提，每次使用的乙醚量为40mL，共抽提3次。收集乙醚层，每次用水100mL洗涤乙醚层共3次。水层再用30mL乙醚抽提1次，合并所用乙醚。在索氏抽提器中蒸发除去乙醚或在氮气流下蒸发除去乙醚。待瓶内乙醚蒸发除尽后，加入30mL 80%的氢氧化钾溶液、40mL乙醇、0.8g焦性没食子酸，在（83±1）℃的水浴中进行皂化处理30min。冷却后移入250mL分液漏斗中，加入60mL水后，用40mL乙醚共抽提3次，合并乙醚提取液，水洗至中性。按上述方法采用索氏抽提器或在氮气流下除去乙醚，待瓶内乙醚蒸发除尽后，用5mL石油醚溶解瓶中内容物并且移入刻度试管中。

色谱分离：依次将8cm高的中性氧化铝、2cm高的碱性氧化铝、1cm高的无水硫酸钠装于色谱柱内，以石油醚浸透。将皂化后的样品溶液即5mL石油醚样品溶液缓慢移入柱内，以1~2mL的石油醚洗涤试管后，并入柱内，石油醚流速控制在每分钟35滴左右。当液面下降至接近硫酸钠表面时，加入5mL石油醚，然后再逐次加入5mL 4%、8%、12%、16%、20%、24%、30%、35%、40%、45%洗脱液，最后用50%洗脱液洗脱。色谱柱上第一个黄色色谱层一般是β-胡萝卜素，此带在12%洗脱液前后洗出，收集于10mL容量瓶中至流出洗脱液不呈黄色为止。此溶液可供测定β-胡萝卜素用。维生素A一般在50%洗脱液中洗出，用2mL刻度吸管每管准确收集1mL，吸取0.2mL于小试管中，加入0.3mL 25%三氯化锑-三氯甲烷溶液，溶液如显蓝色，表明有维生素A存在。分别从含有维生素A的各管中准确吸取0.5mL于10mL容量瓶中，以石油醚定容。

样品的测定：维生素A在323~326nm处有一最大吸收峰，用紫外分光光度计以石油醚为空白，在1cm石英比色皿中于波长325nm处测吸光度。

（5）结果计算［式（4-38）］。

$$维生素\ A(IU/100g) = \frac{E \times 10^6 \times 2}{1830 \times 100m} \times \frac{1000}{0.3} = 36430 \times \frac{E}{m} \tag{4-38}$$

式中：E——吸光系数；

m——样品的质量，g；

1830——在最大吸收波长处维生素 A 在石油醚中的吸光系数 $E_{1cm}^{1\%}$；

0.3——每 0.3μg 维生素 A 相当于 1IU。

3. 高效液相色谱法测定维生素 A 和维生素 E

（1）基本原理　样品中维生素 A 棕榈酸酯及维生素 E 乙酸酯不经皂化即用有机溶剂提取，直接注入高效液相色谱仪中进行测定，求出样品中维生素 A 和维生素 E 的含量。

（2）仪器　高效液相色谱仪，配有紫外检测器、荧光检测器、数据处理机和色谱工作站。

（3）试剂。

①三氯甲烷（沸程 59~62℃）：重蒸馏；

②95%乙醇-三氯甲烷溶液；

③维生素 A 标准品：维生素 A 棕榈酸酯（油剂）；

④维生素 E 标准品：D，L-α-维生素 E 乙酸酯。

（4）操作方法。

色谱条件：uporasil 色谱柱（10μm），4mm×300mm；流动相，取 850mL 已烷与含有 1%乙醇的三氯甲烷溶液 150mL 混合后，通过 0.45μm 的纤维素薄膜过滤；流速 1.5mL/min；检测器；维生素 A 采用荧光检测器，激发波长 360nm，在 415nm 处测定荧光强度；若采用紫外检测器时，维生素 A 在 280nm 及 313nm 波长处进行测定，维生素 E 在 280nm 处进行测定。

样品处理与测定：将样品磨细，过 60 目筛，准确称取 2.00g 磨细样品，置于 250mL 三角瓶中，加入三氯甲烷（沸程 59~62℃）及 95%乙醇-三氯甲烷溶液各 20mL，再加入 10mL 水，在 50℃水浴上振动回流 20min。将样品滤入分液漏斗中，残渣用 30mL 三氯甲烷洗涤 3 次，洗涤液合并入分液漏斗中弃去上层水相，将三氯甲烷提取液通过无水硫酸钠过滤，置于旋转蒸发器中 35℃下蒸干。残渣用 10mL 流动相溶解，通过 0.45μm 的过滤器过滤。取 10μL 滤液，注入色谱柱中，按上述色谱条件进行测定。

绘制标准曲线：使用维生素 A 及维生素 E 的标准品，以流动相为溶剂，配制含维生素 A 棕榈酸酯 30μg/mL 以及含维生素 E 乙酸酯 100μg/mL 的标准溶液。取各标准溶液 5~50μL，注入色谱柱中，按照上述色谱条件测量各标准溶液的峰高，由测得的数据绘制含量峰高曲线。如该曲线为一条过原点的直线，可计算出该曲线的斜率 K 值以供计算结果时使用。

回收率实验：每次新样品测定时应做回收率实验，将已知量的维生素 A 棕榈酸酯或维生素 E 乙酸酯的标准溶液加入样品中，按与样品测定相同的操作步骤测定加入标准样品的回收率，得到回收率 r，以供定量计算样品中维生素含量时使用。

（5）结果计算［式（4-39）］。

$$W = \frac{pV' \times 1000}{KrmV} \tag{4-39}$$

式中：W——样品中维生素 A 或维生素 E 的含量，μg/kg；

p——从标准曲线查得的维生素 A 或维生素 E 的含量，μg；

V'——样品的总稀释体积，mL；

K——标准曲线的斜率；

r——回收率；

m——样品质量，g；

V——进样体积，μL。

（二）维生素D的测定

维生素D是具有抗佝偻病作用的活性物质，具有维生素D活性的化合物约有10种，其中最重要的是维生素D_2、维生素D_3及维生素D原。农林产品中维生素D的含量很少，且主要存在于动物农林产品中，维生素D的含量一般用国际单位（IU）表示，1IU维生素D相当于0.025μg维生素D。维生素D的测定采用三氯化锑比色法。

1. 基本原理

维生素D与三氯化锑在三氯甲烷中产生橙黄色，并于500nm波长处有一个最大的吸收峰，呈色的强度与维生素D的含量成正比，因此，可以比色定量。加入乙酰氯可以消除温度湿度等因素的干扰。维生素D和维生素A同时存在时，需先用柱层析法分离，去除维生素A，再比色测定。

2. 仪器

紫外分光光度计。

3. 试剂

（1）三氯化锑；

（2）三氯甲烷；

（3）三氯化锑-三氯甲烷溶液　取一定量的重结晶三氯化锑，加入其5倍的体积的三氯甲烷，振摇；

（4）三氯化锑-三氯甲烷-乙酰氯溶液　取上述三氯化锑-三氯甲烷溶液加入为其体积3%的乙酰氯，摇匀。

（5）乙醚；

（6）乙醇；

（7）石油醚；

（8）维生素D_2标准溶液　维生素D_2（骨化醇）1.00g相当于40000000IU，称取0.25g骨化醇，用三氯甲烷稀释到100mL，此液每毫升含100000IU维生素D_2；临用时可用三氯甲烷配制成1~100IU/mL的标准使用液；

（9）聚乙二醇（PEG）600；

（10）白色硅藻土　Celite 545（在柱色谱中作载体用）；

（11）氨水；

（12）无水硫酸钠；

（13）0.5mol/L氢氧化钾溶液；

（14）氧化铝（中性，色谱用）。

4. 操作方法

（1）标准曲线的绘制　分别吸取维生素D标准使用液（浓度按样品中维生素D含量的多少来定）0、1.0mL、2.0mL、3.0mL、4.0mL、5.0mL于10mL容量瓶中，用三氯甲烷定容，摇匀。分别吸取上述标准溶液各 1mL 于 1cm 的比色皿中，置于紫外分光光度计的比色槽内，立即加入三氯化锑-三氯甲烷-乙酰氯溶液 3mL，在 500nm 波长处，在 2min 内进行比色测定。根据测得的各标准溶液的吸光度，绘制标准曲线。

（2）样品制备　维生素 D 的提取和皂化同维生素 A 的测定。

当维生素 D 和维生素 A 共存时，必须先进行纯化以分离维生素 A。若无维生素 A 等干扰物质存在时，可直接测定。

分离柱的制备：称取 15.00g Celite 545，移入 250mL 碘量瓶中，加入 80mL 石油醚，振摇 2min，再加入 10mL 聚乙二醇 600，强烈振摇 10min，使其黏合均匀。将上述黏合物加到内径 22mm 的玻璃色谱柱内（色谱柱具有活塞和砂芯板），在黏合物下端加入 1.0g 左右的无水硫酸钠，在黏合物上端加入 5g 中性氧化铝后，再加入少量的无水硫酸钠。轻轻地转动色谱柱，使柱内黏合物的高度保持在 12cm 左右。

纯化：先用 30mL 左右的石油醚淋洗柱子，然后将上述提取液倒入柱内，再用石油醚继续淋洗，弃去最初收集的 10mL，再用 200mL 容量瓶收集淋洗液至刻度，淋洗液流速保持 2～3mL/min。将淋洗液放入 250mL 分液漏斗中，加入过量的蒸馏水，猛烈振摇，分层后弃去水层，再加入过量的水重复振摇 1 次，弃去水层（水洗主要是去除残留的聚乙二醇，因为它会与三氯化锑作用产生混浊，影响测定）。将上述石油醚层通过无水硫酸钠脱水，移入锥形瓶中，在水浴上浓缩至约 5mL，再在水浴上用水泵减压至刚好干燥，立即加入 5mL 三氯甲烷于 10mL 具塞量筒内，摇匀，备用。

（3）样品测定　吸取上述已经纯化的样品溶液 1mL 于 1cm 比色皿中，以下操作同标准曲线绘制。根据所测定样品溶液的吸光度，从标准曲线中查出其相应含量。

5. 结果计算

根据所取样液相当于标准曲线中相应的维生素 D 的含量，然后按式（4-40）计算：

$$W = \frac{cV}{m \times 1000} \times 100 \tag{4-40}$$

式中：W——样品中维生素 D 的含量，mg/kg；

c——标准曲线上查得样品溶液中维生素 D 的含量，μg/mL（如按国际单位，每国际单位相当于 0.025μg 维生素 D）；

V——样品提取后用三氯甲烷定容的体积，mL；

m——样品质量，g。

（三）维生素 E 的测定

维生素 E 又称生育酚，属于酚类化合物。目前已经确认的有 8 种异构体，维生素 E 广泛分布于动植物农林产品中，含量较多的为麦胚油、棉籽油、大豆油等植物油料，此外肉、鱼、禽、蛋、乳、豆类、水果及绿色蔬菜中都含有维生素 E。

农林产品中维生素 E 的测定方法有分光光度法、荧光法、气相色谱法和液相色谱法。荧光法特异性强、干扰少、灵敏、快速、简便，介绍如下。

1. 基本原理

样品经皂化后，不皂化物溶于正己烷中，维生素 E 的正己烷溶液的激发波长为 295nm，发射波长为 324nm。测定其荧光强度，并与标准 α-维生素 E 比较，定量求出样品中的维生素

E 的含量。

2. 仪器

（1）荧光分光光度计；

（2）索氏抽提器。

3. 试剂

（1）无水乙醇；

（2）乙醚；

（3）正己烷；

（4）氢氧化钾溶液　称取 160g 氢氧化钾，溶于 100mL 水中；

（5）维生素 C；

（6）无水硫酸钠；

（7）α-维生素 E 标准溶液　准确称取 10mg α-维生素 E 标准品溶于正己烷中，在 10mL 容量瓶中用正己烷定容。α-维生素 E 的浓度为 1mg/mL。吸取此溶液 0. 5mL，置于 10mL 容量瓶中用正己烷定容，为中间液。吸取 1mL 中间液，稀释至 10mL，此溶液 α-维生素 E 的浓度为 5μg/mL。当天配制当天使用。

4. 操作方法

（1）测定条件　仪器工作条件：激发波长，295nm；发射波长，324nm；激发狭缝，3nm；发射狭缝，2nm；灵敏度，0. 3×7。

（2）样品制备　准确称取油样 0. 50g（样品中维生素 E 含量不超过 0. 2mg），置于索氏抽提器中，加入维生素 C 0. 9g、无水乙醇 12mL，置于水浴中，装上冷凝管。瓶内液体沸腾时，加入 3mL 氢氧化钾溶液，旋转索氏抽提器，并从加入氢氧化钾起计算时间至 15min。取出，将索氏抽提器迅速在流水下冷却，随即加入 40mL 蒸馏水，使皂化物溶解。移入 250mL 分液漏斗中，用 4×40mL 乙醚提取不皂化物，乙醚加入后必须充分振摇 2min，并静置使其完全分层，合并乙醚层于 500mL 分液漏斗中，用等量的水多次洗涤，直至洗涤水不呈碱性。然后将乙醚液通过无水硫酸钠脱水，最后用 5mL 乙醚分次洗涤无水硫酸钠，合并洗液。乙醚抽提液在氮气流或真空下蒸干。加入正己烷溶解残渣，在 10mL 容量瓶内定容至刻度。再用移液管移取 1mL，置于 10mL 容量瓶中，用正己烷定容，即为样品溶液。

（3）标准溶液和样品溶液的测定　根据上述仪器的工作条件，用荧光分光光度计分别测定 5μg/mL 的 α-维生素 E 标准溶液和样液的荧光强度。

5. 结果计算［式（4-41）］

$$W = \frac{\frac{5I_2}{I_1} \times \frac{1}{1000}}{m \times \frac{1}{10} \times \frac{1}{10}} \times 100 = \frac{50I_2}{mI_1} \tag{4-41}$$

式中：W——样品中 α-维生素 E 的含量，mg/100g；

I_1——标准溶液的荧光强度；

I_2——样品溶液的荧光强度；

m——样品质量，g；

$\frac{5I_2}{I_1}$——样品溶液的浓度，μg/mL。

6. 注意事项

（1）仪器的工作条件可根据仪器的不同情况做调整。

（2）动物、人的血液、脏器中的维生素 E，几乎全部是 α-维生素 E。用本法测得的结果与真正的维生素 E 的含量相近。

（3）该法测定的样品是植物油样。如是其他农林产品，需增加脂肪抽提的步骤，经脂肪抽提后的样品其发射波长改为 330nm。

三、维生素 B_1和维生素 B_2的测定

（一）维生素 B_1的测定——荧光法

1. 基本原理

维生素 B_1（硫胺素）在碱性铁氰化钾溶液中，能被氧化成一种蓝色荧光物质——硫色素。在紫外光下，硫色素发出荧光。在标准条件和没有其他物质干扰的情况下，荧光强度和硫色素的浓度成正比。

如样品中含有杂质较多，可用柱色谱处理，使硫胺素与杂质分开，然后洗脱，测定提纯液中硫胺素的含量。

2. 仪器

荧光分光光度计。

3. 试剂

（1）1%铁氰化钾溶液（棕色瓶中储存）；

（2）碱性铁氰化钾溶液　吸取 1%铁氰化钾溶液 1mL，用 15%氢氧化钠溶液稀释到 15mL；该溶液需新鲜配制，并避免阳光照射；

（3）15%氢氧化钠溶液；

（4）2.5mol/L 乙酸钠溶液　称取无水乙酸钠 205g 或含结晶水的乙酸钠 345g 溶于水中并稀释到 1000mL；

（5）25%的酸性氯化钾溶液　取 25%的氯化钾溶液 1000mL，加 8.5mL 浓盐酸；

（6）硫胺素标准储备液　精确称取干燥的硫胺素 100mg，溶于 0.01mol/L 的盐酸溶液中，并稀释到 1000mL，棕色瓶中储存（冰箱中可保存 2~3 个月），此储备液的浓度为 0.1mg/mL；

（7）硫胺素标准使用液　取硫胺素标准储备液用水稀释 100 倍，再将此稀释液稀释 10 倍，此溶液的浓度为 0.1μg/mL，临用前配制；

（8）硫酸奎宁储备液　溶解硫酸奎宁 100mg 于 0.1mol/L 硫酸溶液中，并稀释到 100mL，储于棕色瓶中，冰箱中存放，溶液变混浊，需重新配制；

（9）硫酸奎宁使用液　取硫酸奎宁储备液，用 0.1mol/L 硫酸溶液稀释到每毫升含硫酸奎宁 0.3~0.6μg（根据荧光分光光度计的灵敏度而定）；

（10）0.04%溴甲酚绿指示剂　称取 0.1g 溴甲酚绿，加入 2.9mL 0.05mol/L 氢氧化钠溶液，使其溶解，用水转移到 250mL 容量瓶中，用水稀释到刻度；

（11）0.05mol/L 氢氧化钠溶液；

（12）0.1mol/L 硫酸溶液；

（13）活性人造浮石（30~60 目） 取 100g 人造浮石，用 10 倍于其容积的热的 3%乙酸搅拌 3 次，每次静置 5min，倒去上清液，再用酸处理一次，用热水洗 2 次，每次 10~15min。再用 5 倍于其体积的热的 25%氯化钾溶液搅拌 10~15min，在 3min 内不沉下的浮石可随液体倒去。然后用热的 3%乙酸洗 1 次，用热水洗数次。每次用倾倒法倾去上清液。移入布氏漏斗中，可用水洗至无氯离子为止。烘干，保存于不漏气的瓶中。如果人造浮石含有大量铁时，可用酸性氯化钾洗涤几次。用过的人造浮石可回收，活化步骤同上。如果处理后活力不够高时，用同一步骤重复处理一遍或增加 25%氯化钾处理的次数，每活化一批浮石，必须进行回收率试验，达到 92%以上的回收率方可。

4. 操作方法

（1）样品处理 称取洗净切碎的样品 100.0g，置于 400mL 烧杯中，加 0.1mol/L 硫酸 100mL，用组织捣碎机匀浆处理。称取打浆后的样品 15.00g，置于 250mL 锥形瓶中，加盖，并做好标记号码。加水 30~50mL，在高压锅中经 170kPa、15min 的高压酸解。冷却，加入含有 10%糖化酶的 2.5mol/L 乙酸钠溶液（每次临用时配制）10mL，摇匀，用 15%的氢氧化钠溶液调节 pH 值为 4.5，即加入溴甲酚绿（指示剂）后溶液变为草绿色（淀粉含量高的样品，需要适当增加糖化酶的量，否则分离不完全，过滤时有困难，同时也影响测定）。然后在 55℃恒温箱中，保温过夜（一般为 12~16h），将瓶中内容物用水稀释到一定体积，过滤，备用。

（2）离子交换柱的装备 在离子交换柱的尖端，用少许脱脂棉塞紧，加入活性人造浮石约 1g，用水浸润浮石，调节并控制流速为每分钟 10~15 滴。

（3）提纯 吸取制备的滤液 10~20mL，置于离子交换柱中，待液体流完后，立即用热水淋洗交换柱 2 次，然后用热的 25%的酸性氯化钾溶液 20mL 分数次洗涤，每次约 5mL，收集洗液于提取管中，冷却后，加酸性氯化钾溶液使总体积达 20mL，加塞摇匀。吸取其中溶液 10mL 于另一提取管中，作样液空白管。

准确吸取 0.1μg/mL 的硫胺素标准溶液 10mL 于离子交换柱中。操作同上面样品溶液的提纯步骤。所得提取液也分装于两个提取管中，一管作为标准的空白管。

（4）硫色素的生成 在空白管中，加 15%氢氧化钠溶液 3mL，摇匀，再加正丁醇 10mL。在样品管和标准管中，加碱性铁氰化钾溶液 3mL，摇匀，约 30s 后，再加正丁醇 10mL。各管加塞用力振摇 1min，先摇样品管、标准管，后摇空白管，静置分层，如果不分层可离心。用玻璃管稍加吸力（用水力抽气），吸去底层氢氧化钠溶液，加无水乙醇 0.5mL 或 1mL，脱水，稍加振动。也可用无水硫酸钠脱水。

（5）硫色素的测定 先用硫酸奎宁使用液校正荧光分光光度计，选用 365nm 为激发波长，在 435nm 处测定，然后测定空白管、标准管、样品管的相对荧光强度。

5. 结果计算［式（4-42）］

$$W=\frac{E_1-E_2}{E_3-E_4}\times\frac{c}{\frac{V_1}{2}}\times\frac{V_2}{m}\times\frac{100}{1000} \tag{4-42}$$

式中：W——样品中维生素 B_1 的含量，mg/100mL；

E_1——样品管的荧光读数；

E_2——样品空白管的荧光读数；

E_3——标准管的荧光读数；

E_4——标准空白管的荧光读数；

c——标准溶液的浓度，μg/mL；

V_1——通过离子交换柱的体积，mL；

V_2——样品稀释后的体积，mL；

m——样品质量，g。

6. 注意事项

紫外线会破坏硫色素，因此硫色素生成后测定要迅速，不宜暴露太久。

（二）维生素 B_2的测定

方法一：荧光分光光度法。

1. 基本原理

样品经稀盐酸溶液消化，调节 pH 值，过滤后除去蛋白质等物质。样品溶液经高锰酸钾氧化，除去干扰物质，再经装有硅镁型吸附剂的色谱柱分离，全部吸附维生素 B_2，达到进一步提纯的目的。洗脱溶液中的维生素 B_2在以 440nm 为激发波长、525nm 为发射波长的条件下可以产生最大荧光强度，与标准维生素 B_2对照，求得样品中维生素 B_2的含量。

2. 仪器

（1）荧光分光光度计；

（2）手提式高压蒸汽锅；

（3）色谱柱。

3. 试剂

（1）维生素 B_2标准溶液　准确称取维生素 $B_2$100mg，溶于 0.01mol/L 盐酸溶液中并稀释到 1L；使用时配成 0.5μg/mL 的标准溶液；

（2）3%的高锰酸钾溶液；

（3）3%的过氧化氢；

（4）洗脱液　丙酮-乙酸-水（体积比=5∶2∶9）；

（5）连二亚硫酸钠；

（6）硅镁型吸附剂；

（7）冰乙酸；

（8）0.1mol/L 盐酸；

（9）3mol/L 氢氧化钠溶液。

4. 操作方法

（1）样品处理。

提取：称取含维生素 $B_2$5～10μg 的磨碎的均匀样品，置 200mL 锥形瓶中，加入 50mL 0.1mol/L 盐酸溶液，摇匀，用纱布封住瓶口，置于 675kPa 的高压蒸气锅中蒸煮 30min。调节 pH 值使杂质沉淀，将提取液冷却后，用 3mol/L 氢氧化钠溶液调节 pH 值为 6.0，因维生素 B_2在碱性溶液中不稳定，所以加碱最好用滴管，边加边摇动，以免局部碱性过强。立即用

0.1mol/L 盐酸调 pH 值为 4.5，使杂质沉淀。用水定容至 100mL，过滤，收集滤液。

纯化：根据分析样品的数目，准备相应数目的 25mL 的试管。在每一试管中加入 10mL 滤液和 1mL 冰乙酸，摇匀。然后在每一试管中加入 3mL 3%的高锰酸钾溶液（如滤液中含杂质多，可适当增加数量），混合后，放置 2min 以氧化滤液中的杂质。再加入 2mL 3%的过氧化氢溶液，混合，10s 内即褪色。操作中要注意，过氧化氢的量不可过多，以免产生大量气泡，影响过柱。如果高锰酸钾过量，会有二氧化锰微粒沉淀，应离心除去。

色谱分离：在色谱柱下端塞入一小团棉花，加水，再倒入 1.0g 硅镁型吸附剂，轻轻敲柱子，待沉淀全部下沉时，让水流去。应注意在色谱柱中不能有气泡。用移液管准确吸取 10mL 氧化过滤液，用热水洗 2 次，每次 10mL，弃去沉淀。再加约 20mL 洗脱剂于色谱柱中，下面用 25mL 试管收集洗脱液，最后用洗脱剂调节至 20mL。维生素 B_2标准溶液也按照以上操作方法进行纯化处理。

（2）样品测定　取 3 个 10mL 试管，分别加入样品测定溶液 5mL，其中 2 个试管再加入 1mL 水，另一个加入 1mL 维生素 B_2标准溶液，混匀。调节荧光分光光度计的适宜参数，将测定溶液移入石英池中，在激发波长 440nm，发射波长 525mn 的条件下，依次测定每管的荧光强度。样液测定管经荧光测定后，加入连二亚硫酸钠，混匀，立即测定荧光强度，在 5s 内读数，作为除维生素 B_2以外的杂质荧光，即为空白值。

5. 结果计算［式（4-43）］

$$W = \frac{A - C}{B - A} \times \frac{VF}{5m} \tag{4-43}$$

式中：W——样品中维生素 B_2的含量，μg/g；

A——测定液加水的荧光强度；

B——测定液加维生素 B_2标准溶液的荧光强度；

C——测定液加 20mg 连二亚硫酸钠的荧光强度；

F——测定液的稀释倍数；

V——加入标准溶液的浓度，μg/mL；

m——样品质量，g；

5——测定液为 5mL。

6. 注意事项

（1）整个过程最好在遮光条件下进行。

（2）荧光测定时，应事先用维生素 B_2标准溶液扫描，以确定其取得最大荧光强度的激发波长和发射波长。

方法二：高效液相色谱法。

1. 基本原理

样品经酸水解与酶处理后得到维生素 B_2测定用样液，然后经高效液相色谱分离测定。该法简便、快速，能同时测定 FMN（黄素单核苷酸）、FAD（黄素腺嘌呤二核苷酸）与维生素 B_2。

2. 仪器

高效液相色谱仪，配有荧光检测器、数据处理机或色谱工作站。

3. 试剂

(1) 0.025mol/L 磷酸盐缓冲溶液（pH 为 7.4）；

(2) 混合酶溶液　根据酶的浓度和活力，取适量的淀粉酶和木瓜蛋白酶，用 2mol/L 乙酸钠溶液配制成每种酶含量为 3% 的溶液；

(3) 维生素 B_2 标准溶液　准确称取维生素 B_2 10.00mg，用 0.01mol/L 盐酸溶液溶解并定容到 100mL（100μg/mL）。取 2mL 用 0.01mol/L 盐酸溶液稀释并定容到 100mL，即为 2μg/mL 的标准溶液。

4. 操作方法

(1) 色谱条件　色谱柱，YWG-C_{18} 柱，3.8mm×250mm，5μm；流动相，0.025mol/L 磷酸缓冲溶液-乙腈（体积比 = 80 ∶ 20）；流速，1mL/min；激发波长，440nm；发射波长，565nm。

(2) 样品测定　将固体样品粉碎后过 20 目筛备用，肉类及水产类、果蔬类样品经捣碎。称取试样 1.00g（维生素 B_2 含量不低于 0.5μg）置于 50mL 棕色容量瓶中，加入 35mL 0.1mol/L 盐酸溶液，在超声波池中超声 3min，然后置于高压灭菌锅内在 121℃ 保持 2～30min 或置于沸水浴中加热 30min。取出，冷却至 40℃ 以下，加入 2.5mL 酶液，摇匀，置于 37℃ 下过夜或于 42～43℃ 加热 4h，冷却，用水定容至 50mL，过滤，滤液用微孔过滤膜过滤，待色谱分析。与标准比较定量。

5. 结果计算

根据色谱分析所得的样品峰面积，使用外标法即可计算出维生素 B_2 含量。

第四节　微量元素的检测

微量元素的主要生理功能有：构成人体组织的重要成分；在细胞外液中，与蛋白质一起调节细胞膜的通透性、控制水分，维持正常的渗透压、酸碱平衡，维持神经肌肉的兴奋性；构成酶的辅基、激素、维生素、蛋白质和核酸的成分，或参与酶的激活。

一、有机锗的测定

微量元素锗具有抗癌、抗衰老及改善人体免疫功能等生理作用，目前有机锗制品在医疗、保健领域正在不断地开发应用。

有机锗的测定采用苯基荧光酮分光光度法。

1. 基本原理

样品经处理后，利用带羧基［COOH］的 717# 阴离子树脂能吸附有机锗化合物而不吸附无机锗化合物的作用从而达到将有机锗化合物与无机锗分离。吸附的有机锗化合物用 120g/L 氢氧化钠溶液解析并经硝酸-硫酸消化后再与苯基荧光酮反应显色于 512nm 处进行比色定量。

2. 仪器

分光光度计。

3. 试剂

(1) 无机锗标准溶液　称取氧化锗 (GeO_2, 含量 99.999%) 0.144g, 用 4g/L 氢氧化钠溶液 10mL 加温溶解, 再加入盐酸 (体积比=1∶119) 10mL 进行中和, 并在容量瓶中加水稀释至 100mL, 此液每毫升含 1mg 锗 (Ge)。临用时加水稀释至每毫升含 1μg 锗 (Ge);

(2) 有机锗 (Ge-132) 标准溶液　称取有机锗 (Ge-132, 含量 99.99%) 0.234g, 用 4g/L 氢氧化钠溶液 10mL 加温溶解, 加入盐酸 (体积比=1∶119) 10mL, 并在容量瓶中加水稀释至 100mL, 此液每毫升含 1mg 锗 (Ge)。临用时加水稀释至每毫升含 1μg 锗 (Ge) [如果结果乘以 2.34 则为有机锗 (Ge-132) 量];

(3) 苯基荧光酮溶液　称取苯基荧光酮 60mg 用 8mL 盐酸 (ρ_{20}=1.18g/mL) 及乙醇溶解并稀释至 100mL;

(4) 盐酸溶液 (体积比=1∶4);

(5) 氢氧化钠溶液 (120g/L);

(6) 乙酸溶液 (体积比=1∶5);

(7) 四氯化碳;

(8) 阴离子交换树脂柱的制备　取约 20g 717#强碱性阴离子交换树脂, 经处理转型为 (CH_3COO) 型, 装柱备用;

(9) 阳离子树脂柱制备　取约 20g Amberlite CG-120I 树脂, 经处理后装柱备用。

4. 操作方法

(1) 试样处理。

矿泉水类试样: 取试样一定量 (含 0.5~10mg 锗), 直接通过阴离子树脂交换柱, 流速控制在 15 滴/min 左右, 弃最初流出液约 10mL 后, 将滤液收集于 100mL 容量瓶中, 并用水淋洗柱子至滤液 100mL (此水洗液供测定无机锗用), 排出多余的水溶液后加入 120g/L 氢氧化钠溶液 30mL, 流速仍为 15 滴/min 左右, 并继续用水淋洗至滤液为 50mL 止。取上述氢氧化钠滤液 10.0mL 于凯氏瓶中加硫酸 (ρ_{20}=1.84g/mL) 5mL, 硝酸 (ρ_{20}=1.40g/mL) 5mL 进行消化, 最后稀释到 100mL, 取 1~5mL 进行显色测定。

含色素、糖、蛋白质的液体试样: 取一定量试样 (含 0.5~10mg 锗), 以 10 滴/min 的速度先通过阳离子交换柱, 并以水淋洗收集滤液大约 50mL 为止, 然后按矿泉水类试样处理方法进行。

固体试样: 粉碎过筛 (80 目), 称取 1~5g 试样 (含 0.5~10mg 锗), 加盐酸 (体积比=1∶119) 20mL 于 60℃保温 2h, 加入 4g/L 氢氧化钠溶液 20mL, 混匀后离心 (3000r/min) 15min, 分取上清液, 再用约 10mL 水洗沉淀 1 次, 合并上清液, 然后按含色素、糖、蛋白质的液体试样处理方法进行。

(2) 显色测定。

无机锗的测定: 吸取以上制备的水洗液 1~5mL 于 50mL 分液漏斗中, 加水补足至 5.0mL, 再加入 15mL 盐酸 (ρ_{20}=1.18g/mL), 放置约 10min 后, 加入临时配制的 100g/L 亚硫酸氢钠溶液 0.1mL, 混匀后再加四氯化碳溶液 10.0mL, 振摇约 2min, 待分层后, 分取四氯化碳层备用。

取苯基荧光酮溶液 1mL 于 10mL 比色管中, 加入上述四氯化碳溶液 5.0mL, 并用乙醇补足到10mL，混匀放置10min后于512nm波长进行比色。

有机锗的测定：吸取消化液1~5mL“于50mL分液漏斗中加水补足至……”以下同无机锗的测定相同。

(3) 标准曲线的绘制　吸无机锗标准溶液（1μg/mL）0.0、0.5mL、1.0mL、2.0mL、3.0mL、4.0mL、5.0mL按上述无机锗的测定操作显色，制备标准曲线。

5. 结果计算

无机锗计算公式（4-44）：

$$W = \frac{(A_1 - A_2) \times 1000}{m \times V_1/V_2 \times 1000} \tag{4-44}$$

式中：W——试样中锗的含量，mg/kg（mg/L）；

A_1——测定溶液中锗的含量，μg；

A_2——空白溶液中锗的含量，μg；

V_1——测定时所取溶液的量，mL；

V_2——总稀释体积，mL；

m——测定时所取试样的量，g（mL）。

有机锗计算公式（4-45）：

$$W = \frac{(A_1 - A_2) \times 1000}{m \times V_1/V_2 \times 1000} \tag{4-45}$$

式中：E——试样中有机锗的含量，mg/kg（mg/L）；

A_1——测定溶液中锗的含量，μg；

A_2——空白溶液中锗的含量，μg；

V_1——测定时所取溶液的量，mL；

V_2——总稀释体积，mL；

m——测定时所取试样的量，g（mL）。

6. 注意事项

本法的检出限为（以Ge计）0.25μg；标准曲线线性范围为0~5μg；回收率为88.0%~105%。

二、硒、钙、磷、碘、锌、铁的测定

（一）硒的测定

方法一：3，3′-二氨基联苯胺比色法。

1. 基本原理

在弱酸性条件下，硒与3，3′-二氨基联苯胺形成黄色络合物。此络合物在中性溶液中能用甲苯或二甲苯等有机溶剂提取，比色定量。

2. 仪器

(1) 石英坩埚或瓷坩埚；

(2) 高温炉；

(3) 原子吸收分光光度计。

3. 试剂

（1）混合消化液　发烟硝酸-高氯酸-硫酸（10∶4∶5）混合液；

（2）5%EDTA-2Na 溶液；

（3）5%氢氧化钠溶液；

（4）1∶1 盐酸溶液；

（5）0.5% 3，3′-二氨基联苯胺溶液；

（6）硒标准溶液　精密称取 0.1000g 硒，置于 50mL 小烧杯中，加入 1∶1 盐酸溶液 10mL，加热溶解，冷却并移入 100mL 容量瓶中，用 10%硝酸溶液小心洗小烧杯并合并洗液于容量瓶中，并用 10%硝酸稀释到刻度；此溶液硒的浓度为 1mg/mL，使用时可稀释成 1μg/mL 的硒标准溶液。

4. 操作方法

（1）样品处理　称取捣碎均匀的样品 1.00~2.00g（果蔬类称取 10.0g）。置于 150mL 圆底烧瓶中，连接冷凝装置，加入 20mL 混合消化液，小心加热至样液呈无色透明为止。冷却后加入 2mL 5%EDTA-2Na 溶液，此溶液为样品测定溶液。同时做空白试验。

（2）标准曲线的绘制　准确吸取 1μg/mL 的硒标准溶液 0、2.0mL、4.0mL、6.0mL、8.0mL、10.0mL，分别移入分液漏斗中，加水至 35mL。分别加入 5%EDTA-2Na 溶液 1mL，摇匀，并用 1∶1 的盐酸调节 pH 值为 2~3。各加 0.5% 3，3′-二氨基联苯胺溶液 4mL，摇匀，置于暗处 30min，再用 5%氢氧化钠溶液调节至中性。加入 10mL 甲苯振摇 2min，静置分层，弃去水层，甲苯层通过棉花过滤于比色皿中，用原子吸收分光光度计于 420nm 波长处测吸光度，绘制标准曲线。

（3）样品测定　准确吸取适量的消化液（视样品中硒的含量而定），置于分液漏斗中，加水至总体积为 35mL。加入 5%EDTA-2Na 溶液 1mL，摇匀，以下操作同标准曲线的绘制。根据样品测得的吸光度，从标准曲线上查得相应的硒含量。

5. 结果计算［式（4-46）］

$$W = \frac{c}{m} \times 1000 \tag{4-46}$$

式中：W——样品中硒的含量，mg/kg；

c——从标准曲线上查得的硒的标准量，mg；

m——测定时样品溶液中样品的质量，g。

6. 注意事项

（1）3，3′-二氨基联苯胺易氧化变质，因此，此溶液需临用时配制。

（2）加甲苯萃取后如有乳化现象，可加入几滴无水乙醇，摇匀，澄清后过滤。

方法二：氢化物原子荧光光谱法。

1. 基本原理

样品以酸加热消化后，在 6mol/L 盐酸介质中，将样品中的六价硒还原成四价硒，用硼氢化钠或硼氢化钾作还原剂，与四价硒在盐酸介质中作用生成硒化氢，由载气氩气带入原子化器中进行原子化，在硒特制空心阴极灯照射下，基态硒原子被激发至高能态；在去活化回到基态时，发射出特征波长的荧光，其荧光强度与硒含量成正比，并与标准比较定量。

2. 仪器

（1）AFS 双道原子荧光光度计或同类仪器；

（2）自动控制消化炉。

3. 试剂

（1）混合酸　硝酸-高氯酸（体积比=4：1）；

（2）0.8%硼氢化钠溶液　称取 8g 硼氢化钠，溶于 0.5%氢氧化钠溶液中，然后定容到 1000mL；

（3）10%的铁氰化钾溶液；

（4）硒标准贮备液　精密称取 100.0mg 硒（光谱纯），溶于少量硝酸中，加 2mL 高氯酸，置沸水浴中加热 3~4h，冷却后再加 8.4mL 盐酸，再置沸水浴中煮 2min。准确稀释到 1000mL，其盐酸浓度为 0.1mol/L。此溶液硒的浓度为 100μg/mL；

（5）硒标准使用液　取 100μg/mL 硒标准溶液 1.0mL，水定容到 100mL，此溶液硒的浓度为 1μg/mL。

4. 操作步骤

（1）样品处理。

粮食：水洗 3 次，60℃烘干，用不锈钢磨粉碎，贮于塑料瓶中，备用。

蔬菜及其他植物性食物：取可食部分，水洗净后，用纱布吸去水滴，打成匀浆后备用。

称取 2~5g 样品于 150mL 高筒烧杯中，加 10.0mL 混合酸及几粒玻璃珠，盖上表面皿消化过夜。次日于电热板上加热，并及时补加混酸。当溶液变为清亮无色并伴有白烟时，再继续加热至剩余体积 2mL 左右，切不可蒸干。冷却，再加 5mL 6mol/L 盐酸，继续加热至溶液变为清亮无色并伴有白烟出现，已完全将六价硒还原成四价硒。冷却，转移到 50mL 容量瓶中，水定容。同时做空白试验。

吸取 10mL 样品消化液于 15mL 离心管中，加浓盐酸 2mL、铁氰化钾溶液 1mL，混匀，待测。

（2）标准曲线的配制　分别取 0、0.10mL、0.20mL、0.30mL、0.40mL、0.50mL 标准使用液于 15mL 离心管中，用去离子水定容到 10mL，再分别加浓盐酸 2mL、铁氰化钾溶液 1mL，混匀，制成标准工作曲线。

（3）测定　仪器参考条件：

负高压	340V
灯电流	100mA
原子化温度	800℃
炉高	8mm
载气流速	500mL/min
屏蔽气流速	1000mL/min
测量方式	标准曲线法
读数方式	峰面积
延迟时间	1s
读数时间	15s
加液时间	8s
进样体积	2mL

测定：根据实验情况任选以下一种方法。

①浓度测定方式测量：设定好仪器最佳条件，逐步将炉温升至所需温度后，稳定10~20min后开始测量。连续用标准系列的零管进样，待读数稳定后，转入标准系列测量，绘制标准曲线。转入样品测量，分别测定样品空白和样品消化液，每测不同的样品前都应清洗进样器。

②仪器自动计算结果方式测量：设定好仪器最佳条件，在样品参数画面，输入样品质量或体积（g或mL）、稀释体积（mL），并选择结果的浓度单位。逐步将炉温升至所需温度后，稳定10~20min后开始测量。连续用标准系列的零管进样，待读数稳定后，转入标准系列测量，绘制标准曲线。在转入样品测量之前，先进入空白值测量状态，用样品空白消化液进样，让仪器取其均值作为扣除的空白值。随后即可依次测定样品。测定完毕后，选择“打印报告”即可将测定结果自动打印。

5. 结果计算［式（4-47）］

$$W=\frac{(c-c_0)\times V\times 1000}{m\times 1000\times 1000} \tag{4-47}$$

式中：W——样品中硒的含量，mg/kg（或mg/L）；

c——样品消化液测定浓度，ng/mL；

c_0——试剂空白消化液测定浓度，ng/mL；

V——样品消化液总体积，mL；

m——样品质量（或体积），g（或mL）。

（二）钙的测定

方法一：EDTA滴定法。

1. 基本原理

EDTA是一种氨羧络合剂，在不同的pH值条件下可以和多种金属形成稳定的络合物。在pH≥12的溶液中，Ca^{2+}可以和EDTA作用生成稳定的EDTA-Ca络合物，因此可直接滴定。采用钙指示剂（NN）作为指示剂，溶液由酒红色变为纯蓝色即为滴定终点。根据EDTA的消耗量，计算钙的含量。

2. 试剂

（1）0.1%的钙指示剂　乙醇溶液；

（2）1%KCN溶液；

（3）0.05mol/L柠檬酸钠溶液　称取14.7g二水合柠檬酸钠，用去离子水溶解并稀释到1000mL；

（4）2mol/L氢氧化钠溶液；

（5）盐酸溶液（体积比=1∶1）；

（6）盐酸溶液（体积比=1∶4）；

（7）钙标准溶液　准确称取已在110℃干燥2h的$CaCO_3$0.5~0.6g置于250mL烧杯中，用少量的水润湿，盖上表面皿，从杯嘴逐滴加入盐酸溶液（体积比=1∶1）至全溶解，加热煮沸，冷却后转移到100mL容量瓶中，用水定容，摇匀，计算其准确浓度；

（8）乙二胺四乙酸二钠标准溶液［（Na_2-EDTA）=0.01mol/L］。

配制：称取 3.7g EDTA-2Na，加热溶解后稀释到 1000mL，贮存于聚乙烯塑料瓶中。

标定：准确移取钙标准溶液 10mL 于锥形瓶中，加水 10mL，用 2mol/L 氢氧化钠溶液调至中性。加入 1 滴 1%KCN 溶液、2mL 0.05mol/L 柠檬酸钠溶液、2mL 2mol/L 氢氧化钠溶液、0.1%的钙指示剂 5 滴，用 EDTA 标准溶液滴定到终点，记录消耗 EDTA 的体积 V。按下式计算 EDTA 标准溶液的浓度，见式（4-48）。

$$c_{EDTA} = c_{CaCO_3} \times 10.00/V \tag{4-48}$$

3. 操作方法

（1）样品处理　取适量样品用干法灰化法灰化后，加盐酸溶液（体积比=1∶4）5mL，水浴蒸干，再加盐酸溶液（体积比=1∶4）5mL 溶解并移入 25mL 容量瓶中，用少量的去离子水多次洗涤容器，洗液并入容量瓶中，冷却后用去离子水定容。

（2）测定　准确移取样液 5mL（视钙的含量而定），注入 100mL 锥形瓶中，加水 15mL，用 2mol/L 氢氧化钠溶液调到中性，加入 1 滴 1%KCN 溶液、2mL 0.05mol/L 柠檬酸钠溶液、2mL 2mol/L 氢氧化钠溶液、0.1%的钙指示剂 5 滴，用 EDTA 标准溶液滴定到终点，记录消耗 EDTA 的体积。

以蒸馏水代替样品做空白试验。

4. 结果计算［式（4-49）］

$$W = \frac{(V - V_0)c_{EDTA} \times 40.01}{m \times \frac{V_1}{V_2}} \tag{4-49}$$

式中：W——样品中钙的含量，mg/100g；

V——滴定样液消耗 EDTA 标准溶液的体积，mL；

V_0——滴定空白消耗 EDTA 标准溶液的体积，mL；

V_1——测定时取样液体积，mL；

V_2——样液定容的总体积，mL；

m——样品质量，g。

5. 注意事项

（1）实验中加入 KCN 作为络合滴定中的掩蔽剂，在 pH > 8 的溶液中，氰化物可掩蔽 Cu^{2+}、Ni^{2+}、Co^{2+}、Zn^{2+}、Hg^{2+}、Cd^{2+}、Ag^{+}、Fe^{2+}、Fe^{3+}等离子的干扰；

（2）氰化钾剧毒，必须在碱性条件下使用，以防止在酸性条件下生成 HCN 逸出。测定完的废液要加氢氧化钠和硫酸亚铁处理，使生成亚铁氰化钠后才能倒掉。

方法二：原子吸收分光光度法

1. 基本原理

试样经湿法消化后，导入原子吸收分光光度计中，经火焰原子化后，吸收 422.7nm 共振线，其吸收量与含量成正比，与标准系列比较定量。

2. 仪器

原子吸收分光光度计、钙空心阴极灯。

3. 试剂

（1）盐酸；

（2）硝酸；

（3）高氯酸；

（4）混合酸消化液　硝酸-高氯酸（体积比=4：1）；

（5）0.5mol/L 硝酸溶液　量取 32mL 硝酸，加去离子水并稀释到刻度；

（6）20g/L 氧化镧溶液　称取 23.45g 氧化镧（纯度在于 99.99%），先用少量的水润湿再加 75mL 盐酸于 1000mL 容量瓶中，加去离子水稀释到刻度；

（7）钙标准储备液　准确称取 1.2486g 碳酸钙（纯度在于 99.99%），加 50mL 去离子水加盐酸溶解，移入 1000mL 容量瓶中，加 20g/L 氧化镧溶液稀释到刻度。储存于聚乙烯瓶中，4℃保存。此溶液每毫升相当于 500μg 钙；

（8）钙标准使用液　钙标准使用液的配制见表 4-6。钙标准使用液配制后，储存于聚乙烯瓶内，4℃保存。

表 4-6　钙标准使用液配制

元素	标准储备液浓度/（$\mu g \cdot mL^{-1}$）	吸取标准储备液的量/mL	稀释体积（容量瓶）/mL	标准使用液浓度/（$\mu g \cdot mL^{-1}$）	稀释溶液
钙	500	5.0	100	25	20g/L 氧化镧溶液

4. 操作步骤

（1）试样消化　准确称取均匀的干试样 0.5~1.5g（湿试样 2.0~4.0g，饮料等液体试样 5.0~10.0g）于 250mL 高型烧杯中，加混合酸消化液 20~30mL，盖上表面皿，置于电热板或砂浴上加热消化。如未消化好而酸液过少时，再补加几毫升混合酸消化液，继续加热消化，直至无色透明为止。加几毫升水，加热以除去多余的硝酸，待烧杯中液体接近 2~3mL 时，取下冷却。用 20g/L 氧化镧溶液洗涤并转移于 10mL 刻度试管中，并定容至刻度。

取与消化液相同量的混合酸消化液，按上述操作做试剂空白试验。

（2）测定　将钙标准溶液分别配成不同浓度系列的标准稀释液，见表 4-7，测定参数见表 4-8。

表 4-7　不同浓度系列标准稀释液的配制方法

元素	使用液浓度/（$\mu g \cdot mL^{-1}$）	吸取使用液量/mL	稀释体积/mL	标准系列浓度/（$\mu g \cdot mL^{-1}$）	稀释溶液
钙	25	1	50	0.5	20g/L 氧化镧溶液
		2		1	
		3		1.5	
		4		2	
		6		3	

表 4-8　测定操作参数

元素	波长/nm	光源	火焰	标准系列浓度范围/($\mu g \cdot mL^{-1}$)	稀释溶液
钙	422.7	可见光	空气-乙炔	0.5~3.0	20g/L 氧化镧溶液

仪器狭缝、空气及乙炔的流量、灯头高度、元素灯电流等均按仪器使用说明调至最佳状态。

将消化好的样液、试剂空白液和钙元素的标准浓度系列导入火焰中进行测定。

5. 结果计算［式（4-50）］

$$W = \frac{(c_1 - c_0) \times V \times f \times 100}{m \times 1000} \tag{4-50}$$

式中：W——试样中钙的含量，mg/100g；

c_1——测定用试样液中钙的浓度，μg/mL；

c_0——试剂空白液钙的浓度，μg/mL；

V——试样定容体积，mL；

f——稀释倍数；

m——试样质量，g。

（三）磷的测定

磷的测定采用钼蓝比色法。

1. 基本原理

农林产品样品中的磷经消化后以磷酸根的形式进入样品溶液中，在酸性条件下与钼酸铵作用生成淡黄色的磷钼酸铵。此化合物经对苯二酚、亚硫酸钠还原成蓝色化合物（钼蓝）。用分光光度计在波长 660nm 处测定钼蓝的吸光度值，以定量分析磷含量。

本方法适用于各类农林产品中总磷的测定。

2. 仪器

分光光度计。

3. 试剂

（1）磷标准储备液　精密称取已在 105℃下干燥 2h 的磷酸氢二钾（优级纯）0.4394g 溶解于水中，并稀释至 1000mL，此溶液浓度为 100μg/mL；

（2）磷标准使用液　准确吸取上述磷标准储备液 10mL，用水稀释至 100mL，此溶液浓度为 10μg/mL；

（3）硫酸溶液（3∶17）；

（4）5%钼酸铵溶液　称取钼酸铵 5g，用硫酸溶液（3∶17）稀释至 100mL；

（5）混合消化液　硝酸-高氯酸（体积比=4∶1）；

（6）0.5%对苯二酚溶液　称取 0.5g 对苯二酚于 100mL 水中，使其溶解，加入 1 滴浓硫酸（减缓氧化作用）；

（7）20%亚硫酸钠溶液　称取 20g 亚硫酸钠于 100mL 水中，使其溶解。此溶液临用前配制。

4. 操作方法

（1）样品处理　称各类食物的均匀干样 0.1～0.5g 或湿样 2～5g 于 100mL 凯氏烧瓶中，加入 3mL 硫酸和 3mL 混合消化液，加热消化至溶液澄清透明。将溶液放冷，加 20mL 水，冷却后转入 100mL 容量瓶中，加水至刻度，充分摇匀 。此溶液为样品测定液。

取与消化样品同量的硫酸、混合消化液，按同一方法做空白试验。

（2）标准曲线的绘制　准确吸取磷标准使用液 0、0.5mL、1.0mL、2.0mL、3.0mL、4.0mL、5.0mL（相当于含磷量 0、5μg、10μg、20μg、30μg、40μg、50μg），分别置于 20mL 具塞试管中，依次加入 2mL 钼酸铵溶液摇匀，静置几秒钟。加入 1mL 20%亚硫酸钠溶液，1mL 0.5%对苯二酚溶液，摇匀，加水至刻度，混匀，静置 30min 后，在分光光度计 660nm 波长处测定吸光度，以测出的吸光度对磷的含量绘制标准曲线。

（3）样品测定　准确吸取样品测定液 2mL 及同量的空白溶液，分别置于 20mL 具塞试管中，其余操作同标准曲线绘制。以测出的吸光度在标准曲线上查得未知溶液中的磷的含量。

5. 结果计算［式（4-51）］

$$W = \frac{c}{m \times \frac{V_2}{V_1}} \times 100 \tag{4-51}$$

式中：W——试样中磷的含量，mg/100g；

c——由标准曲线上查得样品测定液中磷的含量，mg；

V_1——样品消化液定容的总体积，mL；

V_2——测定用样品消化液的体积，mL；

m——试样质量，g。

（四）碘的测定

碘的测定采用三氯甲烷萃取比色法。

1. 基本原理

样品在碱性条件下灰化，碘被还原成 I^- 离子，I^- 离子与碱金属离子结合成碘化物，碘化物在酸性条件下被 $K_2Cr_2O_7$ 氧化定量析出游离的碘。碘溶于三氯甲烷呈粉红色，其颜色深浅与碘的浓度在一定条件下成正比，故可以用比色法测定。反应式如下：

$$Cr_2O_7^{2-} + 6I^- + 14H^+ \longrightarrow 2Cr^{3+} + 3I_2 + 7H_2O$$

2. 仪器

（1）分光光度计；

（2）高温炉。

3. 试剂

（1）0.02mol/L 重铬酸钾溶液；

（2）10mol/L 氢氧化钾溶液；

（3）碘标准溶液　称取 0.1308g 经 105℃ 烘干 1h 的碘化钾于小烧杯中，加少量水溶解，转入 100mL 容量瓶中，用水定容，摇匀。此溶液每毫升含碘 100μg。使用时稀释到 10μg/mL；

（4）三氯甲烷；

（5）硫酸。

4. 操作方法

(1) 样品处理　准确称取均匀样品 2~3g 于坩埚中，加入 5mL 10mol/L 氢氧化钾溶液，烘干，炭化后，移入高温炉中，在 460~500℃下灰化完全。冷却，加 10mL 水浸渍灰分，加热使灰分溶解，并过滤到 50mL 容量瓶中。再用约 30mL 热水分数次洗涤坩埚和滤纸，洗液并入容量瓶中，用水定容到刻度。

(2) 标准曲线的绘制　准确吸取 10μg/mL 碘标准溶液 0、2. 0mL、4. 0mL、6. 0mL、8. 0mL、10. 0mL，分别置于 125mL 分液漏斗中，加水至总体积为 40mL，再加浓硫酸 2mL，重铬酸钾溶液 15mL，摇匀后放置 30min。

加入三氯甲烷 10mL，振摇 1min，静置分层后通过脱脂棉将三氯甲烷层滤入 1cm 的比色皿中，以试剂空白调零，在波长 510nm 处，测定标准系列的吸光度，绘制标准曲线。

(3) 样品测定　吸取适量样品溶液于 125mL 分液漏斗中，按标准曲线绘制的同样步骤操作，测定样液的吸光度。从标准曲线上查出样品待测液的碘含量。

5. 结果计算［式（4-52）］

$$W = \frac{m_0}{m \times \frac{V_1}{V_2}} \tag{4-52}$$

式中：W——试样中碘的含量，mg/kg；

m_0——从标准曲线上查得的测定用样液中的碘量，μg；

V_1——测定时吸取样液的体积，mL；

V_2——样液总体积，mL；

m——试样质量，g。

(五) 锌的测定

方法一：原子吸收分光光度法。

1. 基本原理

用湿法或干法灰化样品溶液，经在空气-乙炔中原子化后，在 213. 7nm 波长处测定样液中锌的吸光度，从而求出锌的含量。

2. 仪器

(1) 石英坩埚或瓷坩埚；

(2) 灰化炉；

(3) 原子吸收分光光度计及辅助设备　锌空心阴极灯。

3. 试剂

(1) 盐酸（1∶1）；

(2) 氨水（1∶1）；

(3) 25%硫代硫酸钠溶液　配后用双硫腙提纯；

(4) 0. 002%双硫腙三氯甲烷溶液　称取 0. 02g 经提纯的双硫腙，溶于三氯甲烷中，过滤，用三氯甲烷稀释至 100mL，此溶液双硫腙含量为 0. 02%，临用时可稀释为 0. 002%双硫腙三氯甲烷溶液；

(5) 溴甲酚绿指示剂　称取 0. 5g 溴甲酚绿溶于 2. 65mL 0. 1mol/L 的氢氧化钠溶液中，并用水稀释到 100mL；

（6）乙酸钠缓冲溶液（pH 值为 4.75 左右）　混合等量的乙酸钠溶液（溶解 68g 乙酸钠，用水稀释到 250mL）和 2mol/L 乙酸溶液，混合后用双硫腙提纯；

（7）20%盐酸羟胺溶液　配制后用双硫腙提纯；

（8）锌标准溶液　取锌粒 0.1000g 溶于 10mL 2mol/L 盐酸溶液中，加水稀释至 1L，此溶液锌的浓度为 0.1mg/mL。

4. 操作方法

（1）样品处理　称取搅拌均匀的样品 20.0g 于 500mL 凯氏烧瓶中，加入浓硫酸 10mL、浓硝酸 20mL，先以小火加热，待剧烈作用停止后，加大火力并不断滴加浓硝酸直至溶液透明不再转黑为止。每当消化液颜色变深时，立即添加硝酸，否则溶液难以消化完全。待溶液不再转黑后，继续加热数分钟至产生白烟，冷却后加入 10mL 水，继续加热至产生白烟止，冷却。将内容物移入 100mL 容量瓶中，并以水稀释至刻度，摇匀，备用。

（2）样品测定　取样品溶液，按照仪器的工作条件直接喷雾测定其吸光度。吸收波长是 213.7nm；灯电流 8mA；狭缝 0.7nm；空气流速 7.5L/min；乙炔流速 0.71L/min；同时测定空白液的吸光度，所测定样液吸光度减去空白液的吸光度即为样品溶液的实际吸光度，然后从标准曲线中查出相对应的锌含量。

（3）标准曲线的绘制　吸取 0.1mg/mL 的锌标准溶液，制备每毫升含锌量为 0、2.0μg、4.0μg、6.0μg、8.0μg、10.0μg 的标准系列溶液并调节酸度与分析溶液相同，然后与样品溶液一起相继喷雾并测定其吸光度，绘制标准曲线。

5. 结果计算［式（4-53）］

$$W = \frac{c \times 1000}{m \times 1000} \tag{4-53}$$

式中：W——试样中锌的含量，mg/kg；

c——由标准曲线上查得的锌的标准量，μg；

m——吸取测定液中样品的质量，g。

6. 注意事项

湿法消化时一般要求最后的硝酸含量按容积比小于 4%。

方法二：双硫腙比色法。

1. 基本原理

在 pH 值为 4.5~5.0 时，锌离子与双硫腙生成红色络合物，此络合物溶于三氯甲烷等有机溶剂中。在加入硫代硫酸钠、盐酸羟胺溶液和控制 pH 值的条件下，可防止其他金属离子干扰。

2. 仪器

（1）石英坩埚或瓷坩埚；

（2）高温炉；

（3）分光光度计。

3. 试剂

（1）盐酸（1∶1）；

（2）氨水（1：1）；

（3）25%硫代硫酸钠溶液　配后用双硫腙提纯；

（4）0.002%双硫腙三氯甲烷溶液　称取 0.02g 经过提纯的双硫腙，溶液于三氯甲烷中，过滤，用三氯甲烷稀释至 100mL；此溶液双硫腙含量为 0.02%，临用时可稀释为 0.002%双硫腙三氯甲烷溶液；

（5）溴甲酚绿指示剂　称取 0.5g 溴甲酚绿溶于 2.65mL 0.1mol/L 的氢氧化钠溶液中，并用水稀释到 100mL；

（6）乙酸钠缓冲溶液（pH 值为 4.75 左右）　混合等量的乙酸钠溶液（溶解 68g 乙酸钠，用水稀释到 250mL）和 2mol/L 乙酸溶液，混合后用双硫腙提纯；

（7）20%盐酸羟胺溶液　配制后用双硫腙提纯；

（8）锌标准溶液　取锌粒 0.1000g 溶于 10mL 2mol/L 盐酸溶液中，加水稀释至 1L，此溶液锌的浓度为 0.1mg/mL，临用时稀释成锌浓度为 1μg/mL 的标准溶液。

4. 操作方法

（1）样品处理　同“原子吸收分光光度法测定锌”。

（2）标准曲线的绘制　准确吸取 1μg/mL 的锌标准溶液 0、2.0mL、4.0mL、6.0mL、8.0mL、10.0mL，分别置于 125mL 分液漏斗中，加水至总体积为 25mL，加溴甲酚绿指示剂 2 滴，滴加 1：1 的氨水或盐酸调节溶液由黄绿色变成显著蓝色，加入乙酸钠缓冲溶液 5mL，（此时溶液的 pH 值为 4.75），加入硫代硫酸钠溶液 1mL、盐酸羟胺溶液 1mL，摇匀后准确加入 0.002%双硫腙三氯甲烷溶液 25mL，振摇 2min，静置分层。三氯甲烷层经脱脂棉过滤于干的比色皿中，用分光光度计在 530nm 波长处测定吸光度，绘制标准曲线。

（3）样品测定　准确吸取相当于 1g 或 0.5g 样品的溶液，移入 125mL 分液漏斗中，用水稀释至 25mL，以下同标准曲线的绘制。根据样液测得的吸光度，从标准曲线上查出锌的含量。

5. 结果计算［式（4-54）］

$$W = \frac{c}{m} \times 1000 \tag{4-54}$$

式中：W——试样中锌的含量，mg/kg；

c——由标准曲线上查得的锌的标准量，mg；

m——吸取的样品溶液中样品的质量，g。

（六）铁的测定

方法一：邻菲罗啉比色法。

1. 基本原理

样品溶液中的三价铁在酸性条件下还原为二价铁，然后与邻菲罗啉作用生成红色螯合离子，根据颜色的深浅可以定量地测定出铁的含量。

2. 仪器

（1）石英坩埚或瓷坩埚；

（2）高温炉；

（3）分光光度计。

3. 试剂

（1）10%盐酸羟胺溶液；

（2）1∶9 盐酸溶液；

（3）50%乙酸钠溶液；

（4）0.12%邻菲罗啉溶液　称取 0.12g 邻菲罗啉置于烧杯中，加入 60mL 水，加热至 80℃左右使之溶解，移入 100mL 容量瓶中，加水至刻度，摇匀；

（5）铁标准溶液　准确称取纯铁 0.1000g，溶于 10mL 10%硫酸中，加热至铁完全溶解，冷却后移入 100mL 容量瓶中，加水至刻度，摇匀，配成浓度为 1mg/mL 的溶液，使用时用水配制成 2μg/mL 的铁标准溶液。

4. 操作方法

（1）样品处理　称取均匀样品 10.0g，置于瓷坩埚中，在小火上炭化后，移入 550℃高温炉中灰化成白色灰为止，取出，加入 2mL 1∶1 的盐酸，在水浴上蒸干，再加水 5mL，加热煮沸后移入 100mL 容量瓶中，用水稀释至刻度，摇匀。

（2）标准曲线的绘制　准确吸取 2μg/mL 的铁标准溶液 0、1.0mL、2.0mL、3.0mL、4.0mL、5.0mL，分别移入 50mL 比色管中，加水至 5mL，然后按下段（3）样品测定的方法进行操作，测得各标准溶液的吸光度并绘制标准曲线。

（3）样品测定　吸取样液 5~10mL，置于 50mL 比色管中，加入 1mL 1∶9 盐酸溶液、1mL 10%盐酸羟胺溶液及 1mL 0.12%邻菲罗啉溶液，用 50%乙酸钠溶液调节 pH 值为 3~5，然后用水稀释至 50mL，摇匀，以空白为参比，用分光光度计于 510nm 波长处测吸光度，并从标准曲线中查出铁含量。

5. 结果计算［式（4-55）］

$$W = \frac{c}{m} \times 1000 \tag{4-55}$$

式中：W——试样中铁的含量，mg/kg；

c——由标准曲线上查得的铁的标准量，mg；

m——测定时样品溶液中样品的质量，g。

方法二：硫酸氢盐比色法。

1. 基本原理

在酸性溶液中，铁离子与硫氰酸钾作用，生成血红色的硫氰酸铁。溶液颜色的深浅与铁离子的浓度成正比，可采用比色法定量。

2. 仪器

（1）石英坩埚或瓷坩埚；

（2）高温炉；

（3）分光光度计。

3. 试剂

（1）2%高锰酸钾溶液；

（2）20%硫氰酸钾溶液；

（3）2%的过硫酸钾溶液；

（4）浓硫酸；

（5）铁标准溶液　称取0.0498g硫酸亚铁（$FeSO_4 \cdot 7H_2O$），溶于100mL水中，加浓硫酸5mL，微热，溶解后随即加入2%高锰酸钾溶液至最后1滴红色不退为止。用水稀释到1000mL，铁标准溶液浓度为10μg/mL。

4. 操作方法

（1）样品处理　称取搅拌均匀的样品20.0g于瓷坩埚中，在微火上炭化后，移入500℃高温炉中灰化成白色灰为止。难灰化的样品可加入10%硝酸镁溶液2mL作为助灰化剂。如果样品在高温炉中不易烧成灰白色时，可在冷却后于坩埚中加浓硝酸数滴使残渣润湿，蒸干后再进行灼烧。灼烧后的灰分用1∶1的盐酸2mL、水5mL加热煮沸，冷却后移入100mL容量瓶中，并用水稀释到刻度。必要时进行过滤。

（2）标准曲线的绘制　准确吸取0、0.2mL、0.4mL、0.6mL、0.8mL、1.0mL铁标准溶液，分别移入25mL比色管中，各加入5mL水后，加入浓硫酸0.5mL，再加入2%过硫酸钾溶液0.2mL和20%硫氰酸钾溶液2mL，混匀后用水稀释至25mL，摇匀，用分光光度计于485nm波长处进行比色测定。以测定的吸光度绘制标准曲线。

（3）样品测定　准确吸取样品溶液5~10mL，置于25mL比色管中，加5mL水、0.5mL浓硫酸，以下同“标准曲线的绘制”。根据测得的吸光度从标准曲线查得相应的铁含量。

5. 结果计算［式（4-56）］

$$W = \frac{c}{m} \times 1000 \tag{4-56}$$

式中：W——试样中铁的含量，mg/kg；

c——由标准曲线上查得的铁的标准量，mg；

m——测定时样品溶液中样品的质量，g。

方法三：原子吸收分光光度法。

1. 基本原理

样品经消化后，导入原子吸收分光光度计中，经火焰原子化后，吸收波长248.3nm的共振线，其吸收量与铁的含量成正比，与标准系列比较定量。

2. 仪器

（1）原子吸收分光光度计，铁空心阴极灯；

（2）电热板或电砂浴。

3. 试剂

（1）混合酸：硝酸-高氯酸（体积比=4∶1）；

（2）0.5mol/L硝酸；

（3）铁标准贮备液：精确称取1.000g铁（纯度大于99.99%）或含1.000g铁相对应的氧化物，加硝酸使之溶解，移入1000mL容量瓶中，用0.5mol/L硝酸定容至刻度，贮备于聚乙烯瓶中，冰箱中保存。此溶液每毫升相当于1mg铁。

（4）铁标准使用液：吸取铁标准贮备液10.0mL置于100mL容量瓶中，用0.5mol/L硝酸定容至刻度，贮备于聚乙烯瓶中，冰箱中保存。此溶液每毫升相当于100μg铁。

4. 操作方法

（1）样品处理　精确称取均匀样品适量（按样品含铁量定，如干样1.0g、湿样3.0g、液体样品5~10g）于150mL锥形瓶中，放入几粒玻璃珠，加入混酸20~30mL，盖上一玻璃片，放置过夜。次日于电热板上不断升温加热，溶液变成棕红色时，应注意防止炭化。如发现消化液颜色变深，应不断补加浓硝酸，继续加热消化至产生白烟为止，取下冷却后，加入约10mL水继续加热至产生白烟为止。放冷，用去离子水洗至25mL的刻度试管中，稀释到刻度。同时做试剂空白。

（2）标准曲线的绘制　吸取0.5mL、1.0mL、2.0mL、3.0mL、4.0mL铁标准溶液，分别置于100mL容量瓶中，用0.5mol/L硝酸稀释至刻度，混匀，此标准系列含铁分别为0.5μg、1.0μg、2.0μg、3.0μg、4.0μg的铁。

（3）仪器条件　波长248.3nm，灯电流、狭缝、空气乙炔流量及灯头高度均按仪器说明调至最佳状态。

（4）样品测定　将处理好的样品溶液、试剂空白液和铁标准溶液分别导入火焰原子化器进行测定。记录其相应的吸光度值，与标准曲线比较定量。

5. 结果计算［式（4-57）］

$$W = \frac{(A_1 - A_2) \times V \times 1000}{m \times 1000} \tag{4-57}$$

式中：W——样品中铁的含量，mg/kg；

A_1——测定用样液中铁的含量，μg/mL；

A_2——试剂空白液中铁的含量，μg/mL；

V——样品处理液总体积，mL；

m——样品质量，g。

第五章　农林产品有效成分鉴定技术

第一节　农林产品有效成分提取技术

一、硅胶薄层板的制备

薄层色谱法，系将适宜的固定相涂布于玻璃板、塑料或铝基片上，成一均匀薄层。待点样、展开后，与适宜的对照物按同法所得的色谱图做对比，用以进行药品的鉴别、杂质检查或含量测定的方法。薄层色谱法的关键技术在于薄层板的制备、点样、展开剂的选择与显色。

1. 基本原理

硅胶与水混合后形成的胶状物均匀涂布于玻璃板上，经干燥形成稳固的硅胶薄层，用于色谱分析。

2. 材料

硅胶 G，研钵、玻璃板、电热鼓风干燥箱、毛细管等。

3. 操作

（1）玻璃板的准备　玻璃板要求平滑清洁，没有划痕，在使用前可用洗涤液或肥皂水洗涤，再用水冲洗干净。如果洁净的玻璃板拿在手上立起来，水不是呈股流下，而是呈瀑布状态流下，那么说明玻璃板已经洗干净。

将洗净的玻璃板斜放于台面，晾干。铺制薄层板要求玻璃板干净、整洁、不挂水珠。

（2）硅胶的研磨　取适量硅胶 G 粉于研钵中，加相当于硅胶 G 量的 2~3 倍的水，用力研磨 1~2min，至成糊状。

硅胶的研磨，要求是一个方向。手工铺硅胶的用量一般 10cm×20cm 的板子为 3~4 克，硅胶和蒸馏水的用量一般是 1∶2.8~3，具体要根据铺板子的厚度决定。如果采用硅胶和 CMC-Na，则先将称好的 CMC-Na 加入所需水量的 8/10，让其充分溶胀后，再加热煮沸，然后将剩余水慢慢加入，这样在煮沸过程中不易形成颗粒、煮沸时间短，溶液的浓度 0.3%~0.7%比较合适，实际操作中 0.4%~0.5%最为实用。

（3）涂板与干燥　依据薄层板使用需要，将适量研好的吸附剂转移到薄层板上，先将吸附剂荡匀，倾斜薄层板，使吸附剂流至薄层板一侧，待吸附剂蓄积一定量后，再反向倾斜薄层板，使吸附剂回流，然后两个方向重复操作，最后轻颠几下薄层板即可。

将研磨好的胶状物立即倒在 5cm×20cm 的薄层板中心线上，快速左右倾斜，再结合轻微振动使糊状物均匀地分布在整个板面上，厚度约为 0.25mm。

也可以将玻璃板置于平台上，用药匙舀取糊状硅胶，均匀地铺在玻璃板表面。铺板时，可以顺着板中间倒，也可以顺着某个边缘倒，还可以用玻璃棒引着溶液平铺在玻璃板上，倒时也要注意不要引入小气泡。如有需要，可以双手10个指头托住玻璃板，有节奏的颠簸，使得糊状硅胶分布匀称。尤其是载板的四个角，容易高出玻璃板其他部位，所以要格外注意。颠好的板，表面看上去要光滑平整，没有气孔。薄层板铺好后一定要放置在平的台面上，否则难保证板面硅胶的厚度均匀。

然后平放于平的桌面上干燥后，再放入100℃的烘箱内活化20min，取出放入干燥器内保存备用。

二、水蒸气蒸馏技术

1. 基本原理

水蒸气蒸馏法是指将含挥发性成分农林产品物料的粗粉或碎片，浸泡湿润后，直火加热蒸馏或通入水蒸气蒸馏装置，农林产品中的挥发性成分随水蒸气蒸馏而带出，经冷凝后收集馏出液，一般需再蒸馏1次，以提高馏出液的纯度和浓度，最后收集一定体积的蒸馏液；但蒸馏次数不宜过多，以免挥发物中某些成分氧化或分解。相互不溶也不起化学作用的液体混合物的蒸汽总压，等于该温度下各组分饱和蒸汽压（即分压）之和。因此尽管各组分本身的沸点高于混合液的沸点，但当分压总和等于大气压时，液体混合物即开始沸腾并被蒸馏出来。

水蒸气蒸馏法只适用于具有挥发性的，能随水蒸气蒸馏而不被破坏，与水不发生反应，且难溶或不溶于水的成分的提取。此类成分的沸点多在100℃以上，与水不相混溶或仅微溶，并在100℃左右有一定的蒸汽压。当与水在一起加热时，其蒸汽压和水的蒸汽压总和为一个大气压时，液体就开始沸腾，水蒸气将挥发性物质一并带出。

2. 方法及设备

将物料装入适宜容器，先用水浸泡1h，使其充分膨胀，并适当加温后通入水蒸气蒸馏装置。

水蒸气蒸馏装置是由水蒸气发生器和一套蒸馏装置组成（图5-1）。

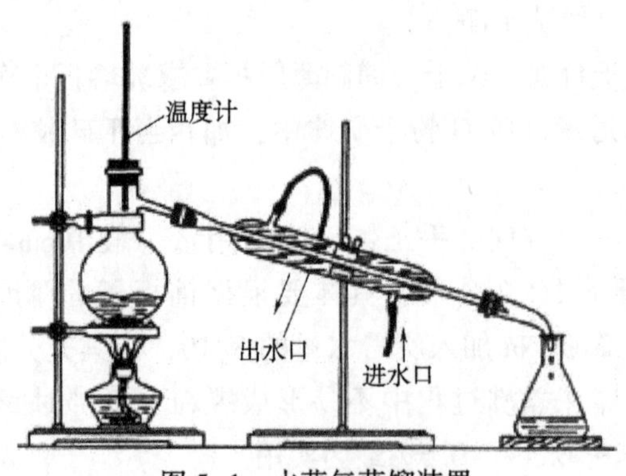

图5-1　水蒸气蒸馏装置

三、溶剂提取技术

1. 溶剂选择

溶剂提取过程中，溶剂的选用对浸提效果有显著的影响。选用提取溶剂时，应根据农林产品原料的性质及制作要求，以不破坏营养成分，能对营养成分有较大的溶解度，而对无用成分少溶或不溶，不与营养成分发生作用、不易腐败、价廉易得为宜。

溶剂根据其极性大小可分为极性溶剂（如水）、中等极性溶剂（如醇类、丙酮类）和非极性溶剂（如乙醚、氯仿、苯、乙烷、石油醚等），常见溶剂的亲脂性和亲水性强弱次序为：石油醚、苯、氯仿、乙醚、乙酸、乙酯、丙酮、丙醇、乙醇、甲醇、水，从前到后亲水性增强，从后到前亲脂性增强。

①水：水为一种极性溶媒，对极性物质都有一定的溶解性能。其溶解范围广，可以溶解大多数无机盐类与许多有机物，能溶解糖、胶、鞣质、蛋白质及色素。挥发油在水中微溶。树脂、油树脂及其他脂溶性成分不溶于水。

②乙醇：乙醇是除水以外最常用的有机极性溶剂。其溶解性介于极性与非极性溶媒之间，能溶解水所溶解的某些成分，同时也能溶解非极性溶媒所溶解的某些成分，只是溶解度不同。故常用乙醇与水的不同比例混合物作溶剂，以利有选择性地提取农林产品中的有用成分。一般乙醇含量在90%以上时，适于提取挥发油、有机酸、树脂、叶绿素等；乙醇含量在70%~80%时，适用于生物碱盐及部分生物碱；乙醇含量在50%~70%时，适于提取苦味质、蒽醌类、苷类化合物；乙醇含量在45%时，适于提取鞣质；乙醇含量在25%~35%时，适于提取水溶性成分。

③丙酮：丙酮是一种良好的脱脂溶媒，沸点为56℃。由于丙酮与水可任意比混溶，所以丙酮也是一种脱水剂。

④乙醚 ：乙醚是非极性的有机溶媒，微溶于水（1∶12），可与乙醇及其他有机溶媒任意混溶。其溶解选择性较强，可溶解树脂、游离生物碱、脂肪、挥发油等。大部分溶解于水的有效成分在乙醚中均不溶解。乙醚有强烈的生理作用，又极易燃烧，价格昂贵，一般仅用于有效成分的分离纯化。

⑤氯仿：氯仿也是一种非极性溶媒，在水中微溶，与乙醇、乙醚都能任意混溶。能溶解生物碱、苷类、挥发油、树脂等，不溶解蛋白质、鞣质等。氯仿有防腐作用，常用其饱和水溶液作浸出溶媒。氯仿虽然不易燃烧，但有强烈的药理作用，故在浸出液中应尽量除去，且价格较贵，一般也仅用于提纯有效成分。

2. 方法及设备

（1）煎煮法。

方法：煎煮是将经过处理的农林产品原料，加适量水加热煮沸2~3次，使其有效成分煎出，这是最常用的提取方法之一。

设备：传统的煎煮器有砂锅、铜锅、铜罐等。

提取操作：加热方式，如属水提，水和物料装入提取罐后，开始向通入系统内通入蒸汽进行直接加热；当温度达到提取工艺的温度后，停止向罐内进蒸汽，而改向夹层通蒸汽进行间接加热，以维持罐内温度稳定在规定范围内。

强制循环：为提高提取效率，可以用泵进行强制循环。强制循环即物料从罐体下部放液口放出，经管道过滤器，再用泵打回罐体内。

回流循环：在提取过程中，罐内必然产生大量蒸汽，这些蒸汽从排出口经泡沫捕捉器到热交换器进行冷凝，再进冷却器进行冷却，然后进入气液分离器进行分离，使残余气体逸出，液体回流到提取罐内。如此循环，直至提取终止。

提取液的放出：提取完毕后，提取好的物料从罐体下放液口流出，经管道过滤，然后用泵将提取液输送到浓缩工段进行浓缩。

（2）浸渍法。

方法：浸渍法是简便而最常用的一种浸出方法。除特别规定外，浸渍法在常温下进行，如此制得的产品，在不低于浸渍温度条件下能较好地保持其澄明度。

设备：传统的浸渍容器采用缸、坛等，并加盖密封，如用冷浸法制备药酒则多使用这些容器。现代浸渍容器多选用不锈钢罐、搪瓷罐等。

（3）渗漉法。

方法：渗漉法是往药材粗粉中不断添加浸出溶媒使其渗过药粉，从下端出口流出浸出液的一种方法。

设备：渗漉法容器质量要求同煎煮法及浸渍法，一般为圆柱形或圆锥形。筒的长度为直径的 2~4 倍。以水为溶媒及膨胀性大的药材用圆锥形渗漉筒；圆柱形渗漉筒适用于膨胀性不大的物料。

（4）回流提取法。

方法：回流提取法是应用乙醇等易挥发的有机溶剂进行加热提取时，为了减少溶剂的消耗，提高提取效率而采用回流法。循环回流冷提法是采用少量的溶剂，通过连续循环回流进行提取，使原料有效成分浸出的方法。

设备：索氏提取器为经常采用的小量样品回流提取装置。

第二节　农林产品有效成分分离鉴定技术

一、大黄中蒽醌类成分的提取、分离和鉴定

（一）大黄中蒽醌类成分

大黄中含有多种羟基蒽醌类化合物，它们在植物中主要以苷的形式存在，总含量为 2%~5%，其中有较少量的游离羟基蒽醌（为大黄的 0.5%左右），如大黄酚（chrysophanol）、大黄素（emodin）、大黄素甲醚（physcion）、芦荟大黄素（aloeemodin）、大黄酸（rhein）等，它们在植物中主要以苷的形式存在。其结构和主要理化性质如下。

	R_1	R_2
大黄酚	H	CH_3
大黄素	OH	CH_3
大黄素甲醚	OCH_3	CH_3
芦荟大黄素	H	CH_2OH
大黄酸	H	COOH

1. 大黄酚

金黄色六角形片状结晶，熔点 196~197℃（乙醇或苯），能升华。可溶于丙酮、冰醋酸、氯仿、甲醇、乙醇、热苯和氢氧化钠水溶液，微溶于石油醚、乙醚，不溶于水、碳酸氢钠和碳酸钠水溶液。

2. 大黄素

橙黄色长针晶，熔点 256~257℃（乙醇或冰醋酸），能升华。其溶解度如下：氯仿 0.071%、二硫化碳 0.009%、乙醚 0.14%、苯 0.0415%。易溶于乙醇，可溶于稀氨水、碳酸钠水溶液，几乎不溶于水。

3. 大黄素甲醚

砖红色针状结晶，熔点 206℃（苯），能升华，溶解度与大黄酚相似。

4. 芦荟大黄素

橙黄色针状结晶，熔点 223~224℃（甲苯），能升华。可溶于乙醚、热乙醇、苯、稀氨水、碳酸钠和氢氧化钠水溶液。

5. 大黄酸

黄色针状结晶，熔点 321~322℃（升华）。几乎不溶于水，溶于碳酸氢钠水溶液和吡啶，微溶于乙醇、苯、氯仿、乙醚和石油醚。

6. 羟基蒽醌苷类

大黄素甲醚葡萄糖苷（physcion monoglueoside），黄色针状结晶，熔点 235℃；芦荟大黄素葡萄糖苷（aloe-emodin monoglucoside），熔点 239℃；大黄素葡萄糖苷（Emodin monoglucoside），浅黄色针状结晶，熔点 190~191℃；大黄酸葡萄糖苷（rhein8-monoglucoside），熔点 266~270℃；大黄酚葡萄糖苷（chrysophanol monoglucoside），熔点 245~246℃；大黄素-1-*O*-*β*-*D*-葡萄糖（1-*O*-*β*-*D*-glucopyranosyl emodin），熔点 239~241℃；芦荟大黄素-*ω*-*o*-*β*-*D*-葡萄糖（*ω*-*O*-*β*-*D*-glucopyranosylaloe-emodin），熔点 187~189℃。

（二）提取、分离和鉴定

1. 基本原理

利用蒽醌苷类成分酸水解形成的苷元极性较小，溶于有机溶剂的性质，采用两相酸水解法提取总蒽醌苷元。

大黄中游离羟基蒽醌类成分由于结构中羟基、酚羟基和醇羟基的数目及位置的不同而表现出不同程度的酸性，根据此性质，在用乙醚萃取出总提取物中的脂溶性成分后，采用梯度 pH 萃取法分离。

2. 材料

中药大黄、硫酸、乙醚（苯或氯仿）

3. 操作步骤

（1）提取和分离（见图 5-2）。

（2）鉴定。

1）显色反应。取图 5-2 中 3 种乙醚液：①加氢氧化钠溶液。②加醋酸镁试液。观察颜色变化。

2）薄层色谱鉴别。

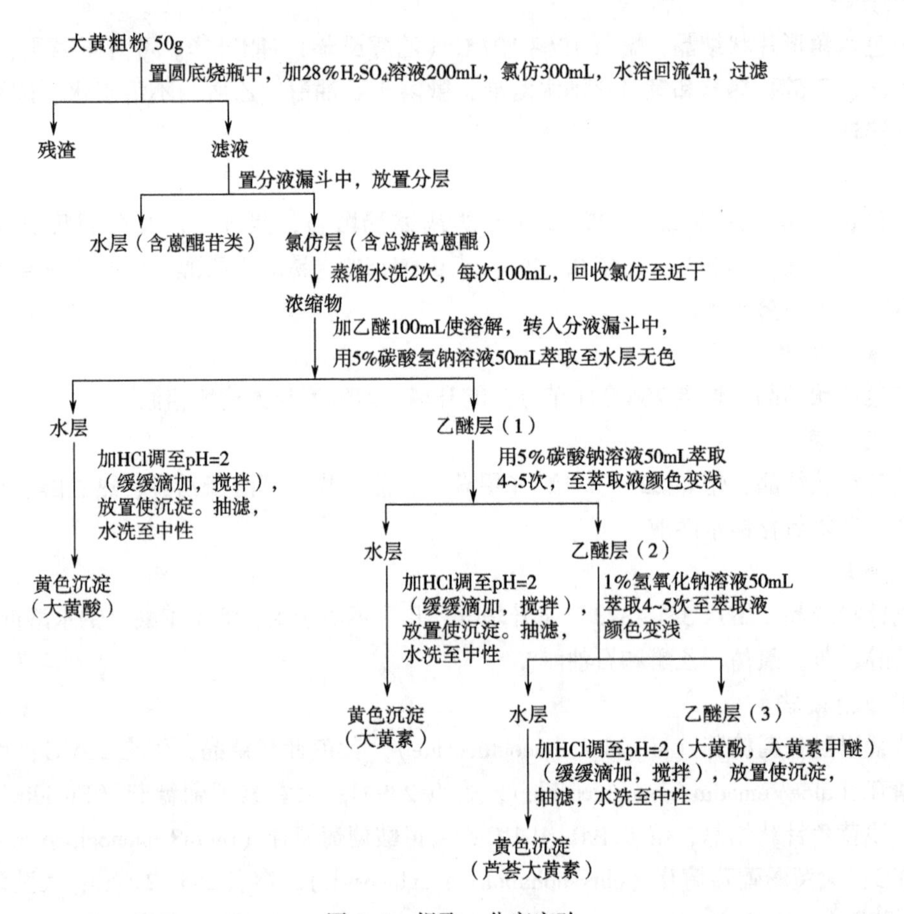

图 5-2 提取、分离实验

样品：图 5-2 中 3 种乙醚液。

吸附剂：硅胶 CMC-Na 板，湿法铺板，105℃活化 30min。

展开剂：石油醚-醋酸乙酯（8∶2）。

显色剂：5%氢氧化钾甲醇液。

二、槐米中芦丁的提取分离和鉴定

（一）槐米中的成分

芦丁（Rutin），也称芸香甙（Rutisude），广泛存在于植物界中。现已发现含芦丁的植物有 70 余种，如烟叶、槐花米、荞麦叶、蒲公英中均含有大量的芦丁，尤以槐花米和荞麦叶中含量最高，可作为提取芦丁的原料，使用最多的是槐花米。

槐花米为豆科植物槐（Sophora japonica L.）的花蕾，所含主要成分为芦丁，含量可达 12%~16%，其次含有槲皮素、三萜皂苷、槐花米甲素、槐花米乙素、槐花米丙素等。芦丁具有维生素 P 样作用，可降低毛细血管前壁的脆性和调节渗透性。临床上用于毛细血管脆性引起的出血症，并常作高血压的辅助治疗药。

槐花米中主要化学成分的结构及性质：

1. 芦丁（Rutin）

淡黄色细小针状结晶，熔点 174~178℃（含 3 分子结晶），188℃（无水物）。

溶解度：

水：1∶100（冷），1∶200（热）

甲醇：1∶100（冷），1∶9（热）

乙醇：1∶650（冷），1∶60（热）

吡啶：1∶11.7（冷），易溶（热）

不溶于乙醚、氯仿、乙酸乙酯、丙酮等溶剂，易溶于碱液中呈黄色，酸化后复析出。可溶于浓硫酸、浓盐酸，加水稀释复析出。

2. 槲皮素（Quercetin）

即芸香苷的苷元，为黄色结晶，熔点 313~314℃（含 2 分子结晶水），316℃（无水物）。

溶解度：

乙醇：1∶290（无水乙醇），1∶23（热）

可溶于甲醇、乙酸乙酯、丙酮、吡啶、冰醋酸。不溶于水、乙醚、苯、氯仿、石油醚等。

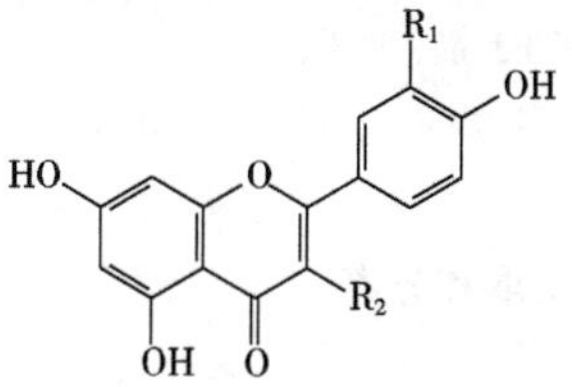

	R_1	R_2
芦丁	OH	O—glu—rha
槲皮素	OH	OH
槐属黄酮甙	H	O—glu—glu

（二）提取、分离和鉴定

1. 基本原理

芦丁为黄酮苷，分子结构中具有较多的酚羟基，显弱酸性，易溶于稀碱溶液中，而在酸性条件下沉淀析出，故可采用碱提酸沉法提取芦丁。芦丁为苷类，可通过酸水解得到苷元及糖，并可通过薄层色谱、纸色谱及乙酰化合物的制备进行鉴定。

2. 材料

槐米、展开剂、显色剂等。

3. 操作步骤

（1）提取和分离（图 5-3）。

（2）鉴定。

1）苷的水解，苷元和糖的分离（见图 5-4）。

2）薄层色谱鉴别。

样品：①自制芦丁乙醇液。②自制槲皮素乙醇液。

对照品：①芦丁对照品乙醇液。②槲皮素对照品乙醇液。

吸附剂：硅胶 G-CMC。

展开剂：①氯仿-甲醇-甲酸（15∶5∶1）。②醋酸乙酯-甲酸-水（8∶1∶1）。

显色剂：喷三氯化铝试液，待乙醇挥干后，置紫外灯（365nm）下观察。

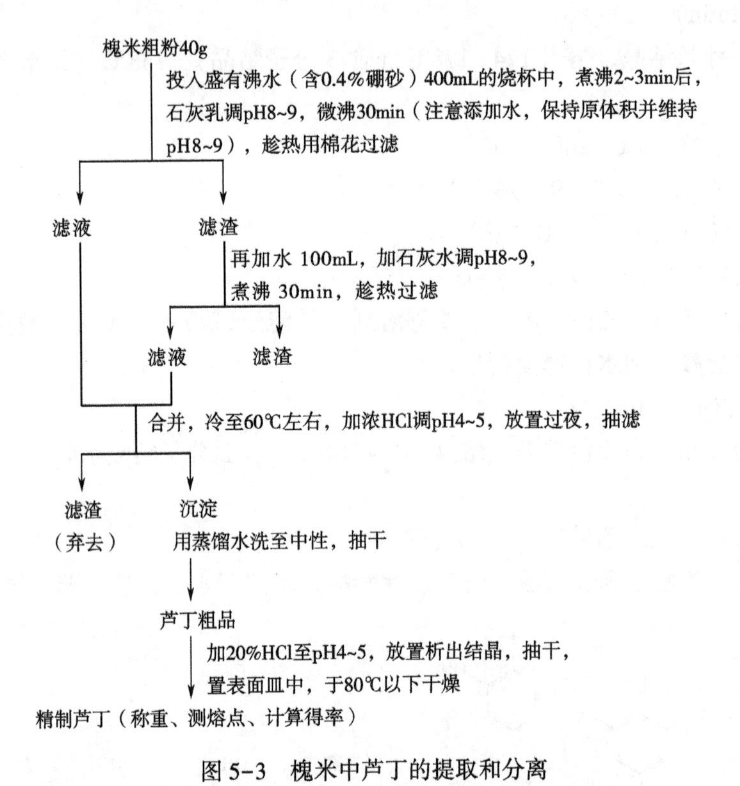

图 5-3　槐米中芦丁的提取和分离

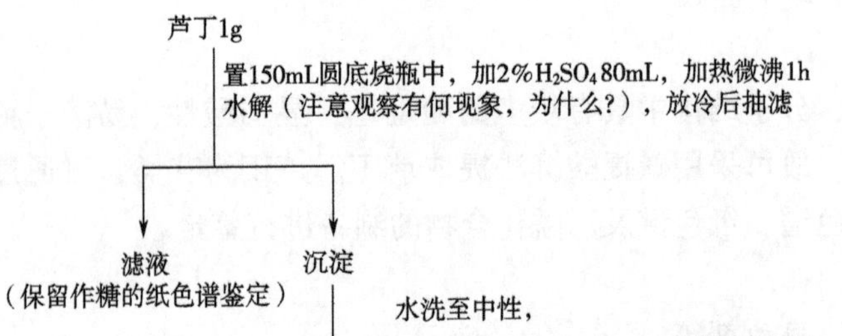

图 5-4　苷的水解，苷元和糖的分离

三、黄柏中小檗碱的提取、分离和鉴定

黄柏为芸香科植物黄皮树（Phellodendron chinense Schneid）及黄檗（Phellodendron amurense Rupr）的干燥树皮，前者习称“川黄柏”，后者习称“关黄柏”。味苦，性寒。具清热燥湿、泻火出蒸、解毒疗疮之功效，用于湿热泻痢、黄疸、带下、热淋、脚气、骨蒸劳热、盗汗、遗精、疮疡肿毒、湿疹瘙痒；盐黄柏滋阴降火，用于阴虚火旺，盗汗骨蒸。黄柏主要成分为小檗碱（berberine），含量为 1.4%~4%。

小檗碱属异喹啉类生物碱，自水和乙醇中结晶出来的小檗碱为黄色长针状结晶，含5个结晶水，在100℃干燥时即失去结晶水，转为棕黄色，加热至110℃时，其颜色加深变暗色。加热145℃至160℃即分解。

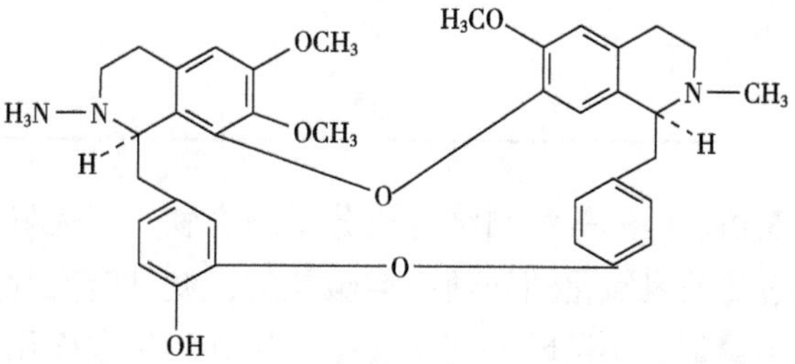

小檗胺

小檗碱有3种互变异构体：

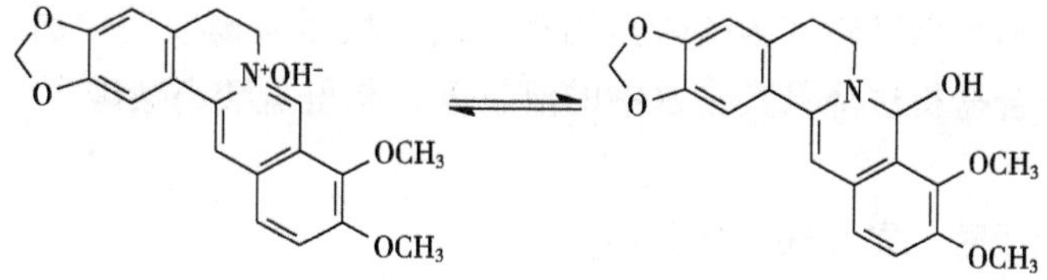

季铵醛式　　醇式

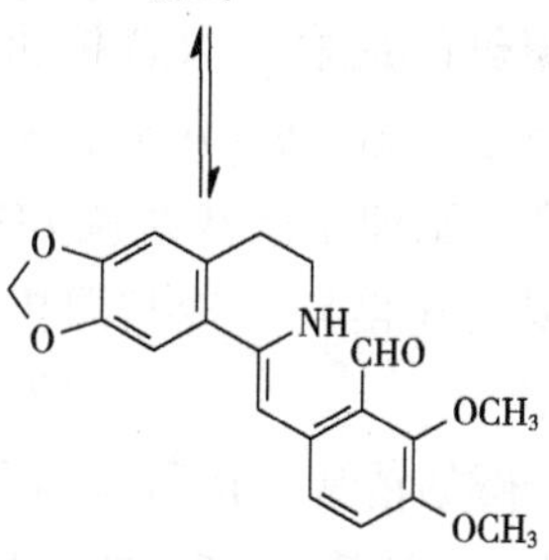

醛式

季铵碱式结构状态最稳定，可以离子化呈强碱性，用过量的氢氧化钾处理小檗碱盐类时，可转变为醇式叔铵碱和醛式仲铵碱，季铵碱式小檗碱可离子化，故有一定亲水性，因此，游离小檗碱能缓缓溶于水，在热水及热乙醇中易溶，而在冷乙醇中溶解度为1∶100，但难溶于苯、氯仿、丙酮等溶剂。醇式和醛式小檗碱则具有一般生物碱的通性，难溶于水，易溶于有机溶剂。

小檗碱的盐类除中性硫酸盐、磷酸盐外，一般在水中的溶解度均较小。小檗碱及其盐类在水、乙醇中的溶解度如表5-1所示：

表5-1　小檗碱及其盐类在水、乙醇中的溶解度

名称	水	乙醇
小檗碱	1∶20	1∶100
盐酸小檗碱（B. Cl）	1∶500	几乎不溶

续表

名称	水	乙醇
酸性硫酸小檗碱（B. HSO_4）	1：100	微溶
中性硫酸小檗碱（B_2. SO_4）	1：30	可溶
中性磷酸小檗碱（B_3. PO_4）	1：15	可溶

小檗碱还能与苯、氯仿、丙酮等溶剂结合成分子缩合物，有完好的结晶状态，可作为小檗碱的识别之用。如用过量的氢氧化钠处理小檗碱盐类，使其转变为醇式小檗碱，就能与丙酮缩合成结晶型的丙酮小檗碱。小檗碱及其盐酸盐有较好的抗菌作用，临床上用以治疗菌痢和一般炎症。

1. 基本原理

利用小檗碱的硫酸盐在水中的溶解度较大（1：30），而盐酸盐几乎不溶于水（1：500）的性质，先将药材中的小檗碱转变为硫酸盐用水提出；然后向提取液中加入10%的食盐，使其转化为盐酸盐，结合盐析法降低其在水中的溶解度，制得盐酸小檗碱。

2. 材料

黄柏、生石灰、盐酸、展开剂、显色剂等。

3. 操作步骤

（1）盐酸小檗碱的提取　取黄柏粗粉100g，加入500mL的0.2%~0.3%硫酸热浸，并不时搅拌，温度控制在65~70℃，热浸2h，趁热过滤，滤液加石灰乳调pH值到12，静置30min，抽滤，滤液用浓盐酸调pH到2~3，再加入滤液量6%~8%（*W/V*）的固体氯化钠，搅拌使其完全溶解，冷却即析出大量黄色沉淀，放置过夜，抽滤，即得盐酸小檗碱粗品。

（2）盐酸小檗碱的精制　将所有粗品（湿品）称重，放入烧杯中，加30倍量蒸馏水，加热至沸，趁热抽滤，滤液于65℃左右加浓盐酸调至pH为2，放置冷却，即析出大量黄色沉淀，过滤，沉淀用蒸馏水洗至pH为4，抽干，于80℃以下干燥，即得精制盐酸小檗碱。

（3）鉴定　薄层色谱鉴别。

样品：①自制盐酸小檗碱甲醇溶液。②盐酸小檗碱对照品甲醇溶液。

吸附剂：硅胶G-CMC板，湿法铺板，105℃活化30min。

展开剂：①正丁醇-冰醋酸-水（7：1：2，上层）。②甲醇-丙酮-醋酸（4：5：1）。③醋酸乙酯-异丙醇-甲醇-浓氨试液（6：3：1.5：1.5：0.5）。

显色剂：改良碘化铋钾试剂。

展开后先观察荧光斑点，再喷显色剂，显红色。

4. 实验说明及注意事项

（1）浸泡黄连粗粉的硫酸水溶液，一般为0.2%~0.3%为宜。若硫酸水溶液浓度过高，小檗碱可成为重硫酸小檗碱，其溶解度（1：150）明显较硫酸小檗碱（1：30）小，从而影响提取效果。硫酸水溶液浸出效果与浸渍时间有关，有报道，浸渍12h约可浸出小檗碱80%，浸渍24h，可浸出92%。常规提取应浸渍多次，使小檗碱提取完全。

（2）进行盐析时，加入氯化钠的量，以提取液量的10%（*W*/*V*）计算，即可达到析出盐酸小檗碱的目的。氯化钠的用量不可过多，否则溶液的相对密度增大，造成析出的盐酸小檗碱结晶呈悬浮状态难以下沉。盐析用的氯化钠用市售的精制食盐，因粗制食盐混有较多泥沙等杂质，影响产品质量。

（3）在精制盐酸小檗碱过程中，因盐酸小檗碱放冷极易析出结晶，所以加热煮沸后，应迅速抽滤或保温滤过，防止溶液在滤过过程中冷却，析出盐酸小檗碱结晶阻塞滤材，造成滤过困难，降低提取率。

四、苦参生物碱的提取、分离与鉴定

苦参为豆植物（Sophora flavescens Ait）的根。味苦性寒，有清热利湿、祛风杀虫及解毒等功效。主要用于治疗湿热黄疸，赤白带下，痈肿疮毒，皮肤癣疥及肠炎痢疾等症。苦参主要含有生物碱、氧化苦参碱、羟基苦参碱、去氢苦参碱、安那吉碱、巴普叶碱、N−甲基金雀花碱等及黄酮类成分。

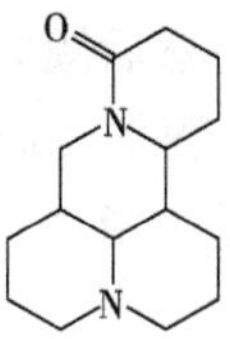

苦参碱 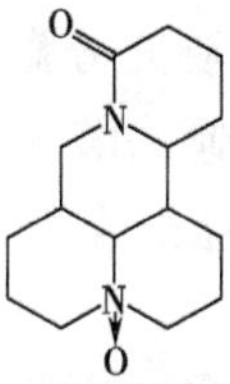　氧化苦参碱 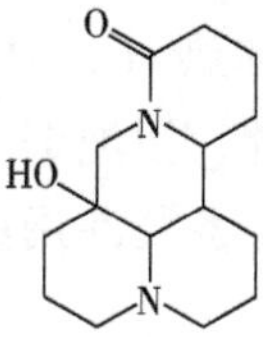　羟基苦参碱 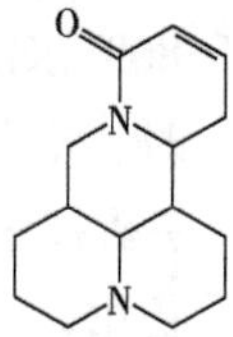　去氢苦参碱

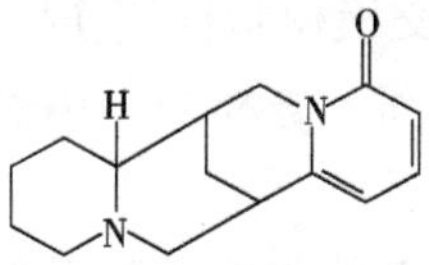

安那吉碱 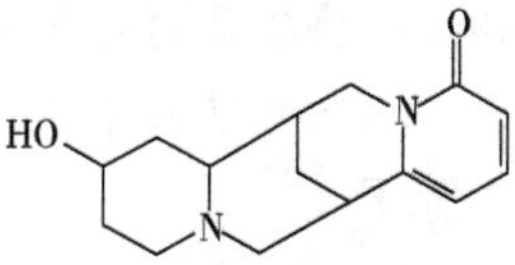　巴普叶碱

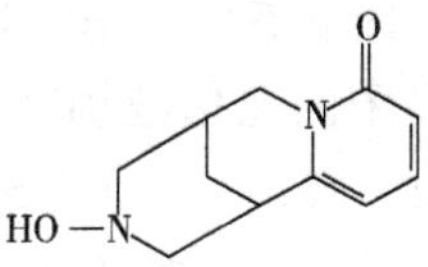

N−甲基金雀花碱

苦参碱（Matrine or Sophocapidine）有4种形态，*α*−苦参碱为白色针状或柱状结晶，熔点76℃，［α］D+39°；*β*−苦参碱为白色柱状结晶，熔点87℃；*γ*−苦参碱为液体，沸点223℃/799.93Pa（6mmHg）；*δ*−苦参碱为白色柱状结晶，熔点84℃；常见的是*α*−苦参碱。苦参碱可溶于冷水、苯、乙醚、氯仿、二硫化碳，难溶于石油醚。

氧化苦参碱（Oxymatrine）为白色柱状结晶（由丙酮中结晶），熔点162~163℃（水合物），207℃（无水物）；可溶于水、氯仿、乙醇，难溶于乙醚、甲醚、石油醚。

苦参碱易氧化转变为氧化苦参碱，而氧化苦参碱在很弱的还原剂如二氧化硫、碘化钾等存在的条件下，于室温下即可还原成苦参碱。

1. 实验原理

苦参碱为喹嗪类生物碱，可溶于水和有机溶剂，具有生物碱的通性，能与酸结合成盐，在水中可离子化，故可用酸水提取，再用离子交换树脂与生物碱进行交换，使其与其他非离子化成分分离，然后根据各生物碱结构、性质的差异，用溶剂法分离。

生物碱的离子与阳离子交换树脂交换的过程如下：

$$R-SO_3^-H^+ + [BH]^+ \cdot Cl^- \rightarrow R-SO_3^- \cdot [BH]^+ + HCI$$
$$R-SO_3^- \cdot [BH]^+ + NH_4OH \rightarrow R-SO_3^- \cdot NH_4^+ + B + H_2O$$

$R-SO_3^- \cdot H^+$：磺酸型氢型阳离子交换树脂

$[BH]^+Cl^-$：生物碱盐酸盐

B：游离生物碱

2. 操作步骤

（1）树脂的选择与处理　本实验选用市售的聚苯乙烯磺酸型阴离子交换树脂（交联度1×7 即 7%）。由于市售的阳离子交换树脂为钠型，且含水量不足，故使用前需进行转型，去杂质和吸水膨胀处理，方法如下：

取市售阳离子交换树脂 120g 置于烧杯中，用蒸馏水洗至水的颜色较浅为止，再加蒸馏水室温下浸泡一天，或于 80℃水浴上加热 1h，使树脂充分膨胀；然后倾去水，减压抽干后，加入 2mo1/L 盐酸 200mL 时，不断搅拌，浸泡 1h，倾去酸水液，再加 2mol/L 盐酸 400mL 浸泡过夜。然后将树脂装入层析柱中，再将浸泡用的盐酸全部通过树脂柱（4~5mL/min），用蒸馏水洗至 pH 为 4~5 后备用。

（2）苦参生物碱的提取与交换　取苦参粗粉 150g 加适量 0.1%盐酸湿润膨胀后，装入渗漉筒，加 0.1%盐酸浸泡 4h，并将渗漉筒与离子交换树脂柱相连接，以 4~5mL/min 的流速渗漉，待渗漉液通过树脂柱后，将树脂从柱中取出倒入烧杯中，用蒸馏水洗涤数次，然后减压抽干，将树脂置于搪瓷盘中晾干。

（3）总生物碱的洗脱　将上述晾干的树脂置于烧杯中，加适量浓氨水，搅拌均匀，勿使水分过多，放置 20min 后，装入索氏提取器中，用氯仿回流提取至提取液无生物碱反应（检查方法是：取索氏提取器中部提取筒中的氯仿液滴在滤纸上，α 将改良碘化铋钾试剂喷雾形式添加，观察斑点颜色是否呈生物碱正反应），回流 5~6h，然后将氯仿提取液加无水硫酸钠脱水后，减压回收氯仿至干，残留物抽松，抽松物用丙酮结晶 2~3 次，可得白色结晶（若结晶颜色不白，可加活性炭脱色），即为苦参生物总碱，干燥，称重（留少量做生物碱沉淀反应及薄层层析鉴定，其余用于分离苦参碱和氧化苦参碱）。

（4）苦参生物碱的分离。

①氧化苦参碱的分离：将上述所得总生物碱溶于 30mL 氯仿中，加入 200mL 乙醚，放置后即有沉淀析出，过滤，保留沉淀物；滤液浓缩后再溶于氯仿中，加适量乙醚，放置，又有沉淀析出，过滤，保留滤液；合并二次沉淀物，用丙酮重结晶，即为氧化苦参碱，干燥，测熔点，称重。

②苦参碱的分离：将上述滤液蒸干，加石油醚（30~60℃）回流提取 3 次，每次加石油醚 100mL，合并 3 次石油醚提取液（不溶物含其他生物碱），回收石油醚致 100mL，放置，可析出少量结晶，过滤，所得结晶为 N-甲基金雀花碱；滤液再浓缩至适量，放置析晶，过滤，所得结晶即为苦参碱，干燥，称重。

（5）苦参生物碱的鉴定。

吸附剂：2%氢氧化钠溶液制备的硅胶 G 硬板，于 110℃烘干半小时。

样品：①自制苦参碱乙醇溶液。②苦参碱标准品乙醇溶液。③自制氧化苦参碱乙醇溶液。④氧化苦参碱标准品乙醇溶液。⑤自制苦参总生物碱乙醇溶液。

展开剂：①先以甲苯-乙酸乙酯-甲醇-水（2∶4∶2∶1）展开，展距约 8cm，取出，晾干，再以甲苯-丙酮-乙醇-浓氨试液（20∶20∶3∶1）展开，展距第一次相同。②氯仿-甲醇-乙醚（44∶0.6∶3）。

显色剂：喷雾改良碘化铋钾试剂和亚硝酸钠乙醇液，观察斑点颜色，并与标准品对照。

（6）树脂的再生　使用过的树脂，经过处理再生后仍可使用。处理方法是将用过的树脂用蒸馏水洗去杂质，抽干，加 2mol/L 盐酸浸泡后装在层析柱中，使酸液通过树脂柱，再用水洗去酸液，然后用 2mol/L 氢氧化钠溶液浸泡后装在层析柱中，使碱液通过树脂柱，再用水洗去碱液，然后再次用 2mol/L 盐酸浸泡，使酸液通过树脂柱，用水洗去酸液即可使用。

五、黄花夹竹桃次苷的提取分离和鉴定

黄花夹竹桃坚果是夹竹桃科植物果实。果仁中含有多种强心苷，果仁经发酵后提取的亲脂性次苷的混合物黄夹苷，商品名为强心灵。强心灵是一种作用迅速，维持时间短，蓄积作用小的强心药物。黄夹苷的主要成分是黄花夹竹桃次苷甲、次苷乙和乙酰基黄花夹竹桃次苷乙。

黄花夹竹桃果仁中已知结构的一级苷有两种，果仁经发酵再提取，得到 5 种次级苷。

操作步骤如下。

（1）黄花苷的提取。

原料的处理：称取黄花夹竹桃坚果 300g，去硬壳，将所得果仁沉重、研细。

脱脂：将研细的果仁粉末，在沙氏提取器中用石油醚脱脂，检查脱脂是否完全。可用滴管吸取沙氏提取器中的石油醚，滴在滤纸上，挥去石油醚，如仍有油迹，则说明脱脂不完全。待脱脂完全后，将脱脂果仁粉末干燥，沉重。

酶解：将脱脂粉末置于三角瓶中，加 40℃的自来水 3～5 倍，再加脱脂果仁粉末重量 2.5%的甲苯，加塞，在瓶口和塞子中间夹一条滤纸使留有空隙。放入恒温箱，35～40℃酶解 24h。注意观察发酵物的颜色及 pH 值变化。最后用氧化铝薄层色谱检查酶解前后化学成分的变化和酶解是否完全。展开剂：氯仿-甲醇（97∶3），显色剂：Kedde 试剂。

提取：在发酵后的粗粉中加 15 倍量 95%乙醇，振摇 10min，滤过，残渣再加 5 倍量 95%乙醇同上处理，最后残渣再用 5 倍量乙醇洗。合并滤液，60℃减压回收乙醇使浓缩液体积为脱脂粉末重量的 5 倍，再加脱脂粉末重量 12.5 倍的水放置析出沉淀，滤集沉淀 60℃干燥得粗品沉重。

（2）苷的精制　在所得粗品中加 40 倍量的 95%乙醇，回流 10min，稍冷，加粗品量 5%的活性炭，脱色回流 10min，滤液减压浓缩至粗品 5 倍量体积后缓缓加入浓缩液体积 3 倍量蒸馏水，放置，析出结晶，抽滤结晶以少量乙醚洗涤，60℃干燥，得黄花苷精品称重。

（3）黄花夹竹桃次苷乙的分离。

取黄花苷 0.1g，溶于少量氯仿-甲醇（5∶1）的溶剂中然后点于两块 20cm×20cm 的硅胶 G10 薄板上，用氯仿-甲醇（10∶1）作展开剂制备性薄层色谱。展开后挥去溶剂，用碘蒸气显色，画下黄花夹竹桃次苷乙部位，挥去碘后，将其刮下，用氯仿-甲醇（5∶1）的混合溶剂在室温下洗脱，将洗液回收溶剂，所得产品用稀乙醇重结晶，在真空干燥器中用五氧化二磷干燥，为黄花夹竹桃次苷乙纯品。

（4）鉴定　采用纸层色谱进行鉴定。

滤纸的处理：取 2cm×2cm 的色谱滤纸 2 条，均匀通过盛有甲酰胺-丙酮（3∶7）混合溶剂的培养皿中，置空气中吊置以挥去丙酮。

①点样：在处理好的两条滤纸的起始线上，分别点黄花苷精品和黄花夹竹桃次苷乙标准品，实验所得黄花夹竹桃次苷乙纯品和标准品。

②展开：把点好样的滤纸条悬挂于纸谱筒内，用甲酰胺饱和过的二甲苯-甲乙酮（1∶1）的上层溶剂做展开剂，先饱和半小时，后展开。当展开剂前沿上升至 20cm 以上时，取出纸条悬于通风橱放置，并于 120℃烤 1h。

③显色：Kedde 试剂。

④薄层色谱：硅胶 G10 硬板，样品同上。展开剂：氯仿-甲醇（10∶1），显色剂：碘蒸汽或 10%硫酸。

⑤测定熔点：测定 IR、UV、FAB-MS、H-NMR、C-NMR 谱。

六、白芷香豆素类成分的提取分离和鉴定

白芷是常用中药，为伞形科植物兴安白芷［Angelia dahurica（Fisch. ex Hoffrn.）Benth. etHook. Var. dahurica］和杭白芷的干燥根，具有散风除湿，通窍止痛，消肿排脓的功效。治头痛，眉棱骨痛，齿痛、鼻渊，寒湿腹痛，肠风痔漏，赤白带下等，近年来用于白癜风的光化疗治疗，药理实验证明有抗菌作用。白芷中的主要化学成分有挥发油，香豆素等，其中香豆素类化合物以线型呋喃香豆素为主，有异欧前胡素、欧前胡素、氧化前胡素、别异欧前胡素等。

本实验利用有机溶剂提取总香豆素类成分，利用柱层色谱法分离化合物的单体。

1. 操作步骤

（1）总提取物的制备　取白芷生药粗粉 200g，用 250mL 石油醚-丙酮（4∶1）回流提取 3 次，每次 250mL，第一次 2h，第二次提取 1h，合并提取液，回收溶剂至干，得总提取物（一般 2.5g 左右）。

（2）柱层色谱分离　取提取物 1.5g，用 5g 硅胶吸附，加在 25cm×4cm 的色谱柱上，进行低压柱层色谱。

色谱条件：

吸附剂：硅胶 H 20g。

洗脱剂：石油醚-丙酮（8∶1）、（6∶1）、（4∶1）、（3∶1）各 80mL。

压力：0.5~0.7kg/cm^2。

收集：5~8mL/份。

用上述薄层色谱条件进行检识，将相同斑点的化合物合并，用石油醚-乙酸乙酯（8∶2）

的溶剂重结晶 1~2 次，分别得到单体化合物，测定熔点。

2. 鉴定

（1）薄层色谱。

吸附剂：硅胶（色谱用 10~40u）。

展开剂：（1）石油醚-丙酮（8∶2），（2）苯-乙酸乙酯（8∶2）。

样品：白芷总提取物，异欧前胡素，欧前胡素产品。

标准品：异欧前胡素和欧前胡素。

显色：紫外灯（365nm）下观察荧光。

（2）光谱测定。

UV 光谱：用乙醇作溶剂。

1H-NMR 谱：用 CDC_{13} 作溶剂。

七、三七总皂苷的分离和鉴定

三七是云南著名地道特产中药材，其来源为五加科植物 Panax notoginseng，主要化学成分为三萜皂苷，具有多方面的生理活性。在药材的加工过程中，除了主根以三七入药外，其绒根、剪口、筋条、地上部分均可用于提取三七总皂苷，其各部位总皂苷含量如表 5-2 所示。本实验用含量较高的剪口为原料。

表 5-2　三七各部位总皂苷含量/%

部位	三七	剪口	绒根	筋条	地上部分
含量	4~8	8~14	5~10	5~10	~2

1. 实验原理

利用三七皂苷和共存物质极性大小、溶解性特点的不同，用低极性有机溶剂萃取除去脂溶性物质；用树脂吸附法除去无机盐、氨基酸、糖等水溶性物质，从而制得纯度较高的三七总皂苷。

2. 操作步骤

（1）三七总皂苷的提取　三七剪口粗粉 50g，以 80%的乙醇回流提取二次，溶剂用量分别为 150mL、100mL，回流时间依次为 1.5h、1h，合并提取液，减压回收乙醇至提取液无醇味。

（2）三七总皂苷的精制　回收乙醇后的提取液以乙醚萃取二次以除去脂溶性物质，每次用乙醚 30mL。乙醚层弃去，水层在水浴上挥去乙醚后供柱层析用。

经净化处理后的大孔树脂 100g 以蒸馏水浸润湿法装柱。柱内直径 2~3cm，长约 50cm。

将挥去乙醚后含三七皂苷的水溶液（约 50mL）加入层析柱，以约 1mL/min 的流速缓缓通过此大孔树脂柱，使总皂苷完全吸附，然后依次用蒸馏水（50mL）、50%的乙醇（50mL）以 1~1.5mL/min 的流速洗脱以除去无机盐、氨基酸、糖等水溶液性物质。最后用 95%的乙醇约 100mL 洗脱三七总皂苷（流速约为 1mL/min），收集此部分洗脱液，减压回收溶剂，真空干燥，即得精制三七总皂苷。

（3）三七总皂苷的鉴定。

样品：三七总皂苷标准品和自制品少许溶于甲醇中，配成约 1mg/mL 的溶液。

吸附剂：硅胶 G。

展开剂：正丁醇-乙酸乙酯-水（4：1：5；上层）。

显色剂：15%硫酸乙醇液，喷雾后烧烤显色。

第六章 农林色素分离测定技术

第一节 农林色素的提取技术

一、靛蓝

性状：带铜绿色的暗青色粉末。熔点（分解点）390℃，于300℃升华。不溶于水、乙醇、乙醚。用次硫酸钠、葡萄糖、氢氧化钠还原，则成靛白。

制法：由蓼蓝的叶制取的一种食用天然蓝色素。将靛叶堆积，经常浇水，使其发酵2~3个月，成为黑色土块状。用臼捣实后称为球靛，含靛蓝色素2%~10%。球靛中拌入木灰、石灰及麸皮，再加水拌和，加热至30~40℃，暴露在空气中，成为蓝色不溶性靛蓝。

用途：食用蓝色素。

二、茶绿色素

主要成分：以叶绿素为主体，尚含黄酮醇及其苷、茶多酚、儿茶素氧化聚合、缩合产物和酚酸、缩酚酸、咖啡因等。

性状：黄绿色或墨绿色粉末，易溶于水和含水乙醇，不溶于氯仿和石油醚，具有抗氧化性。

制法：茶叶除叶、清洗，经有机酸、维生素C浸提，过滤，浓缩，进一步分离而得。

用途：着色剂（绿色）。

三、葡萄皮红色素（葡萄皮红）

主要成分：系花色素苷色素。包括锦葵色素-3-葡糖啶、丁香啶、二甲翠雀素、甲基花青素、3′-甲基花翠素、翠雀素等。

性状：红至紫色液体、块状、粉末状或糊状物质，稍带特臭。溶于水、乙醇、丙二醇、不溶于油脂。色调随pH值而变化。酸性时为红至紫红色，碱性时呈暗蓝色，铁离子存在下呈暗紫色。染色性、耐热性不太强，维生素C可提高其耐光性。聚磷酸盐能使其稳定。

制法：由葡萄科植物葡萄果实的果皮（制造葡萄汁或葡萄酒后的残渣），除去种子，用水萃取果皮后经精制、真空浓缩而得。粉末状制品用麦芽糊精、变性淀粉或胶体为载体。

用途：着色剂（红至紫红色）。供饮料、冷饮、酒精饮料、蛋糕、果酱等用。饮料、葡萄酒、果酱、液体产品用量为0.1%~0.3%。粉末农林产品中添加量0.05%~0.2%。冰激凌产品用量为0.002%~0.2%。

四、柑橘黄（甜橙色素）

主要成分：以类胡萝卜素为主体的混合物，主要着色成分为柑橘黄素，黄橙色结晶，熔点167℃，同时有叶黄素、叶红素和胡萝卜素等。

性状：为深红色黏稠状液体，具有柑橘清香味。其乙醇水溶液加入水中，呈亮黄色。相对密度为0.91~0.92。极易溶于乙醚、己烷、苯、甲苯、石油醚、油脂等。可溶于乙醇、丙酮，不溶于水。不同pH值对其呈色无变化，但耐热、耐光性差，如适当加入L-抗血酸或维生素E等稳定剂可有所改善。宜用于无空气的情况下。

制法：由甜橙的果实或果实皮经压榨后用热乙醇、己烷提取后除去溶剂而得。

用途：着色剂（黄色）。市售品有两种规格：油溶性和水分散性柑橘黄。

五、桑葚红

性状：紫红色稠状液体。易溶于水或稀醇中，不溶于非极性的有机溶剂。在酸性条件下，呈稳定的紫红色，碱性时为紫蓝色。pH值小于4.0时，溶液最大吸收波长为512~514nm。Fe^{2+}、Cu^{2+}、Zn^{2+}、Fe^{3+}的存在，对色素有不良影响，而K^{+}、Na^{+}、Ca^{2+}、Mg^{2+}、Al^{3+}的存在，则有护色作用。

制法：由桑属植物的成熟果穗经整理、压榨、过滤，滤渣经溶剂提取后过滤，合并滤液及滤渣提取液，精制浓缩而得成品。如再经真空干燥或喷雾干燥，得粉状产品。

用途：着色剂（紫红色）。

六、蜜蒙黄色素

性状：黄棕色粉末或膏状，有芳香气味。溶于水、稀醇液或稀碱溶液，不溶于苯和乙醚等有机溶剂。耐热、耐光、耐糖、耐盐、耐金属。pH值为3时呈淡黄色，大于3时呈橙黄色。

制法：由马饯科醉鱼草属落叶灌木蜜蒙花的穗状花序经醇水抽提、过滤、浓缩、干燥而成。

用途：着色剂。

七、橡子壳棕

性状：深棕色粉末。易溶于水及乙醇水溶液，不溶于非极性溶剂。在碱性条件下呈棕色，酸性条件下为红棕色。对热和光均稳定。

制法：以橡子果壳用水浸提，过滤后纯化、精制而得。

用途：着色剂（棕色）。

八、金樱子棕

性状：棕红色浸膏，味甜，无异臭，呈酸梅似果香。耐光、耐氧化，0.5%水溶液100℃3h无明显降解；偏酸性，pH值为3~4，在pH值为3.5~7条件下稳定，但易与金属反应呈深棕色沉淀。可溶于水、稀乙醇，0.5%~1%水溶液由黄色、橙黄色到橙红色，10%以上是呈茶色，溶液色泽鲜艳，透明。极易溶于热水，不溶于油脂、乙醚和石油醚。

制法：由蔷薇科植物金樱子的果实用温水或稀乙醇提取后，过滤、浓缩而成。

用途：食用棕色色素。用于无醇饮料，呈可乐型色调，口感好，低温1个月不褪色。

九、沙棘黄

主要成分：黄酮类和胡萝卜素类黄色色素。

性状：橙黄色粉末或流浸膏，无异味。性能稳定，耐热和耐光性强，干粉用200℃烘烤20min，溶液100℃煮2h，均无影响。pH变化影响很小。耐久贮而不变色，但易与Fe^{3+}、Ca^{2+}等金属离子化合而变色。不溶于水，易溶于乙醇、乙醚、氯仿、丙酮等非极性溶剂和油脂中。0.1%乙醇液的pH值约0.09，呈鲜艳黄色。

制法：由胡颓子科沙棘属植物沙棘用稀乙醇提取后，胶溶浓缩，或再干燥而成。

用途：食用黄色色素（油溶性）。

十、多穗柯棕

性状：棕黑色粉末或棕色液体。易溶于水、50%以下的乙醇和丙酮液中。对光、热的稳定性较好。对糖、盐无不良影响，着色力超过焦糖色素。pH值在4以上时呈棕色透明液体，碱性时呈色加强，pH值在4以下呈棕黄色。主要成分为黄酮类化合物。

制法：以壳斗科常绿乔木植物多穗柯的叶子为原料，用水抽提而得。原料主要分布于江西、湖南等长江以南山区中。原料中含色素10%～16%。

用途：食用色素。

十一、蓝锭果红

性质：紫红色粉末。味酸甜，有特殊果香。易溶于水和乙醇，不溶于丙酮和石油醚。水溶液pH值为3.0时呈鲜艳红色，随着pH值的提高，颜色变紫故其色调受pH值影响变化较大。对光和紫外线的稳定性较差，在自然光下110天，色价保存率降至45%，紫外线照射24h，保存率82.6%。对热稳定性差，在pH值为3.0、加热4h，保存率降至26.25%。受Cu^{2+}、Al^{3+}、Zn^{2+}影响不大而受Fe^{3+}、Mn^{2+}和Sn^{2+}影响很大，并生成大量沉淀；Fe^{3+}离子使溶液变黑，Mn^{2+}使之变暗，Sn^{2+}使之变紫。

制法：以忍冬科落叶小灌木植物蓝靛果的成熟浆果为原料，用水提取后经低温浓缩、喷雾干燥而得。原料主要产于吉林、新疆、甘肃、四川等地。

用途：起泡葡萄酒、冰淇淋、果汁（味）型饮料；糖果、糕点上色。

十二、越橘红

性质：深红色膏状。溶于水和酸性乙醇，不溶于无水乙醇，水溶液透明、无沉淀。溶液色泽随pH值的变化而变化。在酸性条件下呈红色，在碱性条件下呈橙黄色至紫青色。易与铜离子结合而变色。对光敏感，易褪色。耐热性较好。

制法：由野生植物越橘果实用物理方法提取而得。

用途：食用红色色素。果汁（味）型饮料、冰淇淋。

十三、黑加仑红（黑加仑色素）

性质：紫红色液体或粉末，有轻微特征气味；有吸湿性；易溶于水，水溶液 pH 值 3. 1～3. 45；溶于乙醇，微溶于无水乙醇和甲醇；不溶于丙酮、乙酸乙酯、氯仿和乙醚。

提取方法：由黑加仑（又称黑穗状醋栗）果渣用水萃取而得，可加入麦芽糊精后喷雾干燥成粉状。

用途：食用棕色色素。碳酸饮料，起泡葡萄酒、黑加仑酒、糕点上色。

第二节　农林色素分离与测定技术

一、叶绿素的提取分离及定量测定

1. 基本原理

叶绿体色素分为叶绿素和类胡萝卜两大类，溶于乙醇、丙酮等有机溶剂。绿色叶片的有机溶液提取液通过层析法，根据吸附剂对不同物质的吸附力不同，在适当的溶剂推动下，混合物中各种成分在两相（固定相和流动相中）间具有不同的分配系数，所以移动速度不同，经过一定时间后，可将各种色素分开。

根据叶绿素在可见光区的吸收光谱的不同，利用分光光度法测定特定波长下的吸光度，利用公式计算叶绿素含量。

$$Ca=12.7A_{663}-2.69A_{645}$$

$$Cb=22.9A_{645}-4.68A_{663}$$

2. 仪器、试剂与材料

（1）器皿　研钵、量瓶、小培养皿、尖头吸管、滤纸、漏斗、25mL 量筒、试管、比色皿、大培养皿、剪刀、玻璃棒、吸水纸、试管架、广口瓶、石英砂。

（2）试剂　80%丙酮、95%乙醇。

（3）材料　各种绿色叶子。

3. 操作步骤

（1）叶绿体色素提取　新鲜叶片 2g 左右，洗净，擦干，去掉中脉，剪碎，放入研钵中，加少量石英砂研磨成匀浆，加入 5mL　95%乙醇，研磨浸提 3～5min，过滤于试管中；再用 5mL 95%乙醇冲洗残渣。观察叶绿体色素提取液透射光和反射光颜色，解释原因。

（2）叶绿体色素的分离。

①取一张圆形滤纸；另取一张滤纸条（1. 5cm×5cm 左右，纸条宽度根据培养皿高度而定）。用滴管吸取浓叶绿素提取液滴在纸条一长边，使色素扩展的宽度限制在 0. 5cm 以内，用电热吹风吹干后，再重复操作数次，然后将纸条沿长边方向卷成纸捻；

②将纸捻带有色素的一端插入圆形滤纸的中心小孔中，与滤纸刚刚齐平（勿突出）；

③在大培养皿中放入小培养皿，小培养皿中加入一半石油醚，将插有纸捻的圆形滤纸平放在培养皿上，使纸捻的下端（无色素的一端）浸入石油醚中，迅速将同一直径的培养皿盖

上。叶绿体色素会在石油醚的推动下立刻沿着滤纸向四周移动，不久即可看到被分离的各种叶绿体色素的同心圆环。

④当推动剂前沿接近滤纸边缘时，取出滤纸，风干，即可看到分离的各种色素。由外向内依次为胡萝卜素、叶黄素、叶绿素 a、叶绿素 b。用铅笔标出各种色素的位置、名称和颜色。

（3）叶绿素的定量测定。

①取新鲜叶片 0.2g，剪碎置于研钵中，加入少量石英砂，研成匀浆，加入 80%丙酮继续研磨至组织变白无绿色。把提取液倒入小烧杯中，加入少量丙酮冲洗研钵 3 次，静止数分钟，用一层经 80%丙酮湿润过的滤纸过滤，少量 80%丙酮冲洗滤纸至变白为止，定容 25mL；

②叶绿素丙酮提取液倒入比色杯中用分光光度计分别在波长 645nm 和 663nm 下测定吸光度，80%丙酮为空白对照；

③按公式分别计算叶绿素 a、叶绿素 b 浓度（mg/L），计算叶绿素在叶片中的含量：

$$Ca = 12.7A_{663} - 2.69A_{645}$$

$$Cb = 22.9A_{645} - 4.68A_{663}$$

$$C_{总} = Ca + Cb$$

$$y = C \times V \times 稀释倍数 / W$$

式中：y——叶绿素含量，%；

C——叶绿素提取液的浓度，mg/L；

V——样品提取液总体积，mL；

W——样品鲜重，g。

二、原花青素的提取与含量测定

（一）葡萄籽原花青素的提取

原花青素（procyanidin，简称 PC）是植物中广泛存在的一大类多酚化合物的总称。葡萄籽中提取的 PC 是清除自由基最强的抗氧化剂，它可防治 80 多种因自由基引起的疾病，包括心脏病和关节炎，在医药、保健品、农林产品及化妆品等领域具有广泛的应用前景。葡萄籽 PC 由不同数目的黄烷醇（儿茶素、表儿茶素）聚合而成，通常将二~四聚体称为低聚原花青素（procyanidolic oligomer，OPC），五聚体以上的称为高聚体（procyanidolic polymers，PPC，现已鉴定出 3 种单体，14 种二聚体，11 种三聚体等。

银杏、大黄、山楂、小连翘、葡萄、日本罗汉柏、花旗松、白桦树、野草莓、甘薯等植物中都含有 PC，但以葡萄籽中 PC 的含量最高（为葡萄籽质量的 4%左右，因葡萄产地、品种或采收时间不同含量有所差异），所以用葡萄籽为原料提取 PC 成为理想的选择。

1. 材料与设备

葡萄籽、石油醚、乙醇、粉碎机、回流装置。

2. 操作步骤

（1）粉碎　采用粉碎机粉碎，过 20 目筛；

（2）脱脂　采用石油醚回流脱脂，过滤，残渣风干备用；

（3）提取　60%~70%乙醇，50℃，料液比 1∶10；

（4）测定原花青素的含量。

（二）葡萄籽原花青素含量的测定

1. 材料与仪器

儿茶素及表儿茶素标准物为 Sigma 公司产品、葡萄籽粗提取物（上述实验得到）、香草醛、紫外分光光度计、红外水分快速测定仪。

2. 操作步骤

（1）标准曲线的建立　依次于 25mL 比色管中加入浓度为 10~150μg/mL 的儿茶素标准溶液 2. 0mL、40g/L 的香草醛-甲醇溶液 12. 0mL 和一定体积的浓盐酸，摇匀，置于（20±1）℃温度条件下避光反应一定时间。以甲醇代替儿茶素标准溶液作空白对照，于 500nm 波长处测定反应液的吸光度，按最小二乘法拟合得到标准曲线方程。

（2）样品的测定　用甲醇配制浓度为 100μg/mL 的试样溶液，于 25mL 比色管中依次加入试样溶液 2. 0mL、4. 0g/100mL 香草醛-甲醇溶液 12mL 和一定体积浓盐酸，摇匀后，于（20±1）℃温度下避光反应一定时间，以甲醇代替试样溶液作空白对照。根据试样反应液在 500nm 处的吸光度，由标准曲线求得试样中原花青素的含量。其中样品含水率采用红外水分快速测定仪、于（80±1）℃干燥至恒重测定。

第七章　农林产品卫生检测技术

第一节　显微镜技术

显微镜（Microscope）是一种高度放大的光学精密仪器。它的种类很多，根据实验目的不同，可分别选用生物光学显微镜、相差显微镜、暗视野显微镜、偏光显微镜、荧光显微镜及电子显微镜等。微生物一般形态观察，以生物光学显微镜为常用。

一、材料与仪器

普通生物显微镜、香柏油、二甲苯、擦镜纸、各种微生物制片标本。

二、基本原理

（一）显微镜结构

生物光学显微镜，简称为普通光学显微镜，其构造分机械装置和光学系统两部分。

机械装置部分见图 7-1：

1. 镜脚（或称镜座）

镜脚（或称镜座）是显微镜的座基稳定显微镜之用。

2. 镜臂

镜臂是显微镜的把手，直筒显微镜的镜臂和镜脚之间，由一个倾斜关节联结，可借此把镜筒斜仰至一定程度，更便于观察。

3. 镜筒

形成接目镜与接物镜间的暗室，自接目镜到接物镜螺口部为镜筒的全长。

4. 物镜转换器

一般都装在镜筒下方，是由两个金属圆盘叠合组成，上有 3～4 个圆孔。可按物镜放大倍数高低顺序安装 3～4 个接物镜。转动转换器可以按需要将其中的某一个接物镜和镜筒接通，与镜筒上方的接

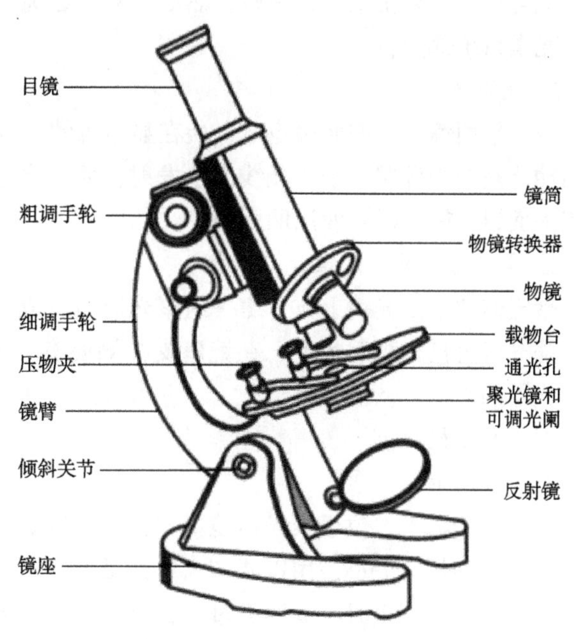

图 7-1　显微镜的结构

目镜配合，构成一个放大系统。

物镜转换器的两个金属圆盘中，上面那个圆盘的正后方装有一簧舌片，下面那个圆盘（旋转盘）侧面与每个接物镜相应的位置有个小凹缝，转换物镜时，必须使簧舌片嵌入此凹缝中，才可达到正确的位置，这一点，初学者必须特别注意。

旋转物镜转换器，应该用手指捏住旋转盘使它转动，而不宜用手指捏住物镜来推动转换盘，否则长期使用后，会使光轴歪斜，破坏物镜与目镜的合轴。

5. 载物台

位于镜筒的下方，中央有一孔，为光线通路，台上装有玻片推动器或一对弹夹，其作用是推动和固定标本的位置，使镜检标本恰好位于视野中心。

6. 推动器

是移动标本的机械装置，由一横向和一纵向两个推进齿轴的金属架组成，两向配合移动，可以把标本上的任何一点很方便地推进到视野中心，有的推动器的纵横架杆上还有刻度标尺，观察时记下坐标位置，以便对标本上的各部位进行重复观察。

7. 粗调节器和细调节器

它们可以使镜筒或镜台升降，调节物镜与标本的距离，使物镜的距离恰好等于物镜的工作距离。要使镜筒做较大幅度升降，可用粗调节器；要使镜筒做细微的升降，则用细调节器。

细调节器每转一圈，镜筒升降 0.1mm（100μm）。细调节器的外侧有刻度指标，每一小格表示升降 0.002mm（即 2μm），利用这种刻度可以了解镜筒升降了多少。细调节器一般又称之为测微螺旋。

当测微螺旋已旋到极限尺寸，则不应继续用力旋动，而应该重新小心地调节粗调节器，使物镜与标本距离稍微拉开一些，然后拧测微螺旋，便可将物镜旋至最适高度。

光学系统部分：

1. 反光镜

由一平面镜和一凹面镜组成，装在显微镜的下方，可以在水平与垂直两个方向任意转动。它的功能是把光源照射来的光线向上发射，使之穿过聚光镜，照明标本。当外光源较强时宜使用平面镜，较弱时宜使用凹面镜。

2. 聚光器及其升降螺旋（或柄）

聚光器位于反光镜上方，由一组聚光透镜组成，它的功能是将反光镜射来的光线聚集为一束强光线直接送到载片上。在镜座支柱侧面有一专门使聚光器升降的螺旋（或柄），可调节聚光器的高低，从而调节光度。一般用低倍接物镜时，应降低聚光器，用油浸镜观察时，聚光器应升至最高。

3. 虹彩光圈

装在聚光器上，位于聚光透镜下方，由金属页片组合而成，有一手柄可使光圈由全闭合到全张开达到任意大小，用以调节入射光量，使照明恰到最适程度。虹彩光圈的金属页片很脆很薄，在推动把手时不宜用力过猛，更不要用手指触摸页片以免造成损坏。

4. 接目镜

插在镜筒的上端，它的功能是把物镜放大了的物象放大形成虚像，并映入眼部。它通常由两片透镜组成，上面的透镜叫作接目镜，下面的叫作聚透镜。上下之间装有一个光阑，这个光阑的大小决定视野的大小，光阑的边缘也就是视野的边缘，所以这个光阑叫作视野光阑。不同的目镜上刻有5×、10×、15×等字样，以表示该目镜的放大倍数，使用时可根据需要选用适当的目镜。

5. 接物镜

是显微镜中最重要的光学部件，安装在镜筒下端的物镜转换器上，其作用是将标本做第一次放大，是决定成像质量和分辨的关键部件。

物镜上通常标有数值孔径、放大倍数等主要参数，如 NA 0.25，10×，160/0.17，其中“NA 0.25”表示数值孔径（numerical aperture）为 0.25，“10×”表示放大 10 倍，“160/0.17”表示镜筒长度及所需盖片的厚度。

物镜根据使用的条件不同可分为干燥系物镜和油浸系物镜两类。干燥系物镜包括低倍物镜（4~10×）和高倍物镜（40~45×），使用时镜头与标本之间的介质是空气；油浸系物镜（90~100×）使用时镜头与标本之间需加入油类（如香柏油）介质。

（二）油浸系物镜的基本基本原理

油浸镜与普通物镜不同，载片和物镜之间介质不是空气，而是一层油质，一般常用香柏油，其折射率为 1.515，与玻璃的折射率（1.52）相近。光线通过载玻片后，可直接通过香柏油进入物体而不发生折射。如果载片与物镜之间的介质为空气（干燥系），空气折射率为1，因此光线通过载片后折射而发生散射现象，结果进入物镜的光线必然减少，这就降低了视野的照明度。

被观察物体的放大倍数是目镜放大倍数和物镜放大倍数的乘积。

（三）显微镜的放大效能是由其数值口径（又称开口率，简写为 NA）决定的

所谓数值口径就是光线投射到物镜上的最大角度一半正弦，乘上载片与物镜间介质的折射率所得之积：

$$NA = n \cdot \sin\theta$$

式中：NA——数值口径；

　　n——介质折射率；

　　θ——最大入射角的一半。

当介质为空气时，$n=1$，θ 最大只能到 90 度，$\sin 90°=1$，但实际上不可能达到 90 度。所以干燥系物镜的数值口径小，而油浸镜不仅能增加照明度，更主要的是增大数值口径。一般干燥系物镜的 $NA=0.05\sim0.95$，油浸镜的 $NA=0.85\sim1$。

评价一台显微镜质量的好坏，主要不是看它的总放大倍数，而由分辨率（又称解像力）来确定的。分辨率是指显微镜能够辨别两根细线之间最小距离的能力，它与物镜的数值口径成反比，光线的波长成正比：

$$\delta = \lambda / 2NA$$

式中：δ——分辨率；

　　λ——光线波长。

可见光波长范围是 400~750nm，平均为 550nm，这是对于人眼来说最敏感的黄绿光。假如我们用 $NA=1.25$ 的油浸镜，则分辨率

$$\delta = 0.55/2 \times 1.25 = 0.202\mu m$$

三、显微镜的使用方法

（一）显微镜的放置

显微镜应直立放置在桌上。

（二）光源

显微镜不能采用直射阳光，因为光线太强，反而不易观察，且有损光学装置。一般白昼晴天可用窗外的散射阳光作为光源，也可采用日光灯作为光源，但最好的光源是专为显微镜照明用的聚丝电灯光。

调节照明的步骤：

（1）将低倍物镜旋转至镜筒下方，旋转粗调节器，使物镜和镜台的距离为3mm左右。

（2）旋转聚光器螺旋，使聚光器与镜台表面相距1mm左右。

（3）调节反光镜（在自然光线下观察，以平面反光镜为宜），开闭聚光器上的孔径光栏，调节光线强弱程度，直至照明效果最佳为止。

（三）低倍镜观察

（1）置已染色的载片标本于镜台上，并用压片夹固定。

（2）转动粗调节器，使物镜向下移动（或使镜台向上移动）至标本与物镜的距离约2mm。

（3）用左眼在目镜上观察，慢慢旋转粗调节器，使物镜上升（或使镜台下降），发现视野中的检视物后，改用细调节器，向上或向下移动，并适应调节光线，就能清楚地看到被检物体的轮廓。

（4）移动载片标本，将所要观察的部位放在视野中心，然后换用高倍镜。

（四）高倍镜观察

以细调节器校正焦距，再校正观察部位，并调节光圈，使被检物清晰可见。如观察需要，可换用油浸镜。

（五）油浸镜观察

（1）加香柏油一滴，滴在标本片上，将油浸镜放正，并慢慢转动粗调节器，将镜筒降下（或将镜台升高），同时从侧面观察，镜头浸入油滴中，并几乎与标本片接触，但切不可压及标本片，以免损坏镜头。

（2）用左眼在目镜上观察，向上微微转动粗调节器（此时只准向上而不能向下转动粗调节器）使镜筒上升（或微微向下转动粗调节器使镜台下降）。当视野中出现有模糊的被检物时，改用细调节器向上转动，直至被检物清晰为止，若视野不够明亮，可开大光圈。

（3）在向上旋转粗调节器时，若油浸镜头已离开油滴，但尚未发现被检物时，必须重新降下镜头至油滴中，重新依次操作。

（4）油浸镜使用后，必须用擦镜纸擦去残留在镜头上的香柏油，再用擦镜纸蘸少许二甲苯揩拭，然后再用干净擦镜纸擦干，否则二甲苯能够溶解固镜片的胶质，日久镜片将自行脱落。

（六）保养方法

（1）显微镜是实验室较为常用而贵重的仪器之一，使用时要十分小心爱惜，不要随便拆卸玩弄，移动时要一手托镜座，一手提镜臂，放于胸前拿到使用位置。

（2）显微镜用后须及时擦拭干净，将各部位恢复原位，然后将物镜转成“八字式”，再向下旋转（或镜台上移），套上镜罩，好放入镜箱中。

（3）显微镜应放于阴凉干燥的地方，若放在潮湿处，易生霉菌，一旦镜片上着生霉菌，就会腐蚀镜片而看不清物象。

第二节　细菌的形态检查技术

形态学检查技术是细菌检验极为重要手段之一，它有助于对细菌的初步认识，也是决定是否进行分离培养及生化反应鉴定的重要步骤。由于细菌体积微小，无色透明，因此利用光学显微镜直接检查只能观察到细菌的轮廓及其运动能力。对菌体的形态、大小、排列、染色特性及细菌的特殊结构的判定，必须借助于染色技术。

一、材料与仪器

（1）菌种　大肠杆菌、枯草杆菌、金黄色葡萄球菌（均培养18~24h）斜面各一支，培养好的细菌菌落平板一个。

（2）美蓝染液、石炭酸复红染液，革兰氏染液（草酸铵结晶紫染液、革兰氏碘液，95%乙醇，沙黄染液）。

（3）无菌水。

（4）显微镜。

（5）其他　载片，吸水纸，香柏油，二甲苯，擦镜纸，接种针等。

二、基本原理

细菌接种至固体培养基后，在适宜的培养基条件下，形成的菌落具有一定特征，而且菌落特征是菌种鉴定的重要依据之一。

细菌个体微小，而且较透明，必须借助染色法使菌体着色，与背景形成鲜明对比，以便在显微镜下进行观察。根据实验目的不同，可分简单染色法、鉴别染色法和特殊染色法等。

（一）简单染色法基本原理

1. 染料

不是所有带色的物质均能成为细菌的染料，大部分染料均是含苯的有机化合物，连接苯环有两个基，一个是色基（发色团），使化合物带色，另一个是着色基（助色团），使化合物解离而和被染物结合成盐类。

例如：三硝基苯是黄色化合物，它所含的硝基是色基，但三硝基苯缺少着色基，就不能成为染色剂，这样的化合物称为色原物。但当三硝基苯的一个氢原子被羟基取代形成苦味酸后，因羟基可以电离，它是着色基，所以苦味酸便是一种黄色染色剂。

由于细菌染色的染料都是带色的有机酸或有机碱，难溶于水，但易溶于有机溶剂，故常成盐类。如伊红一般制成钠盐，美蓝一般制成氯化物等。

由于着色基的不同，可把色素分成两大类，即：着色基为氨基的是碱性染料；着色基为羧基的是酸性染料。

(1) 碱性染料　这是细菌学中最常用的一类染料，色基是盐酸盐或硫酸盐的化合物，这类染料电离时，染料离子带正电荷，如：氯化美蓝电离成 Cl^- 和美蓝，可与酸性物质结合成盐。

常用碱性染料有：氯化美蓝电离成 Cl^- 和美蓝，可与酸性物质结合生成盐。

红色染料——复红、沙黄、中性红

紫色染料——龙胆紫、结晶紫、甲基紫

蓝色染料——美蓝、奈可蓝

绿色染料——孔雀绿

(2) 酸性染料　这类染料的色基为有机酸根与钠结合所生成的化合物。酸性染料电离时，染料离子带负电荷。如：伊红的钠盐电离成 Na^+ 和伊红。细菌含有大量的多种氨基酸，这些氨基酸均是两性物质，氨基极性基带有正电荷的部分，能与酸性染料结合，当培养基内糖分解使 pH 下降时，细菌所带正电荷增加，可以被酸性染料染色。常用酸性染料有：

红色染料——伊红、酸性复红

黄色染料——刚果红、苦味酸

(3) 中性染料　是碱性染料和酸性染料的结合物，不易溶于水，而易溶于甲醇中。如：

瑞特氏染料中的伊红、美蓝。

姬姆萨氏液中的伊红、天青。

主要用来染血液内含物及螺旋体、立克次氏体等用。

(4) 不活动染料　也称自然染色剂，这类染料化学作用较弱，并不属于盐类，不能组成盐类，它的染色能力取决于它是否溶解于被染物质。这类染料多为偶氮染料，如染酵母脂肪粒的苏丹Ⅱ、苏丹Ⅳ，因为它们本身能溶解于脂肪内。其他的还有胭脂红、苏木素等。

2. 基本原理

细菌含有两性物质（主要为蛋白质），等电点均在 pH 值在 2~5 之间，故在中性环境下一般带负电荷。带负电荷的细菌和带正电荷的染料容易结合着色，所以细菌染色多用碱性染料。

(二) 革兰氏染色法基本原理

革兰氏染色法是细菌学中很重要的鉴别染色法，因为通过此染色，可将细菌鉴别为革兰氏阳性菌（G^+）和革兰氏阴性菌（G^-）两大类。

革兰氏染色过程中，所用 4 种不同溶液的作用：

1. 碱性染料

在简单染色中已讨论过，此处用结晶紫。

2. 媒染剂

其作用是增强染料与细菌的亲和力，更好地加强染料与细胞的结合。常用媒染剂是碘液。

3. 脱色剂

帮助染料从被染色的细胞中脱色，利用细菌对染料脱色的难易程度不同，将细菌加以区分。革兰氏阳性细菌不易被脱色剂脱色，而革兰氏阴性细菌则易被脱色，常用脱色剂是丙酮或乙醇，平时多用95%的乙醇。

4. 复染液

也是一种碱性染料，目的是使脱色的细菌重新染上另一种颜色，以便与未脱色菌进行比较。

近年来由于对细菌细胞壁的结构有了较深入的了解，对革兰氏染色机制的认识基本达成共识。一般认为革兰氏阳性细菌的肽聚糖层较厚，经乙醇处理后使之发生脱水作用而使孔径缩小，结晶紫与碘的复合物保留在细胞内而不被脱色；而革兰氏阴性细菌的肽聚糖层很薄，脂肪含量高，经乙醇处理后，部分细胞壁可能被溶解并改变其组织状态，细胞壁孔径大，不能阻止溶剂进入，因而将结晶紫与碘的复合物洗去而脱色。虽然如此，革兰氏染色差异并不能完全认为是化学成分的差别，也有物理结构不同的原因，因为酵母菌细胞壁的成分完全和细菌不同，但具有革兰氏染色的阳性反应。

三、操作步骤

（一）观察细菌菌落平板

观察菌落形状、大小、颜色、光泽、透明度、边缘状况等，识别大肠杆菌、枯草杆菌和金黄色葡萄球菌菌落特征。

（二）简单染色法步骤

涂片→干燥→固定→染色→水洗→吸干→镜检。

1. 涂片

取一清洁（用95%乙醇浸泡过的）载玻片，擦去酒精，将其一面在火焰上微微加热，除去油脂，冷却，在中央部位滴加一小滴蒸馏水，将接种环在火焰上烧灼，冷后，用接种环在火焰旁从斜面上取出少量菌体（无菌操作），与水混合，烧去环上多余的菌体，再用接种环将菌与水混合，涂成均匀的薄层（注意：取菌不宜过多，涂布面积直径1.5cm左右为宜）。

2. 干燥

涂布后，待其在空气中自然干燥。有时为了使它干得快，可以把涂片小心地在酒精灯的火焰上微微挥动（注意：载片温度以不超过手背的耐受力为限）。

3. 固定

将已干燥的涂片标本在微小火焰上通过3~4次进行固定。

固定的作用有3点：①杀死活菌；②使菌体蛋白质凝固在载片上，在染色时不会被染液或水冲掉；③使涂片容易着色。

4. 染色

在已固定的涂片上加一滴染液，以盖过涂抹面为度，静置染色1min左右（简单染色常用草酸铵结晶紫染液；也可用美蓝液或石炭酸复红液）。

5. 水洗

倾去染液，斜置载片，用细流水轻轻冲去多余的染液，直至流水变清为止。注意水流不得直接冲在涂菌处，以免将菌体冲掉。

6. 吸干

用吸水纸轻轻吸去载片上的水分。注意不要将菌擦掉。

7. 镜检

将已染好的标本，用低倍镜对好光源、找到着色的部位放在视野中央，转换油浸镜，滴加香柏油后进行观察。注意各种细菌的形状和细胞的排列方式。观察完毕，用擦镜纸将镜头上的香柏油擦净。

（三）革兰氏染色法

涂片→干燥→固定→结晶紫染色→水洗→碘液媒染→水洗→吸干→95%乙醇脱色→水洗→吸干→番红花红染液→水洗→吸干→镜检。

（1）涂片、干燥、固定：同简单染色步骤一样。

（2）染色　滴加草酸铵结晶紫液2~3滴于涂抹面上染1min。

（3）水洗　与简单染色相同。

（4）媒染　滴加碘液4~5滴，静置媒染1min。

（5）水洗　与简单染色相同。

（6）吸干　与简单染色相同。

（7）脱色　将载玻片放入95%乙醇缸中脱色（此时应微微摇动，使乙醇分布均匀），30s~1min（直到色素不溶出时为止）。

（8）水洗　自乙醇缸中取出标本后，迅速充分水洗。

（9）吸干　同简单染色法。

（10）复染色　滴加番红花红染液复染1~2min。

（11）水洗、吸干、镜检，如简单染色法。注意观察染色后细菌的颜色。

注意事项：

（1）酒精脱色是革兰氏染色过程中最重要的环节，也是革兰氏染色法成败的关键。如时间过度，则很多革兰氏阳性菌亦可被脱色而误认为是阴性菌，反之，如脱色时间不足，则阴性细菌亦因脱色时间不够而误认为是阳性菌。脱色时间无法硬性规定，随涂片的薄厚、脱色时玻片摆动的快慢而异，一般为30~60s。

（2）除染色技术外，培养菌的老幼也可影响染色的结果。如革兰氏阳性菌培养时间较长，常可出现阴性反应。已死了的革兰氏阳性菌常呈革兰氏阴性反应。为此，做革兰氏染色的菌必须是新培养的（18~24h的菌）。

第三节　培养基配制技术

培养基是按照微生物的生长需求配制制成的一种营养基质，主要用于繁殖及分离纯种微生物；传代保存微生物；鉴别微生物；研究微生物的生理及生化特性；制造菌苗、疫苗或其他微生物制剂等。

一、基本原理

培养基是按照微生物生长繁殖所需要的各种营养物质，用人工方法配制而成的营养基质。其中含有碳源、氮源、无机盐、生长因素以及水分等。微生物在培养基上生长繁殖还必须在最适酸碱度范围内才能表现它们最大生命活力，因此对不同种类的微生物应将培养基调节到一定的pH值范围。培养基的种类很多，不同的微生物所需要的培养基不同，就它们的物理性状来分，可分为液体的、固体的和半固体的3种。固体培养基是在液体培养基中加入1.5%~2%的琼脂，半固体培养基是加入0.2%~0.5%的琼脂。有时为了特殊目的，也可用明胶和硅胶等作为凝固剂。

二、材料与仪器

1. 药品

牛肉膏、蛋白胨、氯化钠、琼脂、可溶性淀粉、葡萄糖、$MgSO_4 \cdot 7H_2O$、$FeSO_4 \cdot 7H_2O$、$NaNO_3$、HCl、K_2HPO_4、KH_2PO_4、NaOH、甲醛、来苏尔、新洁尔灭、酒精等。

2. 仪器及其他

试管、移液管、锥形瓶、烧杯、量筒、玻璃棒、漏斗、纱布、棉花、线绳、天平、培养皿筒、牛皮纸、马铃薯、黄豆芽、高压蒸汽灭菌锅、紫外灯等。

三、常用培养基的配制

（一）操作步骤

原料（天然原料和药品）称量→混合溶解（加热煮沸）→调整pH值→过滤→分装容器→灭菌或消毒→保温试验→备用

1. 称量

按照培养基配方，准确称取各成分放于烧杯中。

2. 溶化

向上述烧杯中加入所需要的水量，搅匀，然后加热使其溶解。如是配制固体培养基，在琼脂溶化的过程中，需不断搅拌，并控制火力不要使培养基溢出或烧焦。待完全溶化后，补充所失水分。如果配方中含有淀粉，则需先将淀粉用少量冷水调成糊状，并在火上加热搅拌然后加足水分及其他药品，待完全溶化后补足所失水分。

3. 调pH值

初制备好的培养基往往不能符合所要求的pH值，故需用pH值试纸或酸度计校正。用1.0mol/L NaOH或1.0mol/L HCl调pH至所需范围。

4. 过滤

用滤纸或多层纱布过滤。

5. 灭菌

培养基分装好后，塞上棉塞，外面再包一牛皮纸，便可进行灭菌。培养基的灭菌时间和温度，需按照各种培养基的规定进行，以保证灭菌效果和不损失培养基的必要成分。培养基经灭菌后，必须放37℃温室培养24h，无菌生长者方可使用。

（二）几种常用培养基的配制方法：

1. 肉膏蛋白胨培养基（用于分离及培养细菌）

（1）成分。

牛肉膏	3g
蛋白胨	10g
氯化钠	5g
琼　脂	20g
蒸馏水	1000mL

（2）制法　用小烧杯称取牛肉膏和蛋白胨，用蒸馏水洗入大烧杯内，稍加温溶解，然后称取琼脂，用冷水洗净，加入上述溶解液中加温使琼脂溶解，校正 pH 值至 7.4~7.6，用纱布包脱脂棉过滤至透明无杂质为止，趁热分装于试管等容器内。121℃高压蒸汽灭菌 20min。

2. 豆芽汁葡萄糖（或蔗糖）培养基（用于分离、培养酵母菌及霉菌）

（1）成分。

黄豆芽	10g
葡萄糖	5g
琼　脂	1.5~2.0g
蒸馏水	100mL

（2）制法　称新鲜黄豆芽 10g，放于烧杯中再加入 100mL 蒸馏水，小火煮沸 30min，用纱布过滤，最后加水补足蒸发的水分，制成 10%的豆芽汁，再加入葡萄糖 5g，煮沸后加入琼脂 1.5g，继续加热使之溶化，补足失水，分装，121℃高压蒸汽灭菌 15min。

3. 高氏合成 1 号培养基（用于分离及培养放线菌）

（1）成分。

可溶性淀粉	2g
KNO_3	0.1g
K_2HPO_4	0.05g
$MgSO_4 \cdot 7H_2O$	0.05g
$FeSO_4 \cdot 7H_2O$	0.001g
琼脂	1.5~2.0g
蒸馏水	100mL
pH	7.2~7.4

（2）制法　基本按牛肉膏蛋白胨培养基中所述方法配制；因配方中含有淀粉，将淀粉置于少量冷水中调成糊状，并在火上加热搅拌，待其溶解，然后依次加入药品，待药品完全溶解后，补足所失水分，调整 pH 值为 7.4 过滤，121℃高压蒸汽灭菌 15min 备用。

4. 麦芽汁培养基（用于分离、培养酵母菌及霉菌）

（1）将洗净的大麦（或小麦）用水浸泡 6~12h，置 15℃阴暗处发芽，上盖纱布，每日早、午、晚各淋水一次，待麦根伸长至麦粒两倍时，让其停止发芽，晒干或烘干，贮存备用。

（2）将干麦芽磨碎，一份麦芽加四份水，在 65℃水浴锅中糖化 3~4h（用碘滴定法检验糖化程度）。

（3）用 4~6 层纱布过滤糖化液，滤液如混浊可用鸡蛋清澄清（将一个鸡蛋清加水约 20mL，调均至生成泡沫为止，然后倒在糖化液中搅拌煮沸后再过滤），121℃高压蒸汽灭菌 20min 备用。

(4) 配制固体培养基时，将滤液稀释到10~12波美度，pH值约6.4，加入2%琼脂即可。

如当地有啤酒厂，可用未经发酵、未加酒花的鲜麦芽汁，稀释到10~12波美度后使用。

5. 马铃薯葡萄糖培养基（分离霉菌用）

(1) 制法　将马铃薯去皮，并切成薄片，立即放入水中，否则马铃薯易氧化变黑。每200g马铃薯加自来水1000mL。80℃温水浸泡1h，用纱布过滤，然后稀释到1000mL，121℃高压蒸汽灭菌20min，即为20%马铃薯浸汁，贮存备用。

(2) 配制培养基　100mL马铃薯浸汁加入葡萄糖2g，琼脂1.5~2.0g。

（三）培养基的分装及棉塞的制作

1. 培养基分装

根据不同的需要，可将制好的培养基分装入试管或锥形瓶内。注意不要使培养基沾染管口或瓶口，以免浸湿棉塞，引起污染。

试管分装时，取玻璃漏斗一个，装在铁架上，漏斗下连一根橡皮管并与另一玻璃管嘴相接，橡皮管上加一弹簧夹，分装时，左手拿住空试管中部，并将漏斗下的玻璃管嘴插入试管内，以右手拇指及食指开放弹簧夹，中指及无名指夹住玻璃管嘴，使培养基直接流入试管内，见图7-2。

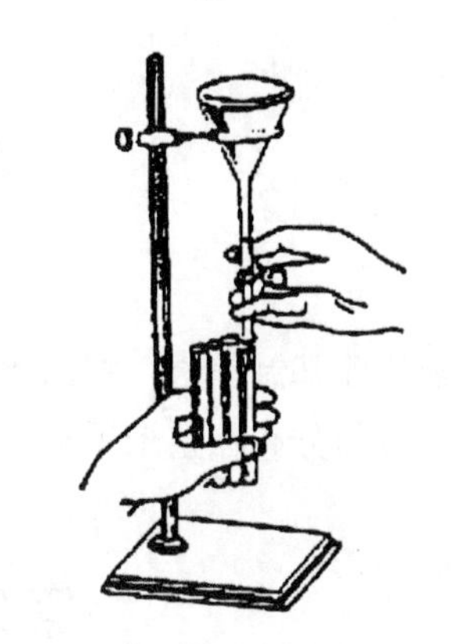

图7-2　分装培养基示意图

(1) 液体　分装高度以试管高度的四分之一左右为宜。

(2) 固体　分装试管则其装置为试管高度的五分之一，灭菌后制成斜面。分装三角瓶则容量以不超过三角瓶容积一半为宜。

(3) 半固体　分装试管以试管高度的三分之一为宜，灭菌后垂直待凝成半固体深层琼脂。

2. 棉塞的制作（图7-3）

棉塞可过滤空气，防止杂菌侵入，并可减缓培养基水分的蒸发，在微生物工作中使用普遍。正确的棉塞是形状、大小、松紧与试管口（或三角瓶）完全适合，过紧时妨碍空气流通，操作不便；过松时，达不到滤菌目的。正确的棉塞头较大，约有1/3在外，2/3在试管内。

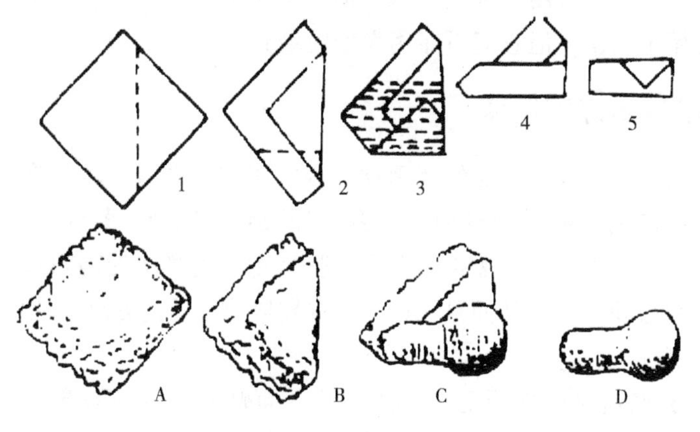

图7-3　棉塞制作图

如制作时棉塞不慎沾上培养基，则不可再用。在棉塞和瓶口外要包以厚纸，或将塞好后的试管集中放在铁丝筐内，上面盖以厚纸，用线绳扎好，准备灭菌，避免灭菌后冷水淋湿棉塞，并防止接种前培养基水分散失。

斜面培养基制作：将已灭菌的装有琼脂培养基的试管，趁热置于木棒上，使之成适当斜度，成半固体培养基时灭菌后则应垂直放置至冷凝，见图 7-4。

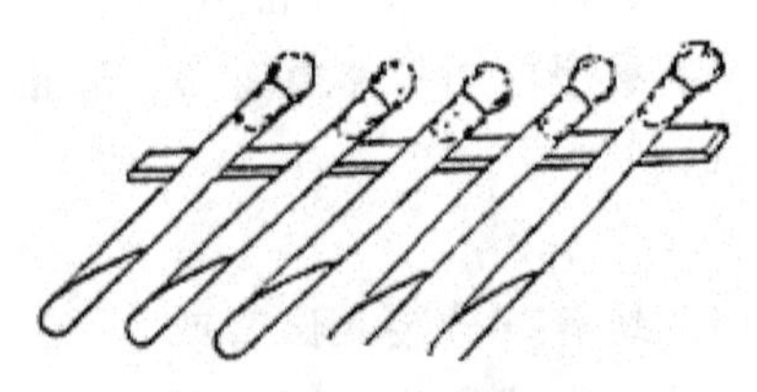

图 7-4　斜面培养基的放置

平板培养基制作法：将已灭菌的琼脂培养基（装在锥形瓶或试管中）融化后，倾入无菌平皿中，混匀分布在整个平板上，待凝固后使用。

第四节　消毒及灭菌技术

一、消毒灭菌的基本原理

所谓灭菌，即指杀死或除去一切微生物的营养体、孢子及芽孢。可用高温、过滤及其他的物理或化学方法，使器皿、培养基或溶液中所有微生物的营养体、孢子或芽孢完全被杀死或除去。

灭菌方法有很多种。由于灭菌对象不同，实验目的不同，所采用的灭菌方法也有所差别，如一般玻璃器皿可用干热灭菌；培养基一般采用高压蒸汽灭菌，对某些不耐高温的培养基如血清、牛乳等则可用巴斯德消毒法、间歇灭菌或过滤除菌；无菌室、无菌罩等一般用紫外线照射、化学药剂喷雾或熏蒸等方法灭菌。化学药剂如酚、醇、甲醛以及重金属含汞药物等，对蛋白质有凝固变性作用，可用于灭菌。酸、碱、氧化剂和表面活性剂等，可使酶失活，破坏细胞结构，也可用于杀菌，但它们不能用来处理培养基。

二、玻璃器皿的洗涤和包装

微生物的实验操作，都要求物品的无菌性，因此所用的器具、容器在使用前均须进行灭菌。微生物实验室内应用的玻璃器材种类很多（如吸管、试管、各种瓶、培养皿、载玻片、毛细管等），在选购时宜注意各种规格和质量一般应能耐受多次的高热灭菌，且以中性者为宜，玻璃器皿使用前必须干燥清洁而且无菌，各种器皿使用前的处理方法如下：

1. 玻璃器材的洗刷

（1）新购买的玻璃器材可先用毛刷蘸肥皂粉、面碱或粗制稀酸充分洗刷玻璃器材的内外，若遇毛刷不易刷到的地方，宜用玻璃球蘸肥皂粉充分磨净后，再以清水反复冲洗数次，倒立使之干燥。

（2）使用后的玻璃器材应该先行高压蒸汽灭菌，随即趁热倒掉容器中的废弃物，用温水冲洗后，再以5%肥皂水煮沸5min，然后按新购置的玻璃仪器方法处理。

（3）吸管类使用后投入2%来苏尔或5%石炭酸溶液内消毒。但要在盛来苏尔液的玻璃筒底垫一层棉花，以免吸管投入时破损的危险。吸管洗涤时先浸在2%肥皂粉溶液中，待1～2h取出，用吸管洗涤器洗涤，或在流水即筒上冲洗。

（4）载片与盖片用毕投入2%来苏尔或5%石炭酸溶液中，煮沸20min，然后用肥皂水煮沸5min，用清水冲干净后浸入95%乙醇中，以备应用。

（5）在玻璃器材的洗刷工作中，有时利用以上方法不能达到目的时，可利用重铬酸钾60g、粗制硫酸60mL、水100mL混和，将带有污迹的玻璃器材投入上液数日，取出后用清水冲洗，再用肥皂水洗刷即可。此液可反复使用，溶液氧化成黑色时为止。应用时勿触及皮肤或衣服防止腐蚀。

2. 玻璃器材的干燥

玻璃器材洗净后通常倒立插于干燥架上，待其自然干燥后包装，但有时也可放入干燥箱内调节温度至60℃干燥。

3. 玻璃器皿的包装方法

玻璃器材必须待干燥后才能进行包装，否则遇高温时有破损的危险。

（1）吸管的包装　吸管用口吸的一端，放入棉花，松紧深浅须适宜，每个吸管均需用废报纸包裹，有时也可装入金属桶内进行灭菌。

（2）培养皿、乳钵、烧瓶及各种玻璃圆筒等器皿，用报纸包裹，而较大器皿可仅包裹瓶口部分即可。

三、灭菌方法

灭菌的方法有物理方法和化学方法等，各种方法都有其自身的特殊作用。

常用方法介绍如下：

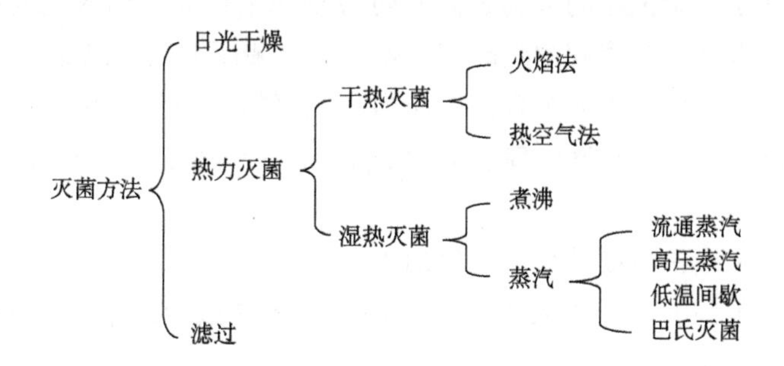

1. 日光

日光中的紫外线具有杀菌效力。

2. 干燥

微生物的繁殖体，置于干燥无水的环境中不久即能杀死。

3. 热力

热力杀菌是最常用最有效的灭菌方法。因热能使微生物体内的细胞质凝固，不能继续新陈代谢而死亡。热力的应用分干热与湿热两种。湿热穿透微生物菌体壁的能力较强，故杀菌力亦最强。

干热通常有下列两种：

（1）火焰烧灼法　应用此法灭菌的主要有接种针、玻璃棒、吸管等，在工作前直接通过火焰灭菌。

（2）热空气法　主要应用于玻璃器材如烧瓶、试管、培养皿、吸管等的灭菌。通过干热灭菌箱（烘箱），在160～180℃保持1.5～2h，在达到规定温度时开始计时可达到灭菌目的。

为了避免玻璃器材受温度剧烈变化而发生破裂，灭菌后温度最少要下降至60℃才能将门打开取出。

湿热灭菌的方法有煮沸、间歇流通蒸汽、高压蒸汽灭菌等。

（1）煮沸灭菌　一般金属器械、注射器、针头等可以用煮沸灭菌，一般煮沸30min即可。

（2）流通蒸汽灭菌　流通蒸汽为100℃，可用于不耐高热的物品灭菌，如明胶、糖培养基等，用流通蒸汽灭菌器（阿诺氏灭菌器）。一般病原性与非病原性的芽孢进行灭菌无法杀死，因此，要进行间歇灭菌，连续进行三天，每次按30min，间隔24h，在此期间内芽孢发育成营养体，而在下次灭菌时被杀死。

（3）高压蒸汽灭菌　主要是利用高压力下的蒸汽灭菌，热的水蒸气当压力增高时，其杀菌力也显著地增强，充分增高蒸汽压力，使其超过正常气压（0.1MPa）时，那么它的温度即上升至121℃。实验室内任何物件在高压蒸汽灭菌器中在21℃作用15～30min，可保证它完全无菌。

微生物的营养细胞抵抗力较弱，在沸水或100℃蒸汽中容易杀死，微生物的芽孢、孢子抗力较强，尤其是细菌的芽孢，有的在100℃下2h以上还不能完全杀死，因此有效地湿热灭菌要求更高的温度。在密闭的容器内，加热时蒸汽不得外逸，则容器内的气压上升，水的沸点随之提高，也就是提高了蒸汽温度，高压蒸汽灭菌器便是应用了这个基本原理。

一般实验室常用的高压蒸汽灭菌器有手提式、立式、卧式3种，但构造的基本原则是相同的。灭菌器的主体是一个坚厚的金属圆筒，内层是一个铝筒，两者之间盛水，在它的上方有一厚的金属盖，附有橡皮垫圈和螺旋严密封闭，盖上装压力表，以显示容器内的蒸汽压力，另装有排气阀和安全阀，前者供调节容器内压力和最终排除蒸汽之用；后者在容器内压力超过一定限度时会自动开启，排出蒸汽使容器内的压力自行降低到安全限度，以免发生意外。

具体操作：

①打开灭菌锅盖，向锅内或从加水口处加水。

②加水后，将待灭菌的物品放入锅内，不要放得太紧以免影响蒸汽的流通和灭菌效果，加盖旋紧螺旋，使锅密闭。

③打开放气阀，放气，自开始产生蒸汽后约3min，再关紧放气阀。此时蒸汽已将锅内的冷空气由排气孔排尽，让温度随蒸汽压力增高而上升。待压力逐渐上升至所需压力时，控制热源，维持所需时间。一般培养基控制在121℃，相当于压力0.1MPa灭菌20min。含糖培养基一般控制在115℃灭菌30min，停止加热，压力随之逐渐下降。

灭菌过程有两点必须认真掌握：一是升压之前必须排尽空气，不排除空气则容器内压力达到0.1MPa，温度并不能升到121℃，这样就不能把培养基内活的有机体杀灭干净。实验室中有时出现灭菌效果不好，往往是这种原因造成的。二是灭菌完毕后，蒸汽必须缓慢排出，否则压力骤降，会引起高压灭菌器内液体猛烈沸腾，冲到管口，污染棉塞。

（4）巴氏消毒法　广泛应用于乳汁、葡萄酒、啤酒和其他不耐热农林产品的消毒。巴氏消毒法是将乳汁等农林产品平均地加温 65～70℃ 30min，然后迅速地冷却至 10～11℃，其目的是防止芽孢发育，杀死营养体。

（5）滤过灭菌法　易被热力破坏的物质、碳水化合物的培养基，皆可用此法灭菌，以不致改变原来的性质。在生物制品制造上，亦用此法灭菌。除此之外，一些加热灭菌易分解的培养基，也用此法灭菌。

操作步骤：

①将过滤器及抽滤瓶全部装置，用纸包好，在使用前以 121℃，30min 先进行高压蒸汽灭菌。

②以无菌操作将滤器安装于抽滤瓶上。

③以橡皮管连接抽滤瓶与安全瓶（中间可连一水银检压器），再将安全瓶接于真空泵上。

④将待除菌的液体注入滤器内，开动真空泵即可过滤。

⑤将滤液以无菌操作注入无菌瓶内，置 37℃培养 24h，若无菌生长，可保存备用。

⑥滤器用毕后，需立即用清水洗涤干净，然后放在稀盐酸中浸泡数小时，再用清水冲洗干净，烘干备用。如过滤物是具传染性的物质，应先浸入 2%石炭酸溶液中 2h 后再行洗涤。

注意：过滤时间不宜过长，因低压能使屈曲运动的细菌通过滤器，但也要避免高度减压，因微小颗粒将堵塞于滤板之内而失去过滤效能。

第五节　微生物的接种、培养和分离技术

一、基本原理

在自然条件下，微生物通常不是单独存在。为了生产和科学研究的需要，往往需要从自然界混杂的微生物群中分离出单一的菌种，这种获得单一菌种纯培养的方法称为微生物的分离。分离之后，需要做进一步的纯化工作方能得到理想的单一菌种。

为了获得某种微生物的纯培养，可采用下列方法：

提供有利于该种微生物生长繁殖的最适培养基及培养条件，并可在培养基中加入某种化学物质，以抑制不需要的微生物的生长。然后再通过适当的分离技术，使之在固体平板培养基上形成单一的菌落，从而获得我们所需要的菌种的纯培养。

所谓接种，就是将一定量的纯种微生物在无菌条件下转移到另一已经灭菌，并适于该种微生物生长繁殖的培养基中的过程。为了获得微生物的纯培养，要求一切接种工作必须严格执行无菌操作程序。一般应在无菌室的火焰旁或超净工作台上进行。

厌氧微生物的培养：

厌氧微生物的生长不需要分子态的氧，并且氧的存在对它们有毒害作用，因而只能在无氧条件下生长。厌氧培养的方式一是除去与培养基接触的空气中的氧，再就是增强培养基的

还原能力（降低其氧化还原电位）。

厌氧培养的方法很多，这里仅简单介绍两种方法：

（1）在培养基中加入可溶性的还原性化合物　一般在培养基中加入葡萄糖、半胱氨酸、甲酸钠，特别是硫代羟乙酸（$HSCH_2COOH$）和它的盐等，以增强培养基的还原能力。

（2）用惰性气体或还原性气体完全代替空气　为达到此目的人们曾设计了多种厌氧培养仪器，统称为厌氧培养罐。罐体盖上有两个孔，一个为入气孔，H_2、N_2、CO_2等气体由此口进入罐内。另一为出气口，空气则由此口排出罐外。

（3）利用焦性没食子酸吸收容器中的氧气，在一定密闭的容器中，装有焦性没食子酸粉末，并在其中加进碱液，以吸收容器中氧气。

此法的缺点是，因为这个反应是在强碱性的环境中进行，容器中的 CO_2 也被吸收了，故对某些需要 CO_2 的微生物，此法则不易。

二、材料与仪器

（1）菌种　大肠杆菌、霉菌、酵母菌、金黄色葡萄球菌与大肠杆菌混合液。

（2）真空泵，真空干燥器。

（3）各种培养基。

（4）其他　移液管、洗耳球、接种环、酒精灯、试管架、培养皿等。

三、微生物的接种技术

接种时的操作要点：

（1）双手用75%酒精或新洁尔灭擦手。

（2）操作过程不离开酒精灯火焰。

（3）棉塞不乱放。

（4）接种工具使用前须经火焰灼烧灭菌。

（5）操作要正确、迅速。

（6）接种工具用后须经火焰灼烧灭菌后，才能放在桌上。

（7）棉塞必须塞得松紧适宜。

（8）所有使用器皿均须严格灭菌。

（9）接种用的培养基均需事先做无菌培养试验。

接种后注意事项：

（1）供培养用的培养箱应经常清理消毒。

（2）有培养物的器皿要经高压蒸汽灭菌或煮沸后才能清洗。

1. 斜面接种法（图7-5）

（1）操作前，先用75%酒精擦手，待酒精挥发后才能点燃酒精灯。

（2）用斜面进行接种时，将菌种管和斜面培养基握在左手的大拇指和其他四指之间使斜面和有菌种的一面向上，并处于水平位置。

（3）先将菌种和斜面的棉塞旋转一下，以便接种时容易拔出。

（4）右手拿接种环，拿的方式与普通拿笔一样。将要伸入试管部分的金属柄和金属丝在酒精灯火焰上灼烧灭菌。

（5）用右手小指、无名指和手掌将菌种管和斜面试管的棉塞同时拔出，并把棉塞握住，不得任意放在桌上或与其他物品接触，再以火焰烧管口。

（6）将上述在火焰上灭菌过的接种环伸入菌种管内，使接种环在接触菌种前先在试管内壁上或未长菌落的培养基上接触一下，使接种环充分冷却，以免烫死菌种。然后用接种环在菌落上轻轻地接触，刮取少许菌后将菌种环自菌种管内抽出。抽出时勿与管壁相碰，也勿使之再通过火焰。

（7）迅速将沾有菌种的接种环伸入斜面培养基试管内，在斜面上，自上而下曲折划线，使菌体黏附在培养基上。划线时勿用力，否则会使培养基表面划破。

（8）接种完毕后将接种环抽出，灼烧管口，塞上棉塞。塞棉塞时勿要用试管口去迎棉塞，以免试管在移动时侵入杂菌。

（9）接种环在放回原位前，要经火焰灼烧灭菌，同时须将棉塞做进一步塞紧避免脱落。

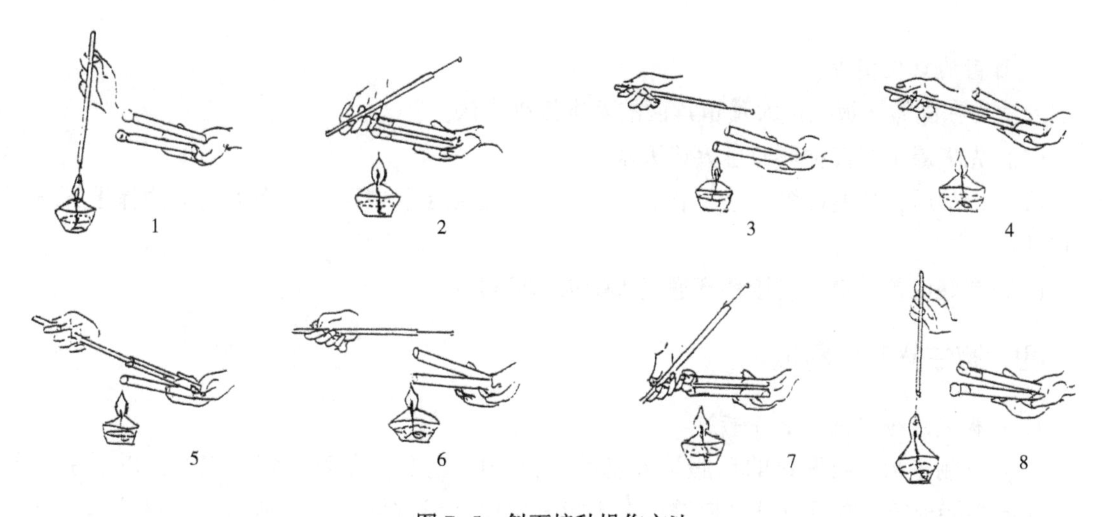

图 7-5　斜面接种操作方法

2. 液体接种（浸沾接种）

（1）由斜面培养基接入液体培养基，此法用于观察细菌的生长特性和生化反应的测定。操作方法与斜面接种相同，但使试管口向上以免培养液流出。接入菌体后，使接种环与管内壁轻轻研磨，使菌体擦下。接种后塞好棉塞，将试管在手掌中轻轻敲打，使菌体充分分散。

（2）由液体培养基接种液体培养基，菌种为液体，接种除用接种环外，常用无菌吸管或滴管。只需在火焰旁拨去棉塞，将管口通过火焰，用无菌吸管吸取菌液注入培养液内，摇匀。

3. 平板接种

用菌种在平板上划线和涂布。

（1）划线接种　见分离划线法。

（2）涂布接种　用无菌吸管吸取菌液注入平板后，用灭菌的玻璃棒在平板表面做均匀涂布［图 7-6（a）］。

4. 穿刺接种

把菌种接种到固体深层培养基中，此法用于嫌气性细菌接种或为鉴定细菌时观察生物性能。

操作方法与上述相同，唯一不同的是接种针要挺直。将接种针自培养基中心刺入，直到接近管底，但勿穿透，然后沿原穿刺途径慢慢拔出［图 7-6（b）］。

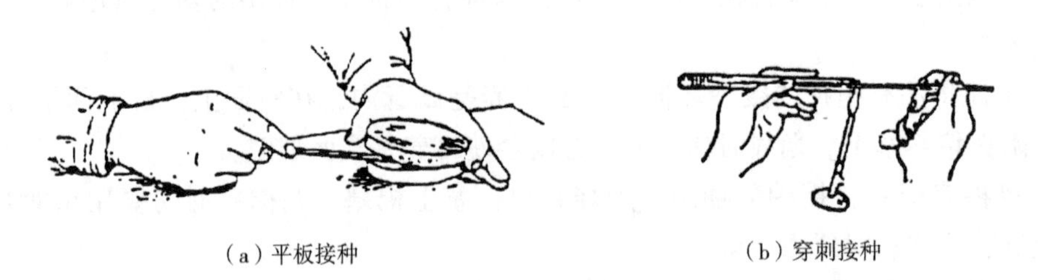

（a）平板接种　　（b）穿刺接种

图 7-6　接种方法

5. 霉菌的点植接种

此法为在固体平板上扩大繁殖霉菌的基本接种方法。

（1）先将镊子或接种环通过火焰灭菌。

（2）冷却后，从菌种管（或平板或菌液）挑取少数菌丝或孢子，在无菌的固体平板表面上点几点。

（3）盖好皿盖，镊子或接种环通过火焰灭菌即可。

四、微生物的分离法

1. 平板划线分离法（图 7-7）

（1）倒制平板　将融化的琼脂培养基冷却至 50℃左右。在酒精灯火焰旁，以右手无名指、小指夹持棉塞，左手打开平皿盖，右手持三角瓶（或试管）向平皿内注入培养基。将培养皿稍加以旋转摇动后，置于水平位置待凝固。

（2）在酒精灯火焰上烧灼接种环，待冷，取一接种环金黄色葡萄球菌与大肠杆菌混合液。

（3）左手握琼脂平板稍抬起皿盖，同时靠近火焰周围，右手持接种环伸入平皿内，在平板上两个区域做“之”字形来回划线，划线时使接种环与平板表面成 30°~40°角轻轻接触，以腕力在表面做轻快地滑动，勿使平板表面划破或嵌进培养基内。

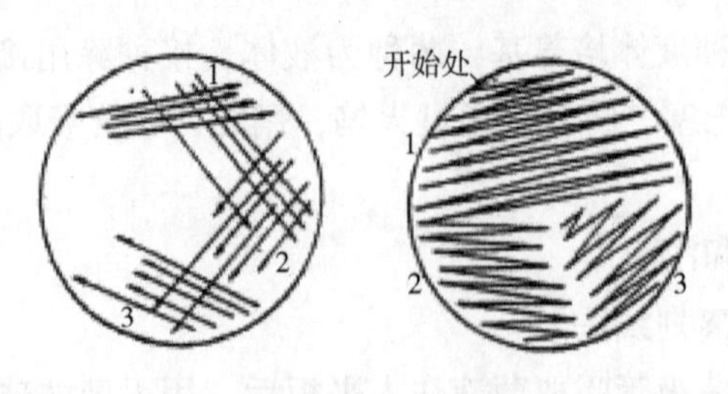

图 7-7　平板划线分离法

（4）灼烧接种环，以杀灭接种环上剩留的菌液，待冷却后，再将接种环伸入平皿内，在第一区域划线过的地方稍接触一下后，转动90°在第二区域继续划线。

（5）划毕再灼烧接种环，冷却后用同样的方法在其他区域划线。

（6）全部划线完毕，在平皿底用特种笔注明菌种、日期、组别、姓名。将整个培养皿倒置放入恒温培养箱内。

2. 稀释分离法

（1）将酵母菌用灭菌生理盐水制成悬液。

（2）取若干支无菌试管，每支内盛9mL无菌水。

（3）吸取上述配制的菌悬液1mL，放于第一支含有无菌水试管中，这样就稀释了10倍，即为10^{-1}。

（4）从第一支试管内（10^{-1}）吸取1mL，注入第二支含无菌水的试管内，这样就稀释了100倍，即为10^{-2}。

（5）用同样方法操作直至稀释10^{-5}~10^{-6}。

（6）将琼脂培养基融化后冷却至60℃左右，倒入平板。

（7）待冷却至45℃左右，吸取稀释后的菌液或样品1mL与培养基充分摇匀混合。

（8）置于28℃恒温培养24~48h，观察平板上菌生长情况和分布情况。

五、微生物培养的方法

1. 需氧培养

将已接种好的培养基（试管或培养皿）直接放入一定温度（如28℃，37℃）的恒温培养箱内培养，经24~48h（酵母和霉菌需经3~5天）培养，观察结果。

2. 厌氧培养

将已接种好的培养基（试管或培养皿）置于无氧的容器内，再放入适宜生长温度中培养，经5~7天培养，观察结果。

（1）庖肉培养基厌氧接种　庖肉培养基在液面上有一层液状石蜡油，使培养基与空气隔绝而形成了培养基内的无氧条件，所以这种培养基是培养厌氧微生物时常采用的。用接种环和滴管接种时应伸至底部，并注意防止空气进入培养基。接种好的庖肉培养基试管可直接置于恒温箱内培养。

（2）抽气真空培养

①将已接种过的试管或培养皿置于真空干燥器内，在干燥器的口上涂抹凡士林使其密闭。

②用真空泵抽成真空，立刻关闭干燥器活塞。

③在干燥器底部预先装入2.0g焦性没食子酸粉末，并放置一烧杯，其中装有200mL 20% KOH溶液。当抽气完毕关闭干燥器的活塞后，轻轻摇动干燥器，使烧杯倾倒，此时焦性没食子酸粉末与KOH溶液混合，容器中的氧被吸收。

第六节　微生物测微技术

微生物大小的测量在描述和区分类别时有一定的重要性，是分类鉴定的依据之一。

一、基本原理

微生物大小的测定一般是在显微镜下用目镜测微尺来测量（图7-8）。目镜测微尺是一块可放入目镜内的特制圆形玻片，在中央是一个细长带有刻度的尺，等分成50或100小格。测量时，将其放在接目镜中的隔板上。因为目镜测微尺不能直接测量微生物，故只能观测显微镜放大后的物象。由于不同显微镜的放大倍数不同，故目镜测微尺每格实际代表的长度随显微镜放大倍数的不同而异。因此，在使用前须用镜台测微尺校正，以求得在一定接物镜及接目镜等光学系统下，目镜测微尺每格实际测量时的长度。镜台测微尺是中央部分刻有精确等分线的载玻片。一般将1mm等分为100格，每格等于0.01mm（10μm），是专用于校正目镜测微尺每格长度的，然后用标定好的目镜测微尺测量菌体大小。

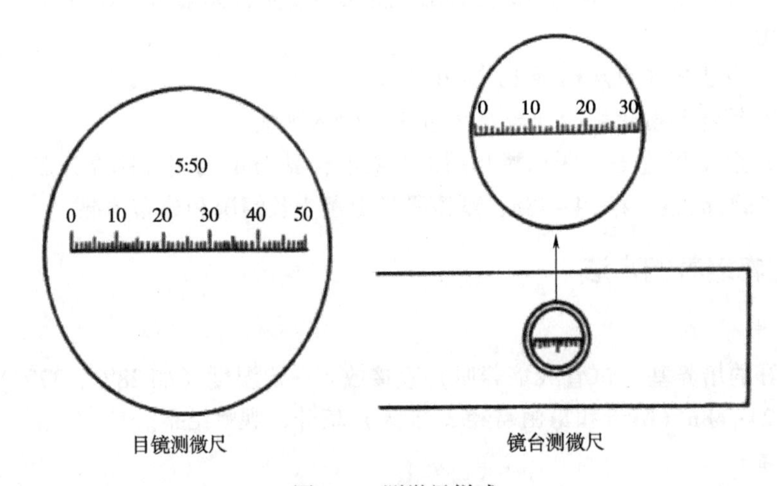

图7-8　测微尺样式

二、材料与仪器

食用菌孢子悬液、目镜测微尺、镜台测微尺、盖玻片、蒸馏水、单凹玻片等。

三、操作步骤

（一）用悬滴法观察细菌的运动性

（1）在干净的盖玻片中央滴一小滴蒸馏水。

（2）新培养的培养体上取少许菌（一般是培养10~18h的菌）洗入盖玻片上所滴蒸馏水中，如果是液体培养的菌液，可直接取菌液放在盖玻片中央。

（3）取一凹玻片，在凹窝周围涂抹少许凡士林，翻转凹玻片，使凹窝对准盖玻片中央，轻轻覆于盖玻片之上，此时盖玻片被粘在凹玻片上。

（4）翻正凹玻片，用镊子或接种针柄轻加压力，使盖玻片与凹窝边缘密合，以防悬滴干掉。

（5）将做好的标本片置于载物台上，首先将低倍物镜旋下，贴近玻片，对准水滴边缘。这时，一边用目镜观察，一边用粗动螺旋慢慢升起镜筒。由于水滴与玻片折光率不同，故易于在视野中找到水滴边缘，再把水滴移到视野中央，然后小心地换高倍镜。

（6）调节光源及焦距进行观察。

（二）利用测微技术测量微生物细胞大小

（1）将目镜测微尺装入目镜内，刻度朝下，并将镜台测微尺置于载物台上，使刻度朝上，并对准聚光器。

（2）选用低倍镜观察，对准焦距，当看清镜台测微尺后，转动接目镜，使目镜测微尺的刻度与镜台测微尺的刻度平行，移动推动器，使目镜测微尺的零点与镜台测微尺的一端刻度线重合，然后与另一端刻度线重合，计算两端重合线之间目镜测微尺和镜台测微尺格数，因为镜台测微尺的刻度是在载物台上，所以每格的长度（10μm）就是实际测量时的长度（图 7-9）。

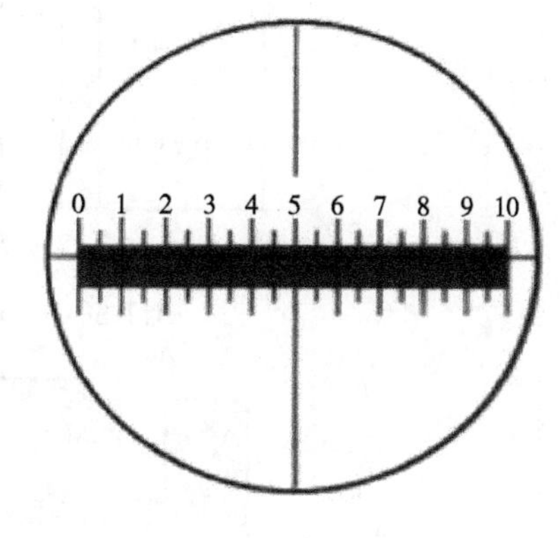

图 7-9　矫正测微尺

（3）用下列公式可以计算出所校正的目镜测微尺每格所量的镜台上物体的实际长度：

目镜测微尺每格长度（μm）= 两个重合线间镜台测微尺的格数×10/两个重合线间目镜测微尺的格数

（4）用高倍镜或用油镜校正，求出目镜测微尺每格的长度。

例如：目镜测微尺 5 格等于镜台测微尺的 2 格（20μm）则目镜测微尺 1 格 = 20÷5 = 4μm。

（5）微生物大小测定，取下镜台测微尺，换上曲霉制片用低倍镜测量菌丝的直径。同法，在油浸镜下测量枯草杆菌细胞的长度和宽度并记录。

第七节　微生物计数技术

一、基本原理

利用血球计数板在显微镜下直接计数，这是一种常用的微生物计数方法（特别是对于形态较大的细菌和真菌孢子），此法是将菌悬液（或孢子悬液）放在血球计数板载玻片与盖玻之间的计数室（图 7-10）中，在显微镜下进行计数。由于载玻片上的计数室盖上盖玻片后的容积是一定的，所以可以根据在显微镜下观察到的微生物数目来计算单位体积内的微生物总数目。

血球计数板通常是一块特制载玻片，载玻片上由四条槽构成三个平台。中间的平台较宽，其中间又被一短横槽隔成两半，每个半边上面各刻有一个大方格网。每个方格网共分九大格，中央的一大格（又称为计数室）常被用作微生物的计数。

计数室的刻度一般有两种：一种是大方格分成 16 个中方格，而每个中方格又分成 25 个小方格。另一种是一个大方格分成 25 个中方格，而每个中方格又分成 16 个小方格。但是不管计数室属哪一种构造，它们都有一个共同的特点，即每一个大方格都由 16×25 = 400 个小方

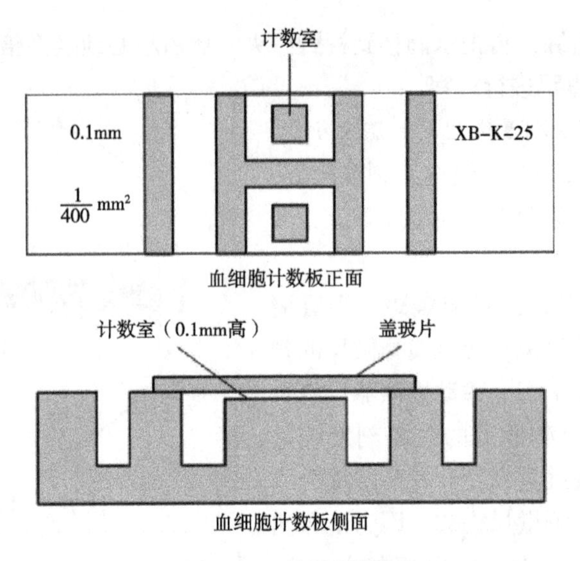

图 7-10　计数室结构

格组成（图 7-11）。

每一个大方格边长为 1mm，则每一大方格面积为 $1mm^2$。盖上盖玻片后，载玻片与盖玻片之间的高度为 0.1mm，所以每个计数室的体积为 $0.1mm^3$。

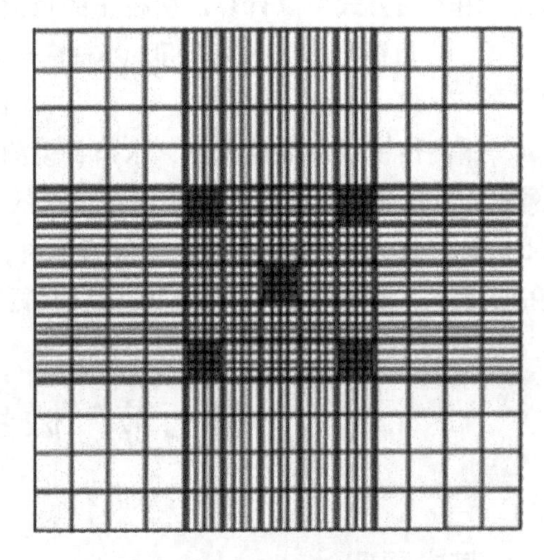

图 7-11　计数室计数

二、操作步骤

（一）在显微镜下利用血球计数法测量酵母菌的数量

（1）取清洁的血球计数板，在计数室上面加一盖玻片。

（2）将酵母培养液预先稀释到一定程度，以每小格内有 4~5 个菌体为宜，如太浓可再稀释。

（3）将酵母菌液摇匀，用无菌滴管吸取少许，从盖片边缘滴一小滴（不宜过多），使菌液自行渗入，计数室内不得有气泡，静置约 5min 后，先在低倍镜下找到小方格网后，再转换高倍镜观察并计数。

（4）计数时用 16×25 的计数板，要按对角线方位，取左上左下，右上右下的四个中方格，还需数中央一方格的酵母菌数（即 80 小方格）。

（5）位于格线上的酵母菌一般只计此格的上方及右方线上的菌体。

（6）凡酵母菌的芽体达到母细胞大小的一半时，即可作为两个菌体计数。每个样品重复计数。

（二）细菌的运动性观察基本原理

有鞭毛的细菌由于有运动器官，故有真正的运动（即来回穿梭，位置改变等），没有鞭毛的细菌受水分子冲击，常呈布朗运动。用普通显微镜观察细菌的运动性常用悬滴法。此法是将细菌菌液滴在盖玻片上，并悬于一凹玻片上构成一封闭小室，观察时要适当减弱光线，增加反差。如果光线过强，细菌和周围的液体很难加以辨别。

第八节　农林产品卫生质量评价

一、农林产品卫生细菌学检验（菌落总数测定）

（一）基本原理

农林产品卫生细菌学检验，是管理农林产品质量的一种重要手段。通过检验，了解农林产品从原料到成品的卫生情况，从而指导农林产品生产并确保其符合卫生标准。

菌落总数是指农林产品检样经过处理，在一定条件下培养后，所得 1g 或 1mL 检样中含有的细菌菌落的总数。菌落总数主要作为判定农林产品被污染程度的标志，也可以应用这一方法，观察细菌在农林产品中繁殖的动态，以便在对被检样品进行卫生学评价时提供依据。

每种细菌都有它一定的生理特征，培养时应用不同的营养条件及其他生理条件（如温度、培养时间、pH、需氧性质等）去满足其要求，才能分别将各种细菌都培养出来。但在实际工作中，一般都只用一种常用的方法做细菌菌落总数的测定。所得结果，只包括一群能在肉膏蛋白胨培养基上生长发育的嗜中温性需氧菌的菌落总数。

（二）仪器与材料

（1）培养基　肉膏蛋白胨培养基。

（2）药品　75%酒精。

（3）生理盐水或其他稀释液　定量分装于玻璃瓶和试管内灭菌。

（4）恒温水浴、移液管（1mL、10mL）、广口瓶、锥形瓶、玻璃珠、培养皿、试管、乳钵、试管架、镊子、玻璃铅笔等。

（三）检验程序

1. 检样稀释及培养

（1）以无菌操作，将检样 25g（或 25mL）放于含有 225mL 灭菌生理盐水，或其他稀释液的灭菌玻璃瓶内（瓶内预置适当数量的玻璃珠），或灭菌乳钵内。经充分振摇或研磨做成 1∶10的均匀稀释液。固体检样在加入稀释液后，最好置于灭菌均质器内以 8000~10000r/min 的速度处理 1min，做成 1∶10 的均匀稀释液。

（2）用 1mL 灭菌吸管吸取 1∶10 稀释液 1mL 沿管壁徐徐注入含有 9mL 灭菌生理盐水或其他稀释的试管内，振摇试管，混合均匀，做成 1∶100 稀释液。

（3）另取 1mL 灭菌吸管按上述操作顺序操作 10 倍递增稀释液，如此每递增稀释 1 次，即换用 1 支 1mL 灭菌吸管。

（4）根据农林产品卫生标准要求或对标本污染情况的估计，选择 2~3 个适宜稀释度，分别用该稀释度的移液管吸 1mL 稀释液注入灭菌平皿内，每个稀释度做 2 个平皿。

（5）稀释液移入平皿后，应及时将冷却至 46℃ 的肉膏蛋白胨琼脂培养基［可放置 (46±1)℃水浴保温］倾注入平皿约 15mL，并转动平皿使之混合均匀。

（6）待琼脂凝固后，翻转平皿，置（36±1）℃温箱内培养（24±2）h后取出［肉、水产品，乳和蛋品为（48±2）h］，计算平皿内菌落数目，乘以稀释倍数，即得每克（或每毫升）样品所含菌落总数。

2. 菌落计数方法

作平皿菌落计数时，可用肉眼观察，必要时用放大镜检查，以防遗漏。记下各平板平均菌落数，求出各稀释度的各平板平均菌落数。

3. 菌落计数的报告

（1）平板菌落的选择。

选取菌落数在30~300之间的平板作为菌落总数测定标准。一个稀释度使用两个平板的平均数，其中一个平板有较大片状菌落生长时，则不宜采用，而应以无片状菌落生长的平板作为该稀释度的菌落数。若片状菌落不到平板的一半，而其余一半中菌落分布又很均匀，则可计半个平板后乘2以代表全部平皿菌落数。

（2）稀释度的选择。

①应选择平均菌落数的稀释度，乘以稀释倍数报告之。

②若有两个稀释度，其生长的菌落数均在30~300之间，则应由二者之比值来决定，若其比值小于2，应报告其平均数；若大于2，则报告其中较小的数字。

③若所有稀释度的平均菌落数均大于300，则应按稀释度较高的平均菌落数乘以稀释倍数报告之。

④若所有稀释度的平均菌落数均小于30，则应按稀释倍数最低的平均菌落数乘以稀释倍数报告之。

⑤若所有稀释度均无菌落生长，则以小于1乘以最低稀释倍数报告之。

⑥若所有稀释度的平均菌落均不在30~300之间，其中一部分大于300或小于30时，则以最接近30~300的平均菌落数乘以稀释倍数报告之。

（3）菌落数的报告。

菌落数在100以内时，按其实有数报告，大于100时，采用两位有效数字。在两位有效数字后面的数值，以四舍五入方法计算，为了缩短数字后面的零数，也可用科学记数法来表示，见表7-1。

表7-1　稀释度选择及菌落数报告方式

例次	释液及菌落数			两稀释液之比	菌数总数/（个/S或nd）	报告方式/（个/g或mL）
	10^{-1}	10^{-2}	10^{-3}			
1	多不可计	164	—	—	16000	16000或1.6×10^4
2	同上	295	46	1.6	37750	38000或3.8×10^4
3	同上	271	60	22	27100	27000或2.4×10^4
4	同上	多不可计	313	—	313000	310000或3.1×10^5
5	270	11	5	—	270	270或27×10^2
6	多不可计	0	0	—	< 10	< 10
7		305	12	—	30500	31000或3.1×10^4

二、大肠菌群测定

（一）基本原理

大肠菌群系指一群能发酵乳糖、产酸、产气、需氧气或兼性厌氧的革兰氏阴性无芽孢杆菌。该菌主要来源于人畜粪便，故以此作为粪便污染指标来评价农林产品的卫生质量。

农林产品中大肠菌群数系以100mL（g）检样内大肠菌群最可能数（MPN）表示。

（二）材料与仪器

（1）培养基　乳糖胆盐发酵管、伊红美蓝琼脂、乳糖发酵管、蛋白胨水。

（2）试剂　靛基质试剂，革兰氏染液。

（3）其他　水浴、显微镜、均质器或乳钵、试管、移液管、载片等。

三、测定程序

（一）检样稀释

（1）以无菌操作将检样25mL（g），放于含有225mL灭菌生理盐水或其他稀释液的灭菌玻璃瓶内（瓶内预置适当数量的玻璃珠）或灭菌乳钵内，经充分振摇或研磨，做成1∶10的均质稀释液。固体检样最好用均质器，以8000~10000r/min的速度处理1min，做成1∶10的均匀稀释液。

（2）用1mL灭菌吸管，吸取1∶10稀释液lmL，注入含9mL灭菌生理盐水或其他稀释液的试管内，振摇试管混匀，做成1∶100的稀释液。

（3）另取1mL灭菌吸管，按上述操作依次作10倍递增稀释液，每递增稀释一次，换用1支1mL灭菌吸管。

（4）根据农林产品卫生标准要求或对检样污染情况的估计，选择3个稀释度，每个稀释度接种3管。

（二）乳糖发酵试验

将待检样品接种于乳糖胆盐发酵管内，接种量在1mL以上者，用双料乳糖胆盐发酵管，1mL及1mL以下者，用单料乳糖胆盐发酵管。每一稀释度接种3管，置（36±1）℃温箱内培养（24±2）h，如所有乳糖胆盐发酵管都不产气，则可报告为大肠菌群阴性，如有产气者，则按下列程序进行。

（三）分离培养

将产气的发酵管分别转种在伊红美蓝琼脂平板上，置（36±1）℃温箱内培养18~24h，然后取出，观察菌落形态，并做革兰氏染色和证实试验。

（四）证实试验

在上述平板上，挑取可疑大肠菌群菌落6~2个进行革兰氏染色，同时接种乳糖发酵管，置（36±1）℃温箱内培养（24±2）h，观察产气情况。凡乳糖管产气、革兰氏染色为阴性的无芽孢杆菌，即可报告为大肠菌群阳性。

（五）报告

根据证实为大肠菌群阳性的管数，查MPN检索表（表7-2），报告每100mL（g）粪大肠菌群的最可能数。

表 7-2 大肠菌群最可能数 MPN 检索表

阳性管数			MPN100mL (g)	95%可信限	
1mL（g）×3	0.1mL（g）×3	0.01mL（g）×3		上限	下限
0	0	0	小于 30		
0	0	1	30		
0	0	2	60	小于 5	90
0	0	3	90		
0	1	0	30		
0	1	1	60		
0	1	2	90	小于 5	130
0	1	3	120		
0	2	0	60		
0	2	1	90		
0	2	2	120		
0	2	3	160		
0	3	0	90		
0	3	1	130		
0	3	2	160		
0	3	3	190		
1	0	0	40		
1	0	1	70	小于 5	200
1	0	2	110	10	210
1	0	3	150		
1	1	0	70		
1	1	1	110	10	230
1	1	2	150	30	360
1	1	3	190		
1	2	0	110		
1	2	1	150	30	360
1	2	2	200		
1	2	3	240		

续表

阳性管数			MPN100mL（g）	95%可信限	
1mL（g）×3	0.1mL（g）×3	0.01mL（g）×3		上限	下限
1	3	0	160		
1	3	1	200		
1	3	2	249		
1	3	3	290		
2	0	0	90		
2	0	1	140	10	360
2	0	2	200	30	370
2	0	3	260		
2	1	0	150		
2	1	1	200	30	440
2	1	2	270	70	890
2	1	3	340		
2	2	0	210		
2	2	1	280	40	470
2	2	2	350	100	1500
2	2	3	420		
2	3	0	290		
2	3	1	360		
2	3	2	440		
2	3	3	530		
3	0	0	230	40	1200
3	0	1	390	70	1300
3	0	2	640	150	3800
3	0	3	950		
3	1	0	430	70	2100
3	1	1	750	140	2300
3	1	2	1200	300	3800
3	1	3	1600		

续表

阳性管数			MPN100mL（g）	95%可信限	
1mL（g）×3	0.1mL（g）×3	0.01mL（g）×3		上限	下限
3	2	0	930	150	3800
3	2	1	1500	300	4400
3	2	2	2100	350	4700
3	2	3	2900		
3	3	0	2400	360	13000
3	3	1	4600	710	24000
3	3	2	11000	1500	48000
3	3	3	大于24000		

注：1. 本表采用3个稀释度1mL（g）、0.1ml（g）和0.01mL（g），每稀释度3管。

2. 表内所列检样量如改用10mL（g）、1mL（g）和0.1mL（g）时，表内数字相应降低10倍；如改用0.1mL（g）、0.01mL（g）和0.001mL（g）时，则表内数字应相应增加10倍。其余可类推。

第八章　农林饮料产品检测技术

第一节　茶饮料加工与检测技术

一、基本原理

北五味子叶为木兰科植物北五味子（Schisandrachinen-sisBaill.）的嫩叶，又名五味子叶。北五味子叶嫩叶每百克含水分 79g，蛋白质 3.9g，脂肪 0.3g，碳水化合物 13g，钙 363mg，磷 22mg，铁 6.6mg，胡萝卜素 5.08mg，维生素 B_1 0.07mg，维生素 B_2 0.2mg，烟酸 1.5mg，维生素 C 23mg。五味子茶饮料制作是将五味子叶进行浸提、过滤，然后添加营养丰富的蜂蜜，并进行糖酸的调配，再经过杀菌、冷却和罐装处理，即成为营养保健的五味子叶茶饮料。

（1）浸出时间　茶叶的浸出过程分如下 3 个过程：

①水浸润进入茶叶内，同时茶叶内溶质溶解；

②溶质从茶叶内部溶液中扩散而到茶叶表面；

③溶质继续从茶叶表面通过液膜扩散到外部溶剂水中。

通常情况下，浸出速度主要决定于第②步，即浸出操作实际上就是内部扩散控制的传质操作，加快茶叶中溶质的扩散转移，大大缩短浸出时间。

（2）影响浸出速度的因素。

①可浸出物质的含量。物料中可浸出物质含量高，浸出推动力就大，从而浸出速率就快。选料时选用贮藏时间短的茶叶较好。

②原料形状和大小。茶叶粒度较小，茶叶内溶质溶解扩散到溶剂主体中距离就短，这样浸出速率就提高了。

③温度。溶剂温度对茶叶浸出速度的影响可用下面关系式表示：

$$L = a(T - 17.8)m$$

式中：L——茶叶溶质残留率到达 1%所需时间，s；

a，m——常数；

T——溶剂温度，℃。

④溶剂。溶剂的溶解度、亲和力、黏度、分子大小等各种因素加在一起，对浸出影响较为复杂，茶叶的浸出用水最好。

浸提时应遵循的原则是：在保证充分萃取出茶叶中有效成分和茶汤品质的前提下，尽量降低萃取温度，减少萃取时间。

（3）材料、仪器与试剂。

材料：五味子叶、蜂蜜。

仪器用具：粉碎机、离心机、手持测糖仪、酸度计、烘箱、恒温水浴锅、搅拌机。

试剂：柠檬酸、蔗糖。

二、操作步骤

(1) 五味子叶茶饮料制备工艺流程。

五味子叶→杀青→烘干→粉碎→浸提→过滤→调配→杀菌→冷却→灌装→成品

(2) 五味子叶的制备　鲜五味子叶拣选后用蒸汽杀青40~50s，将杀青后的五味子叶放入烘箱中烘烤，直到五味子叶含水量不超过5%，烘干后的五味子叶粉碎，过筛，取过筛部分作为实验材料。

(3) 五味子叶浸提条件的选择　选取浸提温度（50~90℃）、浸提时间（10~50min）和料水比（1∶20~1∶80）三个因素进行，采用$L_9(3^4)$正交设计（见表8-1），研究不同的浸提条件对五味子汁品质的影响，寻找五味子叶浸提的最佳条件。

表8-1　五味子叶浸提条件因素水平表

水平	A 温度/℃	B 时间/min	C 料水比/($g \cdot mL^{-1}$)
1			
2			
3			

五味子叶浸提条件正交试验结果见表8-2。

表8-2　五味子叶浸提条件正交试验结果

试验号	A	B	C	D	感官综合评分
1	1	1	1	1	
2	1	2	2	2	
3	1	3	3	3	
4	2	1	3	2	
5	2	2	1	3	
6	2	3	2	1	
7	3	1	2	3	
8	3	2	3	1	
9	3	3	1	2	
K1					
K2					
K3					

续表

试验号	A	B	C	D	感官综合评分
k1					
k2					
k3					
R					

将以上结果进行讨论，并根据极差分析，找出对五味子叶浸提效果影响最大的因素，由分析结果确定最佳浸提条件。

（4）过滤 用4层纱布过滤除去残渣，或用离心分离机去除残渣。

（5）五味子叶茶饮料配方筛选 用75℃热水对浸提后的五味子叶汁进行稀释，五味子叶汁与水的比例为2∶3。加适量蜂蜜可改善茶饮料的口感，并增加营养。然后对蜂蜜（10~40g/L）、蔗糖（3%~8%）和柠檬酸（0.10%~0.30%）的用量进行L_9（3^4）正交试验，筛选出最佳工艺配方。

（6）杀菌冷却 茶饮料含有丰富的营养成分，微生物极易生长繁殖，因此必须进行杀菌处理。但由于茶汤体系极不稳定，对加热十分敏感，如果采用常规加热杀菌，则产品色泽会加深，而且会产生熟汤味，所以一般采用超高温瞬时灭菌机（UHT）灭菌，灭菌温度为125℃，时间8~12s，出口温度保持在30~35℃，也可用流动的冷水进行迅速冷却。

（7）灌装 采用无菌冷灌装工艺，经过检查合格即为成品。

（8）感官鉴评方法 对产品的风味及综合品质，以10分制进行综合评分，评分标准如下：①风味（3分）：风味纯正突出，清香柔和（3分）；主体风味突出，有极微量的异味（2分）；主体风味不突出，有异味（1分）。②稳定性（3分）：无沉淀，无悬浮物（3分）；少量的沉淀或悬浮物（2分）；较快出现沉淀（1分）。③外观评分（4分）：很好（4分）；较好（3分）；一般（2分）；较差（1分）。

三、说明

（1）水质对茶饮料质量的影响 水是茶饮料中的主要成分，水中的钙、镁、氯、铁等离子的存在会直接影响茶饮料的外观和口感。钙、镁、铁等无机离子会导致饮料浑浊及沉淀的产生，对茶饮料颜色及口味均有不利影响。因此，茶饮料用水必须是去离子水。

（2）浸提技术对茶饮料质量的影响 茶叶浸提的温度、浸提时间对茶汁的浸提率及茶汁的质量影响最大。浸提温度越高、浸提时间越长，则茶汁提取率越高，但温度太高、时间太长，易使胡萝卜素、叶绿素等结构发生变化，影响茶汁色泽，同时也易使香气成分损失，茶汁苦涩味加重。

（3）杀菌工艺对茶饮料质量的影响 茶饮料属于中性饮料，一般pH值为5~7，必须用高温杀菌才能保证饮料质量。但高温杀菌时间长，易使茶饮料氧化褐变，香气成分大量减少，影响了茶饮料的色泽和口味。因此，要避免高温杀菌引起茶饮料的色泽和口味的变化，最好采用超高温瞬时杀菌的方法。

第二节　果汁中糖度与总酸的测定

一、基本原理

果汁饮料的酸度的测定是依据酸碱中和的基本原理。总酸是指所有酸性成分的总量。以酚酞作指示剂，用标准碱溶液滴定至微红色 30s 不褪色为终点。由消耗标准碱液的量就可以求出样品中酸的含量。

糖度的测定用手持糖量仪，其基本原理为糖类物质有折光的特点，并且折光系数与样品含糖量与温度有关。手持糖量仪就是依据这种关系，直接测定溶液的糖含量。

二、试剂

（1）1.1%酚酞乙醇溶液　称取酚酞 1g 溶于 100mL 95%乙醇中。

（2）0.1mol/L 氢氧化钠标准溶液　取氢氧化钠（分析纯以上）120g 于 250mL 烧杯中，加入蒸馏水 100mL，振摇使其溶解，冷却后置于聚乙烯塑料瓶中，密封放置数日澄清后，取上清液 5.6mL，加入煮沸并已冷却的蒸馏水至 1000mL，摇匀。

氢氧化钠标准溶液的标定：精密称取 0.6g（准确至 0.0001g）在 105~110℃ 干燥至恒重的基准邻苯二甲酸氢钾，加 50mL 新煮沸过的冷蒸馏水，振摇使其溶解，加 2 滴酚酞指示剂，用配制的氢氧化钠标准溶液滴定至溶液呈现微红色 30s 不褪色为终点。同时做空白试验。

计算见公式（8-1）：

$$C = \frac{m \times 1000}{(V_1 - V_2) \times 204.2} \tag{8-1}$$

式中：C——NaOH 标准溶液的浓度，mol/L；

m——邻苯二甲酸氢钾的质量，g；

V_1——滴定基准物消耗的 NaOH 标准溶液体积，mL；

V_2——空白消耗的 NaOH 标准溶液体积，mL；

204.2——邻苯二甲酸氢钾的摩尔质量，g/moL。

三、总酸的测定

1. 操作方法

取过滤的果汁 25mL 于 250mL 三角瓶中，加入煮沸过的冷蒸馏水 25mL 加入酚酞指示剂 3~4 滴，用标准氢氧化钠溶液滴定至溶液呈现微红色 1min 不褪色为终点，同时做空白试验，记录消耗的标准氢氧化钠溶液的量。

2. 计算［式（8-2）］

$$\text{总酸度} = (V_1 - V_2) \times C \times K \times 1000/V \tag{8-2}$$

式中：C——NaOH 标准溶液的浓度，mol/L；

V_1——滴定样品消耗的 NaOH 标准溶液体积，mL；

V_2——空白消耗的 NaOH 标准溶液体积，mL；

K——换算主要酸的系数，酒石酸 $K=0.075$，柠檬酸 $K=0.070$；

V——吸取果汁的体积，mL。

四、糖度的测定

1. 手持糖量仪的校准

手持糖量仪的校准是指用蒸馏水为待测液（视蒸馏水含糖量为0），调整校准螺丝，使糖量仪读数为零。

2. 糖度的测定操作

将糖量仪以脱脂棉用少量蒸馏水擦净，将待测液滴到斜面，测定糖度，同时测定溶液温度，记录温度与糖量仪读数，查校正表的实际糖度。

第九章　农林酒类产品检测技术

第一节　酒曲的分析检测

酒曲是黄酒与白酒生产常用的糖化发酵剂。在自然条件下的培养过程中，各种微生物群在曲坯上生长繁殖，分泌的酶类使得酒曲具有液化力、糖化力、蛋白质分解力和发酵力等，并形成各种代谢物，对酒的风味和质量起着重要作用。

一、酒曲分析基础

(1) 取样　采用四分法取样。将粉碎后的曲粉各部位取样，经四分法缩分成 200g 为试样。

(2) 水分　水分在制曲过程中与微生物的生长和产酶量有着密切的关系，成品曲的含水量对酒曲的质量影响很大，成品曲的含水量一般为 12%~13%，大于 14%，则雨季容易造成二次生霉，使质量下降。测定含水量一般采用烘干法，在 100~105℃下烘干。

(3) 酸度　利用酸碱中和法测定。

酒曲酸度定义：100g 酒曲消耗 0.001mol NaOH 为 1 度酸度。即 100g 酒曲消耗 1mol/L 1mL 溶液称为 1 度酸度。

酸度的测定：称取 10.00g 试样于 250mL 三角瓶中，准确加入 100mL 蒸馏水，室温浸泡 30min（每隔 10min 搅拌 1 次），用脱脂棉过滤。吸取滤液 20mL 于 250mL 三角瓶中，加入酚酞指示剂，用 0.1mol/L NaOH 标准溶液滴定至终点，按公式 9-1 计算酸度。

$$\text{酸度} = \frac{cV}{m} \times \frac{100}{20} \times 100 \tag{9-1}$$

式中：c——标准 NaOH 溶液的浓度，mol/L；

V——滴定消耗标准 NaOH 溶液的体积，mL；

m——样品质量，g；

100——样品稀释液总体积，mL；

20——滴定时吸取的样液体积，mL。

二、液化型淀粉酶活力的测定

1. 基本原理

α-淀粉酶能将淀粉分子链中的 α-1，4 葡萄糖苷键随机切断成长短不一的短链糊精、少量麦芽糖和葡萄糖，而使淀粉对碘呈蓝紫色的特异性反应逐渐消失，呈红棕色，其颜色消失的速度与酶活力有关，故可通过固定反应后的吸光度计算其酶活力。

2. 试剂和仪器

（1）试剂。

原碘液：称取碘（I_2）11g，碘化钾（KI）22g，用少量水使碘完全溶解，然后定容至500mL，贮于棕色瓶中。

稀碘液：吸取原碘液2.00mL，加碘化钾20g，用水溶解并定容至500mL，贮于棕色瓶中。

20g/L可溶性淀粉溶液：称取可溶性淀粉（以绝干计）2000g，精确至0.001g，用水调成浆状物，在搅动下缓缓倾入70mL沸水中。然后，以30mL水分几次冲洗装淀粉的烧杯，洗液并入其中，加热至完全透明，冷却，定容至100mL。此溶液需要当天配制。

称取磷酸氢二钠（$Na_2HPO_4 \cdot 12H_2O$）45.23g、柠檬酸（$C_6H_8O_7 \cdot H_2O$）8.07g，用水溶解并定容至1000mL。配好后用pH计校正。

（2）仪器　多孔穴白瓷板、秒表、恒温水浴（60±0.2）℃、试管25mm×2000mm。

3. 操作步骤

（1）50g/L待测酶液的制备　称取相当于10g曲粉（精确至0.01g），于500mL烧杯中，加入预热40℃的磷酸缓冲液200mL。于40℃水浴保温1h，每过15min搅拌1次。过滤，弃去初滤液5~10mL，滤液供测定用。

（2）测定　在大试管中，准确加入20mL可溶性淀粉和5mL pH为6的缓冲溶液，在60℃水浴中预热10min。

加入稀释好的待测酶液1mL，立刻记时，摇匀，继续保温并开始计时。每隔一定时间取出0.5mL反应液于盛有约1.5mL稀碘液的白瓷板孔穴中，随时间延长，颜色逐渐由蓝色变成红棕色，直至与标准色一致，记录反应时间，要求酶解反应在2~3min内完成为宜，否则需调整酶液浓度后重新进行。

4. 实验结果

液化酶活力单位定义：1g干曲在60℃、pH为6条件下，1h液化1g可溶性淀粉所需的酶量称为1个酶活力单位（U/g），见式（9-2）。

$$X = 20 \times 0.02 \times 200 \times \frac{60}{t} \times \frac{1}{m} \times 100 \tag{9-2}$$

式中：X——液化型淀粉酶活力，U/g；

m——干曲质量，g；

20×0.02——反应液中淀粉质量，g；

t——液化反应时间，min；

60——换算成小时的系数，min/h。

三、糖化酶活力的测定

1. 基本原理

酒曲中的淀粉酶包括α-淀粉酶和β-淀粉酶等将淀粉水解为葡萄糖，进而被微生物利用。可溶性淀粉经糖化酶催化水解生成葡萄糖，用费林法测定。

2. 试剂和仪器

(1) 试剂。

盐酸;

20g/L 可溶性淀粉溶液（同液化型淀粉酶的测定）;

费林试剂甲液：称取 15g 硫酸铜（$CuSO_4 \cdot 5H_2O$）及 0.05g 次甲基蓝，溶于水中并稀释至 1000mL;

费林试剂乙液：称取 50g 酒石酸钾钠、75g 氢氧化钠，溶于水中，再加入 4g 亚铁氰化钾，完全溶解后，用水稀释至 1000mL，贮存于橡胶塞玻璃瓶中;

1g/L 葡萄糖标准溶液：准确称取 1.0000g 于干燥箱中［(96±2)℃］干燥 2h 的纯葡萄糖，加水溶解后加入 5mL 盐酸（起防腐作用），并以水稀释至 1000mL。此溶液葡萄糖浓度为 1g/L;

pH 值为 4.6 乙酸-乙酸钠缓冲溶液：2mol/L 乙酸溶液（118mL 冰醋酸，稀释至 1000mL）与 2mol/L 乙酸钠（272g $CH_3COOH \cdot 3H_2O$，用水溶解定容至 1000mL）溶液等体积混合;

0.5mol/L 硫酸：28.3mL 浓硫酸，缓慢加入一定量水中，并稀释至 1000mL;

1mol/L NaOH 溶液。

(2) 仪器　糖滴定装置、电炉（500W）、烘箱等。

3. 操作

(1) 酶液制备　称取相当于 5g 干曲的曲粉（精确 0.01g）于 250mL 烧杯中，加水（90-5×干曲水分含量）mL，缓冲液 10mL，在 30℃水浴中浸提 1h，每隔 15min 搅拌 1 次。用干滤纸过滤，弃去初滤液 5mL，收集滤液备用。

(2) 糖化液制备。

糖化液：吸取 20g/L 可溶性淀粉溶液 50mL 于 100mL 容量瓶中，在 35℃ 水浴中保温 20min，准确加入酶液 10mL，摇匀立即计时，保温 1h，立即加入 1mol/L NaOH 溶液 3mL，终止反应，水定容至刻度，摇匀。

空白液：吸取 20g/L 可溶性淀粉溶液 50mL 于 100mL 容量瓶中，立即加入 1mol/L NaOH 溶液 3mL，准确加入酶液 10mL，水定容至刻度，摇匀。

(3) 测定。

糖化液滴定：准确吸取 5mL 糖化液于盛有费林试剂甲液、乙液各 5mL 的 150mL 三角瓶中，加入适量的 1g/L 葡萄糖标准溶液（使最后滴定消耗葡萄糖标准溶液在 0.5~1.0 之间），摇匀，在电炉上加热至沸，立即用葡萄糖标准溶液滴定至蓝色消失（1min 内完成滴定），记录消耗的葡萄糖标准溶液体积。

空白液滴定：以 5mL 空白液代替糖化液，重复以上操作。

4. 结果计算

1g 干曲在 35℃、pH 值为 4.6 条件下，反应 1h，将可溶性淀粉分解为葡萄糖 1mg 所需的酶量为 1 个酶活力单位（U/g）。

$$X = (V_0 - V) \times c \times \frac{100}{5} \times \frac{100}{10} \times \frac{1}{m} \tag{9-3}$$

式中：X——糖化酶活力，U/g;

m——干曲质量，g;

V_0——空白液消耗葡萄糖标准溶液体积，mL；

V——糖化液消耗葡萄糖标准溶液体积，mL；

100/5——糖化液稀释倍数；

100/10——酶液稀释倍数；

t——液化反应时间，min；

c——葡萄糖标准溶液浓度，mg/mL。

四、蛋白酶活力的测定

（一）实验原理

蛋白酶水解酪蛋白，其产物酪氨酸能在碱性条件下使福林-酚试剂还原，生成钼蓝与钨蓝，以比色法测。

（二）试剂及仪器

（1）福林-酚试剂　称取50g钨酸钠（$Na_2WO_4 \cdot 2H_2O$），12.5g钼酸钠（$Na_2MoO_4 \cdot 2H_2O$），置入1000mL原底烧瓶中，加350mL水，25mL85%磷酸，50mL浓盐酸，文火微沸回流10h，取下回流冷凝器，加50g硫酸锂（Li_2SO_4）和25mL水，混匀后，加溴水脱色，直至溶液呈金黄色，再微沸15min，驱除残余的溴，冷却，用4号耐酸玻璃过滤器抽滤，滤液用水稀释至500mL。使用时用2倍体积的水稀释。

（2）0.4mol/L碳酸钠溶液　称取42.4g碳酸钠，用水溶解并定容至1000mL。

（3）0.4mol/L三氯乙酸溶液　称取65.5g三氯乙酸，用水溶解并定容至1000mL。

（4）2%酪蛋白溶液　称取2.00g酪蛋白（又名干酪素），加约40mL水和2~3滴浓氨水，于沸水浴中加热溶解，冷却后，用pH7.2磷酸缓冲溶液稀释定容至100mL，贮存于冰箱中。

（5）pH7.2磷酸缓冲液　0.2mol/L磷酸二氢钠溶液：称取31.2g磷酸二氢钠（$NaH_2PO_4 \cdot 2H_2O$），用水溶解稀释至1000mL；0.2mol/L磷酸氢二钠溶液：称取71.6g磷酸氢二钠（$Na_2HPO_4 \cdot 12H_2O$），用水溶解稀释至1000mL；pH7.2磷酸缓冲溶液：取28mL 0.2mol/L磷酸二氢钠溶液和72mL 0.2mol/L磷酸氢二钠溶液，用水稀释至1000mL。

（6）标准酪氨酸溶液　准确称取0.1g DL-酪氨酸，加少量0.2mol/L盐酸溶液（取1.7mL浓盐酸，用水稀释至100mL），加热溶解，用水定容至1000mL，每毫升含DL-酪氨酸100ug。

（7）仪器　分光光度计、试管。

（三）标准曲线绘制

取9支试管，按下表将标准酪氨酸溶液稀释。

试剂	编号								
	0	1	2	3	4	5	6	7	8
标准酪氨酸溶液（mL）[100g/mL]	0	1	2	3	4	5	6	7	8
水（mL）	10	9	8	7	6	5	4	3	2
稀释酪氨酸溶液浓度（g/mL）	0	10	20	30	40	50	60	70	80

在上述各管中各取 1mL，分别加入 5mL 0.4mol/L 碳酸钠溶液，1mL 福林-酚试剂，于 40℃水浴显色 20min，在 680nm 波长下测吸光度，绘制标准曲线，在标准曲线上求得吸光度为 1 时相当的酪氨酸克数，即为 K 值。

（四）酶液的制备

准确称取酶粉 0.5g，用 pH7.2 磷酸缓冲溶液定容至 100mL，置入 40℃水浴浸取 0.5h，用纱布过滤。根据酶活力的高低，再用 pH7.2 磷酸缓冲溶液稀释一定倍数（使其测定的吸光度在 0.2~0.4 范围内为宜，4~5 倍）。

（五）测定

取一支离心管，加入 1mL 稀释酶液，置入 40℃水浴中预热 3~5min，再加入预热至 40℃的 2%酪蛋白溶液 1mL，准确及时保温 10min。立即加入 2mL0.4mol/L 三氯乙酸溶液，15min 后离心分离或用滤纸过滤。吸取 1mL 清液，加 5mL0.4mol/L 碳酸钠溶液，最后加入 1mL 福林-酚试剂，摇匀，于 40℃水浴中显色 20min。

另取一支离心管为空白管。在空白管中先加入 1mL 稀释酶液，然后加入 2mL0.4mol/L 三氯乙酸溶液，再加 1mL2% 酪蛋白溶液，15min 后离心分离或用滤纸过滤。吸取 1mL 清液，加 5mL 0.4mol/L 碳酸钠溶液，最后加入 1mL 福林-酚试剂，摇匀，于 40℃水浴中显色 20min。

以空白为对照，在 680nm 波长下测吸光度。

（六）计算

蛋白酶活力单位的定义：1g 酶粉，在 40℃，pH7.2 下，每分钟水解酪蛋白为酪氨酸的微克（g）数。

$$\text{蛋白酶活力} = K \cdot E \cdot \frac{4}{10} \cdot N \cdot \frac{1}{W}$$

式中：E——试管的吸光度；

4——离心管中反应液的总体积，mL；

10——反应 10min；

N——稀释倍数；

W——酶粉称取量，g；

K——$Y=1$ 时 X 的值，即 1.14。

五、发酵力的测定

1. 基本原理

酒曲中的酵母能够使曲坯中的还原糖发酵，生成酒精和二氧化碳。测定发酵过程中产生的二氧化碳的量，以衡量酒曲的发酵力。

酵母的酶系不同，发酵糖类的能力也不同，发酵过程中除产生乙醇外，还伴有二氧化碳形成，形成的二氧化碳从发酵液中逸出，使整个体系的重量减轻，根据减轻的程度，可测定发酵速率的快慢。发酵度测定是基于酵母降糖的能力，即发酵前后发酵液中糖分减少的幅度。

2. 试剂

1.5mol/L 硫酸（$1/2H_2SO_4$）溶液

14mL 浓硫酸搅拌下加入 50mL 水中，定容至 100mL。

2.5mol/L 碘（$1/2I_2$）溶液

12.7g 碘、40g 碘化钾，加少量水研磨溶解，用水稀释至 1000mL。

3. 仪器

250mL 发酵瓶、分析天平。

4. 操作步骤

（1）糖化液制备　取 50g 大米，加水 250mL，混匀，蒸煮 1～2h，使呈糊状。冷却到 60℃。加入原料量 15%的酒曲，再加入预热 60℃水 50mL，搅拌均匀，在 60℃下糖化 3～4h，用碘鉴别糖化终点。加热到 90℃，纱布过滤。

（2）灭菌　取 150mL 糖化液于 250mL 发酵瓶中，塞上棉塞并包上油纸，放入灭菌锅灭菌（98kPa，15min）。

（3）发酵　灭菌糖液冷却后（25℃），在无菌条件下加入曲粉 1.00g，发酵瓶中加入 5mol/L 硫酸（$1/2H_2SO_4$）溶液 10mL。用石蜡密封发酵瓶，擦干发酵瓶外壁，称重。然后于 25℃培养箱中培养 48h。取出，轻轻摇动，使二氧化碳全部逸出，再称重。

5. 结果计算［式（9-4）］

$$X = \frac{m_1 - m_2}{m} \times 100 \tag{9-4}$$

式中：X——发酵力（以二氧化碳计），g/100g；

m——干曲质量，g；

m_1——发酵前发酵瓶加内容物质量，g；

m_2——发酵后发酵瓶加内容物质量，g。

六、酯化力及酯分解率的测定

1. 基本原理

酯化酶是脂肪酶和酯酶的统称，与短碳链香酯的生物合成有关。

酒香是以酯香为主的复合体，发酵过程中，酯化酶的作用是以酸、醇为底物合成酯，也可以分解酯产生酸和醇。因此，对酒曲而言，测定酯化力与分解率同等重要。

酯化力是以 1g 干曲在 30～32℃反应 100h 所产生的己酸乙酯的质量（mg）表示。

2. 试剂

（1）0.1mol/L NaOH 标准溶液；

（2）0.1mol/L 硫酸（$1/2H_2SO_4$）标准溶液；

（3）1%己酸的 20%（体积分数）乙醇溶液：1mL 己酸，用 20%乙醇溶液定容至 100mL；

（4）100mg/100mL 己酸的 20%（体积分数）乙醇溶液：1g 己酸，用 20%乙醇溶液定容至 1000mL；

（5）pH 值为 4.6 乙酸-乙酸钠缓冲溶液（同液化型淀粉酶测定）。

3. 操作步骤

（1）酯化力的测定。

酯化液的制备：取1%己酸的20%乙醇溶液100mL于250mL蒸馏烧瓶中，加入相当于5g干曲的曲量，在30~32℃反应100h。然后加水50mL，加热蒸馏，接收蒸馏液100mL，测定己酸乙酯含量。

酯含量测定：吸取50mL馏出液，加5g/L酚酞指示剂2d，用0.1mol/L NaOH标准溶液滴定至微红。再准确加入0.1mol/L NaOH标准溶液25mL，于沸水浴中回流皂化30min，冷却后用0.1mol/L硫酸（$1/2H_2SO_4$）标准溶液滴定至红色消失。

酯化力的计算见公式（9-5）：

$$X=(c_1V_1-c_2V_2)\times 144\times\frac{100}{50}\times\frac{1}{m} \tag{9-5}$$

式中：X——酯化力，mg/g；

m——干曲质量，g；

V_1——NaOH标准溶液加入体积，mL；

V_2——硫酸（$1/2H_2SO_4$）标准溶液加入体积，mL；

c_1——NaOH标准溶液浓度，mol/L；

c_2——硫酸（$1/2H_2SO_4$）标准溶液浓度，mol/L；

144——1mol/L NaOH标准溶液1mL相当于己酸乙酯的质量，g/mol；

100——馏出液体积，mL；

50——吸取馏出液体积，mL。

（2）酯分解率的测定。

酯解：吸取己酸乙酯100mL于500mL三角瓶中，加入相当于5g干曲的取粉和pH值为4.6的缓冲溶液10mL，加盖，在30~32℃反应100h。然后加水50mL，加热蒸馏，接收蒸馏液100mL，为酯解液。

空白液吸取己酸乙酯100mL加入相当于5g干曲的取粉和pH值为4.6的缓冲溶液10mL，加水50mL，立即蒸馏，接收蒸馏液100mL，为空白液。

测酯：试样蒸馏液和空白液各吸取50mL，分别注入250mL三角瓶中，测定与计算同酯化力的酯含量测定。分解率计算：

酯分解率=试样酯含量/空白酯含量×100%

第二节　酿酒活性干酵母的分析检测技术

具有强大生命活力的压榨酵母，经干燥脱水后制得的适用于以糖蜜或淀粉质原料发酵、有产酒精能力的干菌体，具有发酵速度快、出酒率高、适用范围广、含水分低、保存期长的特点，其中高温型产品适宜发酵温度32~40℃，常温型产品适宜发酵温度30~32℃。

一、感官检验

活性干酵母呈淡黄至浅棕色的颗粒或条状物，具有酵母的特殊气味，无异味，无杂质和异物。

二、水分的测定

水分是活性干酵母的重要指标，直接影响酵母的活力，一般在4.5%~5%为宜，保存2年的活性干酵母酶活力基本不变，而水分含量超过8%的活性干酵母半年后酶活力大降。高活性干酵母的1、2和3级品的水分要求分别为5%、5.5%和6%，而不同活性干酵母的水分则要求为4%~6%。

称取1g活性干酵母（准确0.0002g）在（103±2）℃烘干5h测定水分含量。

三、淀粉出酒率的测定

1. 基本原理

淀粉出酒率指在一定温度下（耐高温型高活性干酵母为40℃，常温型高活性干酵母和普通活性干酵母为32℃），一定量酵母发酵一定量的玉米粉醪液，在规定时间内发酵所产生的酒精量（以体积分数为96%乙醇计）占发酵使用的淀粉的百分比。

将淀粉经液化、糖化后加入活性干酵母发酵，测定产生的酒精量，计算淀粉出酒率。

2. 试剂与材料

（1）玉米粉，过40目筛；

（2）20g/L蔗糖溶液；

（3）α-淀粉酶；

（4）糖化酶；

（5）食用油（消泡剂）；

（6）硫酸溶液（体积分数10%）；

（7）4mol/L NaOH溶液。

3. 操作步骤

（1）原料制备　称取玉米500g，用粉碎机进行粉碎，然后全部通过SSW 0.40/0.250mm的标准筛（相当于39目），将过筛粉装入广口瓶内，备用。

（2）酵母活化　称取干酵母1.0g，加入20g/L蔗糖溶液（38~40℃）16mL，摇匀，置于32℃恒温箱内活化1h，备用。

（3）液化　称取玉米粉200g于2000mL三角瓶内，加入自来水100mL，搅成糊状，再加热水600mL，搅匀。调pH值为6~6.5，在电炉上边加热边搅拌。按每克玉米粉加入8~100U α-淀粉酶，搅匀，放入70~85℃恒温箱内液化30min。用自来水冲洗三角瓶壁上的玉米糊，使内容物总重量为1000g。

（4）蒸煮　把装有已液化好的玉米糊的三角瓶用棉塞和防水纸封口后，放入高压蒸汽灭菌锅中，待压力升至0.1MPa后，保压1h。取出，冷却至60℃。

（5）糖化　用硫酸溶液调整蒸煮液pH值约4.5。按每克玉米粉加入150~200U糖化酶，摇匀。然后放入60℃恒温箱内，糖化60min。取出，摇匀后，分别称取玉米粉糖化液250g装入三个500mL碘量瓶内，并冷却至32℃ 。

（6）发酵　于每个碘量瓶中加入酵母活化液2.0mL，摇匀，盖塞。将碘量瓶放入32℃恒温箱内，发酵65h。测定耐高温型高活性干酵母时，则将碘量瓶放入40℃恒温箱内发酵65h。

（7）蒸馏　用氢氧化钠溶液中和发酵醪至pH值为6~7，然后将发酵醪液全部倒入1000mL蒸馏烧瓶中。用100mL水分几次冲洗碘量瓶，并将洗液倒入蒸馏烧瓶中，加入消泡剂1~2滴，进行蒸馏。用100mL容量瓶（外加冰水浴）接收馏出液。当馏出液约95mL时，停止蒸馏，取下。待温度平衡至室温后，定容至100mL。

（8）测量酒精度　将定容后的馏出液全部倒入一洁净、干燥的100mL量筒中，静置数分钟，待酒中气泡消失后，放入洗净、擦干的精密酒精计，再轻轻按一下。静置后，水平观测与弯月面相切处的刻度示值，同时插入温度计记录温度。根据测得的温度和酒精计指示值，查表换算成20℃时的酒精度。

4. 计算结果

$$X = \frac{D \times 0.8411 \times 100}{50(1 - W) \times S} \times 100 \tag{9-6}$$

式中：X——100g样品的淀粉出酒率（以96%乙醇计），%；

D——试样在20℃时的酒精度（V/V），%；

0.8411——将100%乙醇换算成96%乙醇的系数；

50——玉米粉的质量，g；

S——玉米粉中的淀粉含量，%；

W——玉米粉的水分，%。

注明：每个样品须做3个平行试验，测定值相对误差≤2%。

玉米淀粉含量的测定：

（1）基本原理　玉米粉中的淀粉经酸水解成具有还原性的单糖，水解液经处理除杂质后，用直接滴定法，测定还原糖含量，再乘以系数，折算为淀粉含量。

（2）仪器　水浴锅、三角瓶、容量瓶、滴定管、回流装置。

（3）试剂　盐酸、盐酸溶液［$c(HCl) = 1.5mol/L$］；

氢氧化钠溶液（400g/L）：称取氢氧化钠40g，加水溶解，并定容至100mL；

乙酸铅溶液（200g/L）：称取乙酸铅20g，加水溶解，并定容至100mL；

硫酸钠溶液（100g/L）：称取硫酸钠10g，加水溶解，并定容至100mL；

碱性酒石酸铜甲液：称取硫酸铜（$CuSO_4 \cdot 5H_2O$）15g和次甲基蓝0.05g，加水溶解，并定容至1000mL，贮于棕色玻璃瓶中；

碱性酒石酸铜乙液：称取酒石酸钾钠50g和氢氧化钠75g，溶于水中，再加入亚铁氰化钾4g，待完全溶解后，用水稀释，并定容至1000mL，贮于橡胶塞玻璃瓶中；

葡萄糖标准溶液（1g/L）：称取已于98~100℃下烘至恒重的无水葡萄糖1.000g，用500mL水溶解后，加入盐酸5mL，再用水稀释，并定容至1000mL；

甲基红指示液：称取甲基红0.2g，用95%乙醇溶解，并定容至100mL。

（4）操作步骤。

样品处理：称取玉米粉1g（称准至0.0002g）于250mL磨口三角瓶中，加入盐酸溶液100mL，插上冷凝管，置沸水浴中回流2h。然后冷却至室温，加入甲基红指示液2滴，用氢氧化钠溶液中和至pH值为6.5~7。慢慢加入乙酸铅溶液10mL，摇匀，放置10min。再加入硫酸钠溶液 10mL，摇匀，将其全部移入 500mL 容量瓶中，用水洗涤三角瓶，洗液也一并倒入容量瓶中，定容至刻度。过滤，弃去最初滤液约 20mL，收集其余滤液供测定还原糖用。

标定碱性酒石酸铜溶液：吸取碱性酒石酸铜甲液、乙液各 5.0mL 于 150mL 三角瓶中，加入 10mL 水和 2 粒玻璃珠，从滴定管放葡萄糖标准溶液约 9mL，控制在 2min 内加热至沸，趁沸以每两秒 1 滴的速度继续滴加葡萄糖标准溶液，直至溶液的蓝色刚好褪去为终点，记录消耗葡萄糖标准溶液的总体积。应同时平行操作 3 份样品，取其平均值，计算每 10mL（甲、乙液各 5mL）碱性酒石酸铜溶液相当于葡萄糖的质量。

样品溶液预测：吸取碱性酒石酸铜甲液、乙液各 5.0mL 于 150mL 三角瓶中，加入 10mL 水和 2 粒玻璃珠，控制在 2min 内加热至沸，趁沸以先快后慢的速度，从滴定管中滴加样品溶液，待溶液颜色变浅时，以每两秒 1 滴的速度滴定，直至溶液蓝色刚好褪去为终点，记录消耗样品溶液的体积。

样品溶液测定：吸取碱性酒石酸铜甲液、乙液各 5.0mL 于 150mL 三角瓶中，加入 10mL 水和 2 粒玻璃珠，从滴定管放入比预测体积少 1mL 的样品溶液，控制在 2min 内加热至沸，趁沸以每两秒 1 滴的速度滴定，直至溶液蓝色刚好褪去为终点，记录消耗样品溶液的体积。应同时平行操作 3 份样品，取其平均值。

（5）结果计算见公式（9-7）。

$$S = \frac{A \times 0.9}{m(1 - W) \times \frac{V}{500} \times 1000} \times 100 \qquad (9\text{-}7)$$

式中：S——样品中的淀粉含量，%；

A——10mL 碱性酒石酸铜溶液（甲液、乙液各 5.0mL）相当于还原糖（以葡萄糖计）的质量，mg；

m——样品的质量，g；

V——测定时平均消耗样品溶液的体积，mL；

W——玉米粉的水分含量，%；

500——样品处理后的总体积，mL；

0.9——还原糖换算成淀粉的换算系数。

四、酵母活细胞率与保存率的测定

（一）酵母活细胞率的测定

1. 基本原理

取一定量的干酵母，用无菌生理盐水活化。然后做适当稀释，用显微镜、血球计数板所测得的酵母活细胞数和总酵母细胞数之比的百分数，即为该样品的酵母活细胞率。

2. 仪器

显微镜（放大倍数 500 以上）；

血球计数板（XB-K-25）；

血球计数板专用盖玻片（20mm×20mm）；

试管：18mm×200mm；

分析天平：感量0.1mg；

恒温箱：控温精度±0.5℃。

3. 试剂

（1）无菌生理盐水　称取氯化钠0.85g，加水溶解，并定容至100mL，在0.1MPa下灭菌20min；

（2）次甲基蓝染色液　称取次甲基蓝0.025g、氯化钠0.9g、氯化钾0.042g、六水氯化钙0.048g、碳酸氢钠0.02g和葡萄糖1g，加水溶解，并定容至100mL。密封，室温保存。

4. 操作步骤

（1）称取酿酒活性干酵母0.1g（称准至0.0002g），加入无菌生理盐水（38～40℃）20mL，在32℃恒温箱中活化1h。

（2）吸取酵母活化液0.1mL，加入染色液0.9mL，摇匀，室温，染色10min后，立刻在显微镜下用血球计数板计数。

（3）计数方法　计数时，可数对角线方位上的大方格或左上、右上、左下、右下和中心的大方格内的无色和蓝色酵母细胞数。调整视野，共计算10个大方格，即160个小方格内的酵母细胞数，取平均值为结果，进行计算。无色透明者为酵母活细胞，被染上蓝色为死亡的酵母细胞。

5. 结果计算［式（9-8）］

$$X = \frac{A_1}{A_1 + B_1} \tag{9-8}$$

式中：X——样品的酵母活细胞率，%；

A_1——酵母活细胞总数，个；

B_1——酵母死细胞总数，个。

结果的允许差：平行试验，测定值相对误差≤5%。

（二）酵母保存率的测定

1. 基本原理

在一定温度下，将样品放置一定时间后，所测得的酵母活细胞率与同一批样品的酵母活细胞率之比的百分数，即为该批样品的保存率。

2. 仪器与试剂

同酵母活细胞率测定。

3. 操作步骤

（1）测定并计算样品的酵母活细胞率（方法同前）。

（2）测定经保温处理后样品的酵母活细胞率。

将原包装的酿酒活性干酵母放入47.5℃恒温箱内，保温7d后，取出，测定酵母活细胞率（方法同前）。

4. 结果计算［式（9-9）］

$$X = \frac{X_2}{X_1} \times 100 \tag{9-9}$$

式中：X——样品的保存率，%；

X_2——样品的酵母活细胞率,%;

X_1——经保温处理后样品的酵母活细胞率,%。

第三节　白酒的分析检测技术

一、取样

批量在500箱以下，随机开4箱，每箱抽取1瓶（以500mL/瓶计），其中2瓶做检验用，另2瓶保存半年以备仲裁。批量在500箱以上，随机开6箱，每箱抽取1瓶（以500mL/瓶计），其中3瓶做检验用，另3瓶保存半年以备仲裁。

二、感官检验

1. 基本原理

感官检验是通过评酒者的眼睛、鼻、口等感觉器官对白酒的色泽、香气、口味及风格特征做出评定。

2. 方法

（1）色泽　将样品注入洁净、干燥的酒杯中，在明亮处观察，记录其色泽、明亮程度、沉淀及悬浮物情况。

（2）香气　将样品注入洁净、干燥的酒杯中，先轻轻摇动酒杯，然后用鼻进行闻嗅，记录其香气特征。

（3）口味　将样品注入洁净、干燥的酒杯中，喝入少量样品（约2mL）于口中，以味觉器官仔细品尝，记下口味特征。

（4）风格　通过品尝香与味，综合评判是否有该产品的风格特点，并记录其强弱程度。

三、酒精含量的测定

将原酒或蒸馏的酒样倒入洁净干燥的100mL量桶内，同时测定酒液的温度和酒精度，查表换算成20℃时酒精含量。

四、总酸的测定

1. 基本原理

白酒中有机酸以酚酞为指示剂，采用氢氧化钠进行中和滴定，其反应式为：

$$RCOOH + NaOH \rightarrow RCOONa + H_2O$$

2. 试剂

（1）1%酚酞指示液　称取酚酞1.0g，溶于60mL乙醇中，用水稀释至100mL。

（2）0.1mol/L氢氧化钠标准溶液。

配制：将氢氧化钠配成饱和溶液，注入塑料瓶（或桶）中，封闭放置至溶液清亮，使用前虹吸上清液。量取5mL氢氧化钠饱和溶液，注入1000mL不含二氧化碳的水中，摇匀。

标定：称取于105~110℃烘至恒重的基准苯二甲酸氢钾0.6g（称准至0.0002g），溶于50mL不含二氧化碳的水中，加入酚酞指示液2滴，以新制备的氢氧化钠溶液滴定至溶液呈微红色为终点。同时做空白试验。

计算：氢氧化钠标准溶液的摩尔浓度（C）按式（9-10）计算：

$$c = \frac{m}{(V - V_1) \times 0.2042} \tag{9-10}$$

式中：c——氢氧化钠标准溶液浓度，mol/L；

V——滴定时，消耗氢氧化钠溶液的体积，mL；

V_1——空白试验消耗氢氧化钠溶液的体积，mL；

0.2042——与1.00mL氢氧化钠标准溶液［c(NaOH)＝1.000mol/L］相当的以克表示的苯二甲酸氢钾的质量。

3. 操作步骤

吸取酒样50.0mL于250mL锥形瓶中，加入酚酞指示液2滴；以0.1mol/L氢氧化钠标准溶液滴定至微红色为终点。

4. 计算［式（9-11）］

$$X = \frac{cV \times 0.0601}{50.0} \times 1000 \tag{9-11}$$

式中：X——酒样中总酸的含量（以乙酸计），g/L；

c——氢氧化钠标准溶液浓度，mol/L；

V——测定时消耗氢氧化钠标准溶液的体积，mL；

0.0601——与1.00mL氢氧化钠标准溶液［c(NaOH)＝1.000mol/L］相当的以克表示的乙酸的质量；

50.0——取样体积，mL。

5. 结果的允许差

同一样品两次测定值之差，不得超过0.006g/L，保留两位小数，报告其结果。

五、总酯的测定

1. 基本原理

先用碱中和白酒中的游离酸，再加入一定量的碱使酯皂化，过量的碱再用酸进行反滴定，其反应式为：

$$RCOOR + NaOH \rightarrow RCOONa + ROH$$

$$2NaOH + H_2SO_4 \rightarrow Na_2SO_4 + 2H_2O$$

2. 试剂

（1）1%酚酞指示液。

（2）0.1mol/L氢氧化钠标准溶液。

（3）0.1mol/L硫酸标准溶液。

配制：吸取浓硫酸3mL，缓缓注入适量水中，冷却并用水稀释至1000mL，摇匀。

标定：吸取新配制的硫酸溶液25.0mL于250mL锥形瓶中，加入酚酞指示液2滴，以

0.1mol/L 氢氧化钠标准溶液滴定至溶液呈微红色为终点。

计算：硫酸标准溶液的摩尔浓度（c）按式（9-12）计算。

$$c = \frac{c_1 V}{25.0} \tag{9-12}$$

式中：c——硫酸标准溶液浓度，mol/L；

V——消耗氢氧化钠标准溶液的体积，mL；

c_1——氢氧化钠标准溶液浓度，mol/L；

25.0——取硫酸溶液的体积，mL。

3. 仪器

全玻璃回流装置 250mL。

4. 操作步骤

吸取酒样 50.0mL 于 250mL 具塞锥形瓶中，加入酚酞指示液 2 滴，以 0.1mol/L 氢氧化钠标准溶液中和（切勿过量），记录消耗氢氧化钠标准溶液的体积（mL）（也可作为总酸含量计算）。再准确加入 0.1mol/L 氢氧化钠标准溶液 25.0mL，若酒样总酯含量高时，可加入 50.0mL，摇匀，装上冷凝管，于沸水浴上回流半小时，取下，冷却至室温，然后，用 0.1mol/L 硫酸标准溶液进行反滴定，使微红色刚好完全消失为终点，记录消耗 0.1mol/L 硫酸标准溶液的体积。

5. 结果计算［式（9-13）］

$$X = \frac{(c \times 25.0 - c_1 \times V) \times 0.088}{50.0} \times 1000 \tag{9-13}$$

式中：X——酒样中总酯的含量（以乙酸乙酯计），g/L；

c——氢氧化钠标准溶液浓度，mol/L；

25.0——测定时消耗氢氧化钠标准溶液的体积，mL；

c_1——硫酸标准溶液浓度，mol/L；

V——测定时消耗 0.1mol/L 硫酸标准溶液的体积，mL；

0.088——与 1.00mL 氢氧化钠标准溶液［c(NaOH) = 1.000mol/L］相当的以克表示的乙酸乙酯的质量；

50.0——取样体积，mL。

6. 结果的允许差

同一样品两次测定值之差，不得超过 0.006g/L，保留两位小数，报告其结果。

六、固形物的测定

1. 基本原理

白酒经蒸发、烘干后，不挥发性物质残留于皿中，用称量法测定。

2. 操作步骤

吸取酒样 50.0mL，注入已烘干至恒重的 100mL 瓷蒸发皿内，置于蒸馏水沸水浴上，蒸发至干，然后将蒸发皿放入 100~105℃ 烘箱内烘干 2h，取出，置于干燥器内 30min，称量，然后，再放入 100~105℃ 烘箱内烘干 1h，取出，置于干燥器内 30min，称量。反复上述操作，直至恒重。

3. 结果计算［式（9-14）］

$$X = \frac{m - m_1}{50.0} \times 1000 \tag{9-14}$$

式中：X——酒样中固形物，g/L；

m——固形物和蒸发皿的质量，g；

m_1——蒸发皿的质量，g；

50.0——取样体积，mL。

4. 结果的允许差

同一样品两次测定值之差，不得超过0.004g/L，保留两位小数，报告其结果。

第四节　葡萄酒的分析检测技术

一、葡萄酒的感官检验

1. 基本原理

感官分析是指评价员通过用口、眼、鼻等感觉器官检查产品的感官特性，对葡萄酒、果酒产品的色泽、香气、滋味及典型性等感官特性进行检查与分析评定。

2. 品酒

（1）调温　调节去除标贴后的酒的温度，使其达到如下标准：起泡、加气起泡葡萄酒9~10℃；白葡萄酒（普通）10~11℃；桃红葡萄酒12~14℃；白葡萄酒（优质）13~15℃；红葡萄酒（干、半干、半甜）、果酒（半干、半甜）16~18℃；加香葡萄酒、甜红葡萄酒、甜果酒18~20℃。

（2）顺序和编号　在一次品尝检查多种类型样品时，其品尝顺序为：先白后红，先干后甜，先淡后浓，先新后老，先低度后高度。按顺序给样品编号，并在酒杯下部注明同样编号。

（3）倒酒　将调温后的酒瓶外部擦干净，小心开启瓶塞（盖），不使任何异物落入。将酒倒入洁净、干燥的品尝杯中，一般酒在杯中的高度为1/4~1/3，起泡和加气起泡葡萄酒的高度为1/2。

3. 感官检查与评定

（1）外观　在适宜光线（非直射阳光）下，以手持杯底或用手握住玻璃杯柱，举杯齐眉，用眼观察杯中酒的色泽、透明度与澄清程度，有无沉淀及悬浮物；起泡和加气起泡葡萄酒要观察起泡情况，做好详细记录。

（2）香气　先在静止状态下多次用鼻嗅香，然后将酒杯捧握手掌之中，使酒微微加温，并摇动酒杯，使杯中酒样分布于杯壁上。慢慢地将酒杯置于鼻孔下方，嗅闻其挥发香气，分辨果香、酒香或有否其他异香，写出评语。

（3）滋味　喝入少量样品于口中，尽量均匀分布于味觉区，仔细品尝，有了明确印象后咽下，再体会口感后味，记录口感特征。

（4）典型性　根据外观、香气、滋味的特点综合分析，评定其类型、风格及典型性的强弱程度，写出结论意见（或评分）。

二、糖度与酒度的测定

1. 基本原理

以蒸馏法去除样品中的不挥发性物质，用酒精计法测得酒精体积百分数示值，按酒精计温度校正表加以温度校正，求得20℃时乙醇的体积百分数，即酒精度。蒸馏剩余物补足蒸去的水分，利用不同浓度的糖溶液具有一定的折光率，用折光法测定糖含量。

2. 仪器

酒精计（分度值为0.1度）；

糖量仪手持；

全玻璃蒸馏器：1000mL。

3. 操作步骤

（1）试样的制备。

酒度测定液：用一洁净、干燥的100mL容量瓶准确量取100mL样品（液温20℃）于500mL蒸馏瓶中，用50mL水分3次冲洗容量瓶，洗液并入蒸馏瓶中，再加几颗玻璃珠，连接冷凝器，以取样用的原容量瓶作接收器（外加冰浴）。开启冷却水，缓慢加热蒸馏。收集馏出液接近刻度，取下容量瓶，盖塞。于20℃水浴中保温30min，补加水至刻度，混匀，备用。

糖度测定液：将上述蒸馏剩余液冷却，转移到100mL容量瓶中，于20℃水浴中保温30min，补加水至刻度，混匀，备用。

（2）试样分析。

酒度测定：将酒度测定液倒入洁净、干燥的100mL量筒中，静置数分钟，待其中气泡消失后，放入洗净、干燥的酒精计，再轻轻按一下，不得接触量筒壁，同时插入温度计，平衡5min，水平观测，读取与弯月面相切处的刻度示值，同时记录温度。根据测得的酒精计示值和温度，按酒精计温度校正表换算成20℃时酒精度。所得结果表示至一位小数。

糖度测定：掀开折光棱镜盖板，将蒸馏水滴在棱镜上，盖上盖板，旋动调零螺丝调整零点，打开盖板，用滤纸吸干水分，取糖度测定液2~3滴于棱镜上，将棱镜盖合上，旋转目镜调焦手轮，使划线清晰，划线上明暗分界线即为糖浓度的读数。

4. 精密度

酒度测定在重复性条件下获得的两次独立测定结果的绝对差值不得超过算术平均值的1%。

三、总酸与挥发酸的测定

（一）总酸的测定

1. 基本原理

利用酸碱滴定基本原理，以酚酞作指示剂，用碱标准溶液滴定，根据碱的用量计算总酸含量，以试样所含酒石酸表示。

2. 试剂与材料

(1) 氢氧化钠标准滴定溶液 $c(NaOH)=0.05mol/L$。

(2) 酚酞指示液 10g/L。

3. 操作步骤

取 20℃的样品 2~5mL（取样量可根据酒的颜色深浅而增减），置于 250mL 三角瓶中，加入中性蒸馏水 50mL，同时加入 2 滴的酚酞指示液，摇匀后，立即用氢氧化钠标准滴定溶液滴定至终点，并保持 30 s 内不变色，记下消耗的氢氧化钠标准滴定溶液的体积（V_1）。同时做空白试验。起泡葡萄酒和加气起泡葡萄酒需排除二氧化碳后，再行测定。

4. 结果计算［式（9-15）］

$$X=\frac{c\times(V_1-V_0)\times 0.075}{V_2}\times 1000 \tag{9-15}$$

式中：X——样品中滴定酸的含量（以酒石酸计），g/L；

c——氢氧化钠标准溶液的物质的量浓度，mol/L；

V_0——空白试验消耗氢氧化钠标准滴定溶液的体积，mL；

V_1——样品滴定时消耗氢氧化钠标准滴定溶液的体积，mL；

V_2——吸取样品的体积，mL；

0.075——与 1.00mL 氢氧化钠标准滴定溶液［$c(NaOH)=1.000mol/L$］相当的以克表示的酒石酸的质量。

所得结果应表示至一位小数。

5. 精密度

在重复性条件下获得的两次独立测定结果的绝对差值不得超过算术平均值的 5%。

（二）挥发酸的测定

1. 基本原理

以蒸馏的方式蒸出样品中的低沸点酸类即挥发酸，用碱标准溶液进行滴定，再测定游离二氧化硫和结合二氧化硫，通过计算与修正，得出样品中挥发酸的含量。

2. 试剂与溶液

(1) 酒石酸溶液 20%。

(2) 氢氧化钠标准滴定溶液 $c(NaOH)=0.05mol/L$。

(3) 酚酞指示液 10g/L。

(4) 盐酸溶液：将浓盐酸用蒸馏水稀释 4 倍。

(5) 淀粉指示液 5g/L：称取 5g 淀粉溶于 500mL 蒸馏水中，加热至沸，并持续搅拌 10min。再加入 200g 氯化钠，冷却后定容至 1000mL。

3. 操作步骤

安装好蒸馏装置。吸取适量 20℃样品（V）和酒石酸溶液在该装置上进行蒸馏，收集 100mL 馏出物。将馏出物加热至沸，加入 2 滴酚酞指示液，用氢氧化钠标准滴定溶液滴定至粉红色，30s 内不变色即为终点，记下耗用的氢氧化钠标准滴定溶液的体积（V_1）。

4. 结果计算［式（9-16）］

$$X_1=\frac{c\times V_1\times 60.0}{V} \tag{9-16}$$

式中：X_1——样品中实测挥发酸的含量（以乙酸计），g；

c——氢氧化钠标准滴定溶液的物质的摩尔浓度，mol/L；

V_1——消耗氢氧化钠标准滴定溶液的体积，mL；

60.0——与 1.00mL 氢氧化钠标准溶液［$c(NaOH) = 1.000mol/L$］相当的以克表示的乙酸的质量，g；

V——取样体积，mL。

所得结果应表示至一位小数。

5. 精密度

在重复性条件下获得的两次独立测定结果的绝对差值不得超过算术平均值的 5%。

四、干浸出物的测定

1. 基本原理

用密度瓶法测定样品或蒸出酒精后的样品的密度，然后用其密度值查表，求得总浸出物的含量。再从中减去总糖的含量，即得干浸出物的含量。

2. 仪器

瓷蒸发皿、高精度恒温水浴、附温度计密度瓶。

3. 试样的制备

用 100mL 容量瓶量取 100mL 样品（20℃），倒入 200mL 瓷蒸发皿中，于水浴上蒸发至约为原体积的 1/3 取下，冷却后，将残液小心地移入原容量瓶中，用水多次冲洗蒸发皿，洗液并入容量瓶中，于 20℃ 定容至刻度。

4. 操作步骤

（1）蒸馏水质量的测定　将密度瓶洗净并干燥，带温度计和侧孔罩称量。重复干燥和称量，直至恒重。

取下温度计，将煮沸冷却至 15℃ 左右的蒸馏水注满恒量的密度瓶，插上温度计，瓶中不得有气泡。将密度瓶浸入（20.0±0.1）℃ 的恒温水浴中，待内容物温度达 20℃，并保持 10min 不变后，用滤纸吸去侧管溢出的液体，使侧管中的液面与侧管管口齐平，立即盖好侧孔罩，取出密度瓶，用滤纸擦干瓶壁上的水，立即称量。

（2）试样质量的测量　将密度瓶中的水倒出，洗净并使之干燥，然后装满试样，同上操作，称量。

5. 结果计算［式（9-17）和式（9-18）］

$$\rho_{20}^{20} = \frac{m_2 - m + A}{m_1 - m + A} \times \rho_0 \tag{9-17}$$

$$A = \rho_a \times \frac{m_1 - m}{997.0} \tag{9-18}$$

式中：ρ_{20}^{20}——试样馏出液在 20℃ 时的密度，g/L；

m——密度瓶的质量，g；

m_1——20℃ 时密度瓶与充满密度瓶蒸馏水的总质量，g；

m_2——20℃ 时密度瓶与充满密度瓶试样馏出液的总质量，g；

ρ_0——20℃时蒸馏水的密度（998.20g/L）；

A——空气浮力校正值；

ρ_a——干燥空气在 20℃、1 013.25hPa 时的密度值（≈1.2g/L）；

997.0——在 20℃时蒸馏水与干燥空气密度值之差，g/L。

根据试样馏出液的密度 ρ_{20}^{20}，查表 9-1，得出总浸出物含量（g/L）。

所得结果表示至一位小数。

干浸出物（g/L）= 总浸出物-［（总糖-还原糖）×0.95+还原糖］

表 9-1　相对密度与总浸出物含量换算表

相对密度/d	总浸出物/(d·L⁻¹)	相对密度/d	总浸出物/(d·L⁻¹)	相对密度/d	总浸出物/(d·L⁻¹)	相对密度/d	总浸出物/(d·L⁻¹)
1.0000	0.00	1.0016	3.99	1.0031	8.00	1.0047	12.03
1.0004	0.99	1.0019	5.00	1.0035	9.00	1.0051	13.04
1.0008	1.99	1.0023	6.00	1.0039	10.00	1.0055	14.05
1.0012	2.99	1.0027	7.00	1.0043	11.02	1.0058	15.06
1.0062	16.07	1.0078	20.12	1.0094	24.18	1.0109	28.25
1.0066	17.08	1.0082	21.13	1.0098	25.19	1.0113	29.27
1.0070	18.09	1.0086	22.14	1.0102	26.21	1.0117	30.28
1.0074	19.10	1.0090	23.16	1.0106	27.23	1.0121	31.32

相对密度 1.0125~1.1149，总浸出物符合线性关系：

$$Y = 2618.0634 \times X - 2618.9577$$

$$R = 0.999996$$

X 为相对密度（d），Y 为总浸出物量（d/L）。

6. 精密度

在重复性条件下获得的两次独立测定结果的绝对差值不得超过算术平均值的 2%。

五、二氧化硫

（一）游离二氧化硫（直接碘量法）

1. 基本原理

利用碘可以与二氧化硫发生氧化还原反应的性质，用碘标准溶液作滴定剂，淀粉作指示液，测定样品中二氧化硫的含量。

2. 试剂和材料

（1）硫酸溶液（1+3）　取 1 体积浓硫酸缓慢注入 3 体积水中。

（2）碘标准滴定溶液 $c(1/2\ I_2)$ = 0.02mol/L　按 GB/T 601 中配制与标定，准确稀释 5 倍。

（3）淀粉指示液 10g/L　按 GB/T 603 中配制，并加入 40g 氯化钠。

3. 操作

吸取 50.00mL 20℃样品于 250mL 碘量瓶中，加入少量碎冰块，再加入 1mL 淀粉指示液、10mL 硫酸溶液，用碘标准溶液迅速滴定至淡蓝色，保持 30s 不变即为终点，记下消耗的碘标准溶液的体积。

以水代替样品，做空白试验，操作同上。

4. 结果计算［式（9-19）］

$$X = \frac{C \times (V - V_0) \times 32}{50} \times 1000 \tag{9-19}$$

式中：X——样品中游离二氧化硫的含量，mg/L；

C——碘标准溶液的物质的量浓度，mol/L；

V——消耗的碘标准滴定溶液的体积，mL；

V_0——空白试验消耗的碘标准滴定溶液的体积，mL；

32——与 1.00mL 碘标准滴定溶液［$c(1/2\ I_2)$ = 1.00mol/L］相当的以毫克表示的二氧化硫的质量；

50——取样体积，mL。

所得结果应表示至整数。

5. 精密度

在重复性条件下获得的两次独立测定结果的绝对差值不得超过算术平均值的 10%。

（二）总二氧化硫（直接碘量法）

1. 基本原理

在碱性条件下，结合态二氧化硫被解离出来，然后再用碘标准滴定溶液滴定，得到样品中结合二氧化硫的含量。

2. 试剂和材料

（1）氢氧化钠溶液 100g/L；

（2）其他试剂与溶液同游离二氧化硫。

3. 分析步骤

取 25.00mL 氢氧化钠溶液于 250mL 碘量瓶中，再准确吸取 25.00mL 20℃样品，并以吸管尖插入氢氧化钠溶液的方式，加入碘量瓶中，摇匀，盖塞，静置 15min 后，再加入少量碎冰块、1mL 淀粉指示液、10mL 硫酸溶液，摇匀，用碘标准滴定溶液迅速滴定至淡蓝色，30s 内不变即为终点，记下消耗的碘标准溶液的体积。

以水代替样品做空白试验，操作同上。

4. 结果计算

$$X = \frac{C \times (V - V_0) \times 32}{25} \times 1000 \tag{9-20}$$

式中：X——样品中总二氧化硫的含量，mg/L；

C——碘标准滴定溶液的物质的量浓度，mol/L；

V——测定样品消耗的碘标准滴定溶液的体积，mL；

V_0——空白试验消耗的碘标准滴定溶液的体积，mL；

32——与 1.00mL 碘标准溶液［c(1/2 I_2) = 1.000mol/L］相当的以毫克表示的二氧化硫的质量；

25——取样体积，mL。

所得结果应表示至整数。

5. 精密度

在重复性条件下获得的两次独立测定结果的绝对差值不得超过算术平均值的 10%。

六、铁的测定

1. 基本原理

样品经处理后，试样中的三价铁在酸性条件下被盐酸羟胺还原成二价铁，与邻菲罗啉作用生成红色螯合物，其颜色的深度与铁含量成正比，用分光光度法进行铁的测定。

2. 试剂和材料

（1）浓硫酸、30%过氧化氢溶、25%~28%氨水；

（2）盐酸羟胺溶液（100g/L）：称取 100g 盐酸羟胺，用水溶解并稀释至 1000mL，于棕色瓶中低温贮存；

（3）盐酸溶液（1+1）；

（4）乙酸-乙酸钠溶液（pH = 4.8）：称取 272g 乙酸钠（$CH_3COONa \cdot 3H_2O$），溶解于 500mL 水中，加 200mL 冰乙酸，加水稀释至 1 000mL；

（5）1，10-菲罗啉溶液（2g/L）；

（6）铁标准贮备液（1mL 溶液含有 0.1mg 铁）；

（7）铁标准使用液（1mL 溶液含 10 μg 铁）；

（8）铁标准系列：吸取铁标准使用液 0.00、0.20mL、0.40mL、0.80mL、1.00mL、1.40mL（含 0.0、2.0μg、4.0μg、8.0μg、10.0μg、14.0μg 铁）分别于 6 支 25mL 比色管中，补加水至 10mL，加 5mL 乙酸-乙酸钠溶液（调 pH 至 3~5）、1mL 盐酸羟胺溶液，摇匀，放置 5min 后，再加入 1mL 1，10-菲罗啉溶液，然后补加水至刻度，摇匀，放置 30min，备用。该系列用于标准工作曲线的绘制。

3. 仪器

（1）分光光度计。

（2）高温电炉　(550±25)℃。

（3）瓷蒸发皿　100mL。

4. 试样的制备

（1）干法消化　准确吸取 25.00mL 样品（V）于蒸发皿中，在水浴上蒸干，置于电炉上小心炭化，然后移入 (550±25)℃ 高温电炉中灼烧，灰化至残渣呈白色，取出，加入 10mL 盐酸溶液溶解，在水浴上蒸至约 2mL，再加入 5mL 水，加热煮沸后，移入 50mL 容量瓶中，用水洗涤蒸发皿，洗液并入容量瓶，加水稀释至刻度（V_1），摇匀。同时做空白试验。

（2）湿法消化　准确吸取 1.00mL 样品（V）（视含铁量增减）于 10mL 凯氏烧瓶中，置电炉上缓缓蒸发至近干，取下稍冷后，加 1mL 浓硫酸（根据含糖量增减）、1mL 过氧化氢，于通风橱内加热消化。

如果消化液颜色较深，继续滴加过氧化氢溶液，直至消化液无色透明。稍冷，加 10mL 水微火煮沸（3~5min），取下冷却。同时做空白试验。

注 1：磺基水杨酸测铁，化学法测铜时，此取样量为 5mL。

注 2：各实验室可根据各自条件选用干法或湿法进行样品的消化。

5. 操作步骤

（1）标准工作曲线的绘制。

在 480nm 波长下，测定标准系列的吸光度。根据吸光度及相对应的铁浓度绘制标准工作曲线（或建立回归方程）。

（2）试样的测定。

准确吸取试样消化液 5~10mL（V_1）及试剂空白消化液分别于 25mL 比色管中，补加水至 10mL，然后按标准工作曲线的绘制同样操作，分别测其吸光度，从标准工作曲线上查出铁的含量（或用回归方程计算）。

或将试样及空白消化液洗入 25mL 比色管中，在每支管中加入一小片刚果红试纸，用氨水中和至试纸显蓝紫色，然后各加 5mL 乙酸-乙酸钠溶液（调 pH 值至 3~5），以下操作同标准工作曲线的绘制。以测出的吸光度，从标准工作曲线上查出铁的含量（或用回归方程计算）。

6. 结果计算

（1）干法计算。见式（9-21）

$$X = \frac{(c_1 - c_0) \times 1000}{V \times V_2/V_1 \times 1000} = \frac{(c_1 - c_0) \times V_1}{V \times V_2} \tag{9-21}$$

式中：X——样品中铁的含量，mg/L；

c_1——测定用样品中铁的含量，μg；

c_0——试剂空白液中铁的含量，μg；

V——取样体积，mL；

V_1——样品消化液的总体积，mL；

V_2——测定用试样的体积，mL。

（2）湿法计算见式（9-22）。

$$X = \frac{A - A_0}{V} \tag{9-22}$$

式中：X——样品中铁的含量，mg/L；

A——测定用样品中铁的含量，μg；

A_0——试剂空白液中铁的含量，μg；

V——取样体积，mL。

所得结果应表示至一位小数。

7. 精密度

在重复性条件下获得的两次独立测定结果的绝对差值不得超过算术平均值的 10%。

七、甲醇的测定

1. 基本原理

甲醇经氧化成甲醛后，与品红亚硫酸作用生成蓝紫色化合物，与标准系列比较定量。

2. 试剂和材料

（1）高锰酸钾-磷酸溶液　称取 3g 高锰酸钾，加入 15mL 磷酸（85%）与 70mL 水的混合液中，溶解后加水至 100mL。贮于棕色瓶内，为防止氧化力下降，保存时间不宜过长。

（2）草酸-硫酸溶液　称取 5g 无水草酸（$H_2C_2O_4$）或 7g 含 2 分子结晶水草酸（$H_2C_2O_4 \cdot 2H_2O$），溶于硫酸（H_2SO_4）中至 100mL。

（3）品红-亚硫酸溶液　称取 0.1g 碱性品红研细后，分次加入共 60mL 80℃的水，边加入水边研磨使其溶解，用滴管吸取上层溶液滤于 100mL 容量瓶中，冷却后加 10mL 亚硫酸钠溶液（100g/L），1mL 盐酸，再加水至刻度，充分混匀，放置过夜，如溶液有颜色，可加少量活性炭搅拌后过滤，贮于棕色瓶中，置暗处保存，溶液呈红色时应弃去重新配制。

（4）甲醇标准溶液　称取 1.000g 甲醇，置于 100mL 容量瓶中，加水稀释至刻度。此溶液每毫升相当于 10mg 甲醇。置低温保存。

（5）甲醇标准使用液　吸取 10.0mL 甲醇标准溶液，置于 100mL 容量瓶中，加水稀释至刻度。再取 10.0mL 稀释液置于 50mL 容量瓶中，加水至刻度，该溶液每毫升相当于 0.50mg 甲醇。

（6）无甲醇的乙醇溶液　取 0.3mL 按操作方法检查，不应显色，如显色需进行处理。取 300mL 乙醇（95%），加高锰酸钾少许，蒸馏，收集馏出液。在馏出液中加入硝酸银溶液（取 1g 硝酸银溶于少量水中）和氢氧化钠溶液（取 1.5g 氢氧化钠溶于少量水中），摇匀，取上清液蒸馏，弃去最初 50mL 馏出液，收集中间馏出液约 200mL，用酒精密度计测其浓度，然后加水配成无甲醇的乙醇（60%）。

（7）亚硫酸钠溶液（100g/L）。

3. 仪器

分光光度计。

4. 操作步骤

用一洁净、干燥的 100mL 容量瓶准确量取 100mL 样品（液温 20℃）于 500mL 蒸馏瓶中，用 50mL 水分 3 次冲洗容量瓶，洗液并入蒸馏瓶中，再加几颗玻璃珠，连接冷凝器，以取样用的原容量瓶作接收器（外加冰浴）。开启冷却水，缓慢加热蒸馏。收集馏出液接近刻度，取下容量瓶，盖塞。于 20℃水浴中保温 30min，补加水至刻度，混匀，备用。

根据样品乙醇浓度，适量吸取按上述方法制备的试样（乙醇浓度 10%，取 1.4mL；乙醇浓度 20%，取 1.2mL），置于 25mL 具塞比色管中。

吸取 0、0.10mL、0.20mL、0.40mL、0.60mL、0.80mL、1.00mL 甲醇标准使用液（相当于 0、0.05mg、0.10mg、0.20mg、0.30mg、0.40mg、0.50mg 甲醇）分别置于 25mL 具塞比色管中，并用无甲醇的乙醇稀释至 1.0mL。

于样品管及标准管中各加水至 5mL，再依次各加 2mL 高锰酸钾-磷酸溶液，混匀，放置 10min，各加 2mL 草酸-硫酸溶液，混匀使之褪色，再各加 5mL 品红-亚硫酸溶液，混匀，于

20℃以上静置 0.5h，用 2cm 比色杯，以零管调节零点，于波长 590nm 处测吸光度，绘制标准曲线比较，或与标准色列目测比较。

5. 分析结果的表述［式（9-23）］

$$X = \frac{m_1}{V_1} \times 1000 \tag{9-23}$$

式中：X——样品中甲醇的含量，mg/L；

m_1——测定样品中甲醇的质量，mg；

V_1——样品体积，mL。

所得结果保留至整数。

6. 精密度

在重复性条件下获得的两次独立测定结果的绝对差值不得超过算术平均值的 10%。

第十章　农林果蔬产品保鲜检测技术

第一节　果实呼吸强度检测技术

呼吸强度是植物体新陈代谢强弱的一个重要指标，它是指单位面积或单位重量的植物体，在单位时间内所吸收的氧或释放的二氧化碳量或损失的干重。如每小时每克干重（或鲜重）吸收氧气的体积（mL）；或每小时每克干重（或鲜重）放出二氧化碳的体积（mL）。呼吸强度单位：CO_2mL/(h·kg)，了解果实采后生理状态，为低温和气调贮运以及呼吸热计算提供必要数据。

一、基本原理

呼吸强度的测定通常采用定量碱液吸收果实在一定时间内的呼吸所释放出来的CO_2量，再用酸滴定剩余的碱，即可计算出呼吸所释放的CO_2量，求出其呼吸强度。其计算单位为每千克每小时释放出的CO_2的质量（mg）。本反应式如下：

$$2NaOH + CO_2 = Na_2CO_3 + H_2O$$

$$Na_2CO_3 + BaCl_2 = BaCO_3\downarrow + NaCl$$

$$2NaOH + H_2C_2O_4 = Na_2C_2O_4 + 2H_2O$$

二、材料、仪器用具、试剂

苹果、梨、柑橘、香蕉等。

三、方法步骤

（1）将测定样品置于干燥器中，干燥器底部放入定量碱液，果实呼吸释放出的CO_2自然下沉而被碱液吸收，静置一定时间后取出碱液，用酸滴定。

（2）用移液管吸取0.4mol/L的氢氧化钠20mL放入培养皿中，将培养皿放入呼吸室，放置隔板，装入1kg果实，封盖。

（3）经1h后取出培养皿把碱液移入烧杯中（冲洗4~5次），加饱和$BaCl_2$ 5mL、酚酞2滴，用0.2mol/L草酸滴定。

（4）用同样方法做空白滴定。

第二节　果蔬汁液冰点检测技术

一、实验目的与基本原理

冰点是果蔬重要物理性状之一。测定冰点有助于确定果蔬适宜的贮运温度及冻结温度。果蔬汁液的冰点测定，是根据液体在低温条件下，温度随时间下降，当降至该液体冰点时，由于液体结冰放热的物理效应，温度不随时间下降，过了该液体的冰点，温度又随时间下降，根据这种现象，测定液体温度与时间的关系曲线，其中温度不随时间下降的一段曲线所对应的温度即为该液体的冰点。测定时有过冷现象，即液体温度降至冰点时仍不结冰。可用搅拌待测样品的方法防止过冷妨碍冰点的测定。

二、材料与仪器

苹果、梨、葡萄、猕猴桃、蒜薹、花椰菜等新鲜果蔬。

标准温度计（测定范围 10～-10℃）、冰盐水（-6℃以下，适量）、手持榨汁器、烧杯、纱布、钟表。

三、测定方法

取适量待测样品在捣碎器中捣碎，榨取汁液，二层纱布过滤，滤液盛于小烧杯中，滤液要足够浸没温度计的水银球部，将烧杯置于冰盐水中，插入温度计，温度计的水银球必须浸入汁液中。不断搅拌汁液，当汁液温度降至 2℃时，开始记录温度随时间变化的数值，每 30s 记一次。

温度随时间不断下降，降至冰点以下时，由于液体结冰发生相变释放潜热的物理效应，汁液仍不结冰，出现过冷现象。随后温度突然上升至某一点，并出现相对稳定，持续时间几分钟。此后汁液温度再次缓慢下降，直到汁液大部分结冰。

四、冰点的确定

画出温度-时间曲线，曲线平缓处相对应的温度即为汁液的冰点温度。冰点之前曲线最低点为过冷点，过冷点因冰盐水的温度不同而有差异。

第三节　果蔬干物质含量检测技术

果蔬中除了水分以外的物质按能否溶解于水，分为可溶性物质和不溶性物质。

果蔬中大部分物质都溶解于水中，组成了果蔬的汁液，称为可溶性物质或可溶性固形物。如糖、有机酸、果胶、多元醇、多缩戊糖、单宁物质、酶、某些含氮物质、部分色素、部分维生素以及大部分无机盐类。

果蔬中还有一部分干物质不溶于水，组成了果蔬的固体部分，称为不溶性物质。如纤维素、半纤维素、原果胶、淀粉、不溶于水的含氮物质、某些色素、脂肪、部分维生素、某些无机物质以及某些有机酸盐类等。

掌握果蔬水分及干物质含量的测定方法，用以鉴定果蔬品质和贮藏效果。

一、基本原理

用烘干法，果蔬失去的重量为水分的重量，烘干温度105℃，使酶失活，然后再用60~70℃进行干燥，至接近全干时，再升温至105℃，以排除结合水。若采用真空干燥法，不仅可加快水分的排除，又可减少氧化的影响，可以得到比较好的结果。

二、材料、仪器与试剂

苹果、梨、柑橘、葡萄等。

烘箱或真空干燥箱、分析天平、称量瓶、不锈钢刀、干燥器、氯化钙。

三、操作步骤

1. 常压干燥法

①取称量瓶（小蒸发皿），放入烘箱中以100~105℃烘干（至恒重），放干燥器中冷却，然后精确称量。

②取新鲜果蔬，切碎，混合均匀待用。

③取分析样品5~10g放入称量瓶中，精确称量，置称量瓶于烘箱中，先在105℃下烘20min，使酶失去活性，再用60~70℃烘2~3h至样品变脆，然后再以100~105℃烘2h，取出放入有干燥氯化钙的干燥器中，冷却后称重。再继续干燥0.5~1h，冷却称重，直至两次重量差不超过0.002g为止。

④计算公式：

果蔬含水量（%）=（样品重-烘干样品重）/样品重×100

干物质含量（%）=烘干样品重/样品重×100

2. 真空干燥法

在已知重量的称量瓶内称取样品5~10g，置于真空干燥箱中，将真空干燥箱的温度调至60~70℃，真空度调至600mm汞柱，加热干燥样品至恒重。根据上述计算式计算样品含水量。

第四节　贮藏环境中的温湿度的检测技术

水果和蔬菜采后仍然是活体，含水量高，营养物质丰富，保护组织差，容易受机械损伤和微生物侵染，属于易腐商品。要想将新鲜水果和蔬菜贮藏好，除了做好必要的采后商品化处理外，还必须有适宜的贮藏设施，并根据水果和蔬菜采后的生理特性，创造适宜的贮藏环境条件，使水果和蔬菜在维持正常新陈代谢和不产生生理失调的前提下，最大限度地抑制新陈代谢，从而减少水果和蔬菜的物质消耗、延缓成熟和衰老进程、延长采后寿命和货架期，有效地防止微生物生长繁殖，避免水果和蔬菜因浸染而引起的腐烂变质。

因此，在选择贮藏方式和设施时，维持贮藏环境的适宜温湿度或气体成分是我们首先要考虑的问题。

一、基本原理及目的

采后的果蔬仍是有生命的活体，在贮藏过程中不断进行着呼吸作用，释放出热量，呼吸作用越旺盛，果蔬成熟衰老越快。低温能抑制呼吸，控制成熟和衰老；贮藏的果蔬不断地进行水分蒸发，若得不到水分的补充，会造成失水过多而萎蔫，提高冷库的相对湿度，可有效地降低果蔬水分蒸发。果蔬在贮藏期间，需要一定的温度和相对湿度，为此要经常测定冷库的温度和相对湿度。

二、仪器

酒精温度表、水银温度表、最高温度表、最低温度表、自记温度计、干湿球温度表、通风干湿表、自记湿度计。

三、测定方法

1. 酒精温度表

测量精度：经校正后误差不得超过±0.1℃。

构造：两支型号相同的水银温度表，内外金属保护管、金属保护板、挂钩、防风罩、注水皮囊。

通风装置：通风器、中心通风管、三通管。

基本原理：用干湿球温度表。

使用方法：测湿度时，在读数前4~5min润湿湿球温度表球部的纱布和进行通风。通风时一定手握住通风器和金属架的连接处，一手上发条，使风扇转动，上发条时用力不宜过猛，也不宜上得过紧，应留下一两圈，以防止发条折断，发条上好后，把仪器挂在挂钩上，温度表球部离地面高度1.5m。其读数与器差订正同干湿球温度表。

2. 自记湿度计（用来连续记录空气相对湿度的变化）

构造

（1）感应部分　由一束脱脂毛发（40~42根）组成，以增大拉力，两端固定在架子上。

（2）传递放大部分　第一次放大杠杆由第一水平轴上的小钩和带有平衡锤的上曲臂组成，第二次放大杠杆由第二水平轴上的下曲臂和笔杆组成。

（3）自记部分　自记钟、自记笔、自记纸。

基本原理：相对湿度增大时，毛发束伸长，平衡锤下降，迫使笔杆抬起，笔尖上移，这时上下曲臂的接触点就向左移，使第一放大杠杆中力臂伸长，第二放大杠杆中力臂变短，从而使两个杠杆的放大率都增大，结果总的放大率也增大。相对湿度减小，毛发束缩短，平衡锤抬起，笔杆由于本身重力作用而往下落，笔尖因此下降，上、下曲臂接触点左移使两个放大杠杆的放大倍率均减小，总的放大率也变小。毛发随湿度变化不均匀的特性，通过杠杆改变放大率的作用，记录在自记纸上。由于钟筒的旋转，笔尖在自记纸上画出上下起伏的连续曲线。

使用方法：湿度计的使用方法同自记温度计，读数时只取整数，不记小数。

第十一章 农林调味产品检测技术

第一节 酱油氨基酸态氮的测定

一、基本原理

利用氨基酸的两性作用，加入甲醛以固定氨基的碱性，使羧基显示出酸性，以标准氢氧化钠溶液滴定后定量，以酸度计测定终点。

二、试剂

1. 36%甲醛
2. 0.050mol/L NaOH 标准溶液

三、实验仪器

（1）酸度计；
（2）磁力搅拌器；
（3）滴定管。

四、操作步骤

吸取 5.0mL 的试样，置于 100mL 的容量瓶加水至刻度，混匀后吸取 20.0mL，置于 200mL 烧杯中，加入 60mL 水，放入搅拌子（事先用蒸馏水洗净），开启磁力搅拌器，用 0.05mol/L NaOH 标准溶液滴定至 pH 值为 8.2，记录碱液消耗体积（mL）（计算总酸度）。

加入 10.0mL 甲醛溶液，继续用 0.05mol/LNaOH 标准溶液滴定至 pH 值为 9.2，记录碱液消耗体积（mL）。

同时取 80mL 水，放入搅拌子（事先用蒸馏水洗净），开启磁力搅拌器，用 0.05mol/L NaOH 标准溶液滴定至 pH 值为 8.2，加入 10.0mL 甲醛溶液，继续用 0.05mol/L NaOH 标准溶液滴定至 pH 值为 9.2，做试剂空白试验试。

计算公式：

$$X = \frac{(V_1 - V_2) \times C \times 0.014}{5 \times V_3/100} \times 100 \tag{11-1}$$

式中：X——试样中氨基酸态氮的含量，g/100mL；

V_1——测定试样加入甲醛后消耗标准液的体积，mL；

V_2——试剂空白试验试加入甲醛后消耗标准碱液的体积，mL；
V_3——试样稀释液取用量，mL；
C——氢氧化钠浓度，mol/L；
0.014——与100mL氢氧化钠标准溶液［c(NaOH)＝1.000mol/L］相当的氮的质量，g。
计算结果保留两位有效数字。

第二节　食醋总酸度的测定

一、基本原理

食醋中主要成分是乙酸，含少量其他有机酸，用氢氧化钠标准溶液滴定，以酸度计测定pH＝8.2终点，结果以乙酸表示。

二、试剂

0.05mol/L NaOH标准溶液

三、仪器

（1）酸度计；
（2）磁力搅拌器；
（3）滴定管。

四、操作步骤

吸取10.0mL的试样，置于100mL的容量瓶加水至刻度，混匀后吸取20.0mL，置于200mL烧杯中，加入60mL水，放入搅拌子（事先用蒸馏水洗净），开启磁力搅拌器，用0.05mol/L NaOH标准溶液滴定至pH值为8.2，记录碱液消耗体积（mL）。

同时取80mL水，放入搅拌子（事先用蒸馏水洗净），开启磁力搅拌器，用0.05mol/L NaOH标准溶液滴定至pH值为8.2，做试剂空白试验试。

计算公式：

$$X=\frac{(V_1-V_2)\times C\times 0.060}{10\times V_3/100}\times 100 \tag{11-2}$$

式中：X——试样中氨基酸态氮的含量，g/100mL；
V_1——测定试样加入甲醛后消耗标准碱液的体积，mL；
V_2——试剂空白试验试加入甲醛后消耗标准碱液的体积，mL；
V_3——试样稀释液取用量，mL；
C——氢氧化钠浓度，mol/L；
0.060——与100mL氢氧化钠标准溶液［c(NaOH)＝1.000mol/L］相当的乙酸的质量，g。
计算结果保留3位有效数字。

第三节　酿造酱油的分析检测

一、酿造酱油的感官特性

酿造酱油感官特性应符合表11-1的规定。

表11-1　酿造酱油的感官特性

项目	高盐稀态发酵酱油（含固稀发酵酱油）				低盐固态发酵酱油			
	特级	一级	二级	三级	特级	一级	二级	三级
色泽	红褐色或浅红褐色，色泽鲜艳，有光泽		红褐色或浅红褐色		鲜艳的深红褐色，有光泽	红褐色或棕褐色，有光泽	红褐色或棕褐色	棕褐色
香气	浓郁的酱香及酯香气	较浓郁的酱香及酯香气	酱香及酯香气		酱香浓郁无不良气味	酱香较浓郁，无不良气味	有酱香，无不良气味	微有酱香，无不良气味
滋味	味鲜美、醇厚、鲜、咸、甜适口		味鲜、咸甜适口	鲜咸适口	味鲜美、醇厚、咸味适口	味鲜美、咸味适口	味较鲜、咸味适口	鲜咸适口
体态	澄清							

二、理化标准

（一）可溶性无盐固形物、全氮、氨基酸态氮应符合表11-2的规定

表11-2　酱油的理化指标

项目	高盐稀态发酵酱油（含固稀发酵酱油）				低盐固态发酵酱油			
	特级	一级	二级	三级	特级	一级	二级	三级
可溶性无盐固形物 g/100mL ≥	15.00	13.00	10.00	8.00	20.00	18.00	15.00	10.00
全氮（以氮计）g/100mL ≥	1.50	1.30	1.00	0.70	1.60	1.40	1.20	0.80
氨基酸态氮（以氮计）g/100mL ≥	0.80	0.70	0.55	0.40	0.80	0.70	0.60	0.40

（二）铵盐

铵盐（以氮计）的含量不得超过氨基酸态氮含量的30%。

三、试验方法

所用试剂均为分析纯。

(一) 可溶性无盐固形物

样品中可溶性无盐固形物的含量按式(11-3)计算:

$$X = X_2 - X_1 \tag{11-3}$$

式中:X——样品中可溶性无盐固形物的含量,g/100mL;

X_2——样品中可溶性总固形物的含量,g/100mL;

X_1——样品中氯化钠的含量,g/100mL。

1. 可溶性总固形物的测定

(1) 仪器　分析天平(感量0.1mg);电热恒温干燥箱;移液管;称量瓶(ϕ=25mm)。

(2) 试液的制备　将样品充分振摇后,用干滤纸滤入干燥的250mL锥形瓶中备用。

(3) 分析步骤　吸取试液10.00mL于100mL容量瓶中,加水稀释至刻度,摇匀。

吸取上述稀释液5.00mL置于已烘至恒重的称量瓶中,移入(103±2)℃电热恒温干燥箱中,将瓶盖斜置于瓶边。4h后,将瓶盖盖好,取出,移入干燥器内,冷却至室温(约需0.5h),称量。再烘0.5h,冷却,称量,直至两次称量差不超过1mg,即为恒量。

(4) 计算　样品中可溶性总固形物的含量按式(11-4)计算:

$$X_2 = \frac{m_2 - m_1}{\frac{10}{100} \times 5} \times 100 \tag{11-4}$$

式中:X_2——样品中可溶性总固形物的含量,g/100mL;

m_2——恒重后可溶性总固形物和称量瓶的质量,g;

m_1——称量瓶的质量,g。

同一样品平行试验的测定差不得超过0.30g/100mL。

2. 氯化钠的测定

(1) 仪器　微量滴定管。

(2) 试剂　0.1mol/L硝酸银标准滴定溶液。

①配制:称取17.5g硝酸银,溶于1000mL水中,摇匀。溶液贮存于棕色瓶中。

②标定:称取0.22g于500~600℃的高温炉中灼烧至恒重的工作基准试剂氯化钠,溶于70mL水中,加10mL淀粉溶液(10g/L),以216型银电极作指示电极,217型双盐桥饱和甘汞电极作参比电极,用配制好的硝酸银溶液滴定。

硝酸银标准滴定溶液的浓度[$c(AgNO_3)$],数值以摩尔每升(mol/L)表示,按式(11-5)计算:

$$c(AgNO_3) = \frac{m \times 1000}{V_0 M} \tag{11-5}$$

式中:m——氯化钠的质量,g;

V_0——硝酸银溶液的体积,mL;

M——氯化钠的摩尔质量,g/mol [$M(NaCl)$] =58.442。

铬酸钾溶液（50g/L）：称取5g铬酸钾，用少量水溶解后定容至100mL。

（3）分析步骤 吸取2.00mL的稀释液（吸取5.0mL样品，置于200mL容量瓶中，加水至刻度，摇匀）于250mL锥形瓶中，加100mL水及1mL铬酸钾溶液，混匀。在白色瓷砖的背景下用0.1mol/L硝酸银标准滴定溶液滴定至初显橘红色。同时做空白试验。

（4）计算 样品中氯化钠的含量按式（11-6）计算：

$$X_1 = \frac{(V - V_0) \times c_1 \times 0.0585}{2 \times \frac{5}{200}} \times 100 \tag{11-6}$$

式中：X_1——样品中氯化钠的含量，g/100mL；

V——滴定样品稀释液消耗0.1mol/L硝酸银标准滴定溶液的体积，mL；

V_0——空白试验消耗0.1mol/L硝酸银标准滴定溶液的体积，mL；

c_1——硝酸银标准滴定溶液的浓度，mol/L；

0.0585——1.00mL硝酸银标准滴定溶液［$c(AgNO_3) = 1.000$mol/L］相当于氯化钠的质量，g。

同一样品平行试验的测定差不得超过0.10g/100mL。

（二）全氮

1. 仪器

凯氏烧瓶：500mL；冷凝器；电热恒温干燥器；氮球；分析天平：感量0.1mg；酸式滴定管：25mL；移液管。

2. 试剂

（1）混合指示液 1份0.2%甲基红乙醇溶液与5份0.2%溴钾酚绿-乙醇溶液混合；

（2）混合试剂 3份硫酸铜与50份硫酸钾混合；

（3）硫酸 95%~98%；

（4）2%硼酸溶液 称取2g硼酸，加水溶解定容至100mL；

（5）锌粒；

（6）40%氢氧化钠溶液 称取40g氢氧化钠，溶于60mL水中；

（7）0.1mol/L盐酸标准滴定溶液。

①配制：量取9mL浓盐酸，注入1000mL水中，摇匀。

②标定：称取0.2g无水碳酸钠于270~300℃高温炉中灼烧至恒重的工作基准试剂无水碳酸钠，溶于50mL水中，加10滴溴甲酚绿-甲基红指示液，用配制好的盐酸溶液滴定至溶液由绿色变为暗红色，煮沸2min，冷却后继续滴定至溶液再呈暗红色。同时做空白试验。

盐酸标准滴定溶液的浓度［$c(HCl)$］按式（11-7）计算：

$$c(HCl) = \frac{m \times 1000}{(V_1 - V_2)M} \tag{11-7}$$

式中：m——无水碳酸钠的质量，g；

V_1——盐酸溶液的体积，mL；

V_2——空白试验盐酸溶液的体积，mL；

M——无水碳酸钠的摩尔质量，单位为克每摩尔（g/mol）[$M(\frac{1}{2}Na_2CO_3) = 52.994$]。

3. 分析步骤

吸取试样 2.00mL 于干燥的凯氏烧瓶中，加入 4g 硫酸铜-硫酸钾混合试剂、10mL 硫酸，在通风橱内加热（烧瓶口放一个小漏斗，将烧瓶 45°斜置于电炉上）。待内容物全部炭化、泡沫完全停止后，保持瓶内溶液微沸。至炭粒全部消失，消化液呈澄清的浅绿色，继续加热 15min，取下，冷却至室温。缓慢加水 120mL，将冷凝管下端的导管浸入盛有 30mL 2%硼酸溶液及 2~3 滴混合指示液的锥形瓶的液面下。沿凯氏烧瓶瓶壁缓慢加入 40mL 40%氢氧化钠溶液、2 粒锌粒，迅速连接蒸馏装置（整个装置应严密不漏气），接通冷凝水，振摇凯氏烧瓶，加热蒸馏至馏出液约 120mL。降低锥形瓶的位置，使冷凝管下端离开液面，再蒸馏 1min，停止加热。用少量水冲洗冷凝管下端的外部，取下锥形瓶。用 0.1mol/L 盐酸标准滴定溶液滴定收集液至紫红色为终点。记录消耗 0.1mol/L 盐酸标准滴定溶液的体积（mL）。同时做空白试验。

4. 计算

样品中全氮的含量按式（11-8）计算：

$$X_3 = \frac{(V_2 - V_1) \times c_2 \times 0.014}{2} \times 100 \tag{11-8}$$

式中：X_3——样品中全氮的含量（以氮计），g/100mL；

V_2——滴定样品消耗 0.1mol/L 盐酸标准滴定溶液的体积，mL；

V_1——空白试验消耗 0.1mol/L 盐酸标准滴定溶液的体积，mL；

c_2——盐酸标准滴定溶液的浓度，mol/L；

0.014——1.00mL 盐酸标准滴定溶液 [$c(HCl) = 1.000$mol/L] 相当于氮的质量，g。

同一样品平行试验的测定差不得超过 0.03g/100mL。

（三）氨基酸态氮

1. 仪器

酸度计；附磁力搅拌器；滴定管：25mL；移液管。

2. 试剂

甲醛溶液：37%~40%；

0.05mol/L 氢氧化钠标准滴定溶液。

①配制：称取 110g 氢氧化钠，溶于 100mL 无二氧化碳的水中，摇匀，注入聚乙烯容器中，密闭放置至溶液清亮。用塑料管量取上层清液 2.7mL，用无二氧化碳的水稀释至 1000mL，摇匀。

②标定：称取 0.36g 于 105~110℃电烘箱中干燥至恒重的工作基准试剂邻苯二甲酸氢钾，加 80mL 无二氧化碳的水溶解，加 2 滴酚酞指示液（10g/L），用配制好的氢氧化钠溶液滴定至溶液呈粉红色，并保持 30s。同时做空白试验。

氢氧化钠标准滴定溶液的浓度 [$c(NaOH)$]，数值以摩尔每升（mol/L）表示，按式（11-9）计算：

$$c(NaOH) = \frac{m \times 1000}{(V_1 - V_2) \times M} \tag{11-9}$$

式中：m——邻苯二甲酸氢钾的质量，g；

V_1——氢氧化钠溶液的体积，mL；

V_2——空白试验氢氧化钠溶液的体积，mL；

M——邻苯二甲酸氢钾的摩尔质量，g/mol［$M(KHC_8H_4O_4)$ = 204.22g/mol］。

3. 分析步骤

吸取 5.0mL 样品，置于 100mL 容量瓶中，加水至刻度，混匀后吸取 20.0mL，置于 200mL 烧杯中，加水 60mL 水，开动磁力搅拌器，用氢氧化钠标准溶液［c(NaOH) = 0.05mol/L］滴定至酸度计指示 pH 值为 8.2［记下消耗氢氧化钠标准滴定溶液（0.05mol/L）的体积（mL），可计算总酸含量］。加入 10.0mL 甲醛溶液，混匀。再用氢氧化钠标准滴定溶液（0.05mol/L）继续滴定至 pH 值为 9.2，记下消耗氢氧化钠标准滴定溶液（0.05mol/L）的体积（mL）。

同时取 80mL 水，先用氢氧化钠溶液（0.05mol/L）调节 pH 值为 8.2，再加入 10.0mL 甲醛溶液，用氢氧化钠标准滴定溶液（0.05mol/L）滴定至 pH 值为 9.2，同时做试剂空白试验。

4. 计算

样品中氨基酸态氮的含量按式（11-10）计算：

$$X_4 = \frac{(V_4 - V_3) \times c_3 \times 0.014}{V_5 \times \frac{5}{100}} \times 100 \tag{11-10}$$

式中：X_4——样品中氨基酸态氮的含量（以氮计），g/100mL；

V_4——滴定样品稀释液消耗 0.05mol/L 氢氧化钠标准滴定溶液的体积，mL；

V_3——空白试验消耗 0.05mol/L 氢氧化钠标准滴定溶液的体积，mL；

c_3——氢氧化钠标准滴定溶液浓度，mol/L；

0.014——1.00mL 氢氧化钠标准滴定溶液［c(NaOH) = 1.000mol/L］相当于氮的质量，g。

同一样品平行试验的测定差不得超过 0.03g/100mL。

第四节　配制酱油的分析检测

一、配制酱油的感官特性

配制酱油感官特性应符合表 11-3 的规定。

表 11-3　配制酱油的感官特性

项目	色泽	香气	滋味	体态
要求	棕红色或红褐色	有酱香气，无不良气味	鲜咸适口	澄清

二、理化指标

（一）可溶性无盐固形物、全氮、氨基酸态氮应符合表11-4的规定

表11-4 配制酱油的理化指标

项目	可溶性无盐固形物 g/100mL	全氮（以氮计）g/100mL	氨基酸态氮（以氮计）g/100mL
指标	≥8.00	≥0.70	≥0.40

（二）铵盐

铵盐的含量不得超过氨基酸态氮含量的30%。

1. 基本原理

试样在碱性溶液中加热蒸馏，使氨游离蒸出，被硼酸溶液吸收，然后用盐酸标准溶液滴定计算含量。

2. 试剂

氧化镁；硼酸溶液（20g/L）；盐酸标准滴定溶液［$c(HCl)$ = 0.100mol/L］；混合指示液：甲基红-乙醇溶液（2g/L）1份与溴甲酚绿-乙醇溶液（2g/L）5份，临用时混匀

3. 分析步骤

吸取2mL试样，置于500mL蒸馏瓶中，加约150mL水及约1g氧化镁，连接好蒸馏装置，并使冷凝管下端连接弯管伸入接收瓶液面下，接收瓶内盛有10mL硼酸溶液（20g/L）及2~3滴混合指示液，加热蒸馏，由沸腾开始计算，约蒸30min即可，用少量水冲洗弯管，以盐酸标准溶液（0.100mol/L）滴至终点。取同量水、氧化镁、硼酸溶液，按同一方法做试剂空白试验。

4. 结果计算

试样中铵盐的含量（以氨计）按式（11-11）进行计算。

$$X = \frac{(V_1 - V_2) \times C \times 0.017}{V_3} \times 100 \tag{11-11}$$

式中：X——试样中铵盐的含量（以氨计），g/100mL；

V_1——测定用试样消耗盐酸标准滴定溶液的体积，mL；

V_2——空白试验消耗盐酸标准滴定溶液的体积，mL；

C——盐酸标准滴定溶液的实际浓度，mol/L；

0.017——与1.00mL盐酸标准溶液［$c(HCl)$ = 1.000mol/L］相当的铵盐（以氨计）的质量，g；

V_3——试样体积，mL。

计算结果保留两位有效数字。

（三）总酸

1. 基本原理

酱油中含有多种有机酸，用氢氧化钠标准溶液滴定，以酸度计测定终点，结果以乳酸表示。

2. 试剂

氢氧化钠标准滴定溶液［c(NaOH)＝0.050mol/L］。

3. 仪器

酸度计；磁力搅拌器；10mL 微量滴定管。

4. 分析步骤

吸取 5.0mL 试样，置于 100mL 容量瓶中，加水至刻度，混匀后吸取 20.mL，置于 200mL 烧杯中，加 60mL 水，开动磁力搅拌器，用氢氧化钠标准溶液［c（NaOH）＝0.050mol/L］滴定至酸度计指示 pH 值为 8.2，记下消耗氢氧化钠标准滴定溶液（0.05mol/L）的体积（mL），可计算总酸含量。

加入 10.0mL 甲醛溶液，混匀。再用氢氧化钠标准滴定溶液（0.050mol/L）继续滴定至 pH 值为 9.2，记下消耗氢氧化钠标准滴定溶液（0.050mol/L）的体积（mL）。

同时取 80mL 水，先用氢氧化钠溶液（0.050mol/L）调节至 pH 值为 8.2，再加入 10.0mL 甲醛溶液，用氢氧化钠标准滴定溶液（0.05mol/L）滴定至 pH 值为 9.2，同时做试剂空白试验。

同时做试剂空白试验。

5. 结果计算

试样中总酸的含量（以乳酸计）按式（11-2）进行计算。

$$X=\frac{(V_1-V_2)\times c\times 0.090}{5\times\frac{V_3}{100}}\times 100 \tag{11-12}$$

式中：X——试样中总酸的含量（以乳酸计），g/100mL；

V_1——测定用试样稀释液消耗氢氧化钠标准滴定溶液的体积，mL；

V_2——空白试验消耗氢氧化钠标准滴定溶液的体积，mL；

V_3——试样稀释液取用量，mL；

c——氢氧化钠标准滴定溶液的浓度，mol/L；

0.090——与 1.00mL 氢氧化钠标准溶液［c(NaOH)＝1.000mol/L］相当的乳酸的质量，g。

计算结果保留 3 位有效数字。

第五节　酿造食醋的分析检测

食醋是指以粮食、果实、酒类等含有淀粉、糖类、酒精的原料，经微生物酿造而成的一种液体酸性调味品。食醋可分为酿造食醋和配制食醋两大类。

酿造食醋是指单独或混合使用各种含有淀粉、糖的物料或酒精，经微生物发酵酿制而成的液体调味品。酿造食醋按发酵工艺分为两类：

1. 固态发酵食醋

以粮食及其副产品为原料，采用固态醋醅发酵酿制而成的食醋。

2. 液态发酵食醋

以粮食、糖类、果类或酒精为原料，采用液态醋醪发酵酿制而成的食醋。

一、感官特性

酿造食醋感官特性应符合表 11-5 的规定。

表 11-5　酿造食醋感官特性

项目	固态发酵食醋	液态发酵食醋
色泽	琥珀色或红棕色	具有该品种固有的色泽
香气	具有固态发酵食醋特有的香气	具有该品种特有的香气
滋味	酸味柔和，回味绵长，无异味	酸味柔和，无异味
体态	澄清	

二、理化标准

总酸、可溶性无盐固形物应符合表 11-6 的规定。

表 11-6　酿造食醋的理化标准

项目	固态发酵食醋	液态发酵食醋
总酸（以乙酸计），g/100mL	3.50	
不挥发酸（以乳酸计），g/100mL	0.50	—
可溶性无盐固形物，g/100mL	1.00	0.50

注：以酒精为原料的液态发酵食醋不要求可溶性无盐性固形物。

三、试验方法

所用试剂均为分析纯。

（一）总酸

1. 基本原理

食醋中主要成分是乙酸，含有少量其他有机酸，用氢氧化钠标准溶液滴定，以酸度计测定 pH 值为 8.2 终点，结果以乙酸表示。

2. 试剂

氢氧化钠标准滴定溶液 [$c(NaOH) = 0.05mol/L$]。

（1）配制　称取 110g 氢氧化钠，溶于 100mL 无二氧化碳的水中，摇匀，注入聚乙烯容器中，密闭放置至溶液清亮。用塑料管量取上层清液 2.7mL，用无二氧化碳的水稀释至 1000mL，摇匀。

（2）标定　称取 0.36g 于 105~110℃ 电烘箱中干燥至恒重的工作基准试剂邻苯二甲酸氢钾，加 80mL 无二氧化碳的水溶解，加 2 滴酚酞指示液（10g/L），用配制好的氢氧化钠溶液滴定至溶液呈粉红色，并保持30s。同时做空白试验。

氢氧化钠标准滴定溶液的浓度［c(NaOH)］，数值以摩尔每升（mol/L）表示，按式（11-13）计算：

$$c(\mathrm{NaOH})=\frac{m\times1000}{(V_1-V_2)\times M} \tag{11-13}$$

式中：m——邻苯二甲酸氢钾的质量，g；

V_1——氢氧化钠溶液的体积，mL；

V_2——空白试验氢氧化钠溶液的体积，mL；

M——邻苯二甲酸氢钾的摩尔质量，g/mol［$M(KHC_8H_4O_4)$ = 204.22g/mol］。

3. 分析步骤

吸取10.0mL样品于100mL容量瓶中，加水至刻度，混匀。吸取20.00mL，置于200mL烧杯中，加60mL水，开动磁力搅拌器，用氢氧化钠标准溶液［c(NaOH) = 0.05mol/L］滴定至酸度计指示pH值为8.2［记下消耗氢氧化钠标准滴定溶液（0.05mol/L）的体积(mL)，可计算总酸含量］。加入10.0mL甲醛溶液，混匀。再用氢氧化钠标准滴定溶液(0.05mol/L）继续滴定至pH值为9.2，记下消耗氢氧化钠标准滴定溶液（0.05mol/L）的体积（mL）。

同时取80mL水，先用氢氧化钠溶液（0.05mol/L）调节pH值为8.2，再加入10.0mL甲醛溶液，用氢氧化钠标准滴定溶液（0.05mol/L）滴定至pH值为9.2，同时做试剂空白试验。

4. 计算［式（11-14）］

$$X_1=\frac{(V_1-V_2)\times c\times0.060}{V_3\times10/100}\times100 \tag{11-14}$$

式中：X_1——样品中总酸的含量（以乙酸计），g/100mL；

V_1——测定用样品稀释液消耗氢氧化钠标准滴定液的体积，mL；

V_2——试剂空白消耗氢氧化钠标准滴定溶液的体积，mL；

c——氢氧化钠标准滴定溶液的浓度，mol/L；

0.060——与1.00mL氢氧化钠标准溶液［c(NaOH) = 1.000mol/L］相当的乙酸的质量，g；

V_3——样品体积，mL。

结果的表述：报告算术平均值的3位有效数字。

5. 允许差

相对相差≤10%。

（二）不挥发酸

1. 仪器

（1）酸度计　pH精度±0.1；

（2）单沸式蒸馏装置；

（3）碱式滴定管。

2. 试剂

(1) 0.05mol/L 氢氧化钠标准滴定溶液;

(2) 1%酚酞指示液　称取1g酚酞，溶于100mL 95%乙醇中。

3. 分析步骤

将样品摇匀后，准确吸取2mL移入单沸式蒸馏装置的蒸馏管中，加入8mL水摇匀。将蒸馏管插入装有适量水（其液面应高于蒸馏液液面而低于排气口）的蒸馏瓶中，连接蒸馏器和冷凝器，并将冷凝管下端的导管浸入盛有10mL水的锥形瓶的液面下。

打开排气口，加热至烧瓶中的水沸腾2min后，关闭排气口进行蒸馏。在蒸馏过程中，如蒸馏管内产生大量泡沫影响测定时，可重新取样，加一滴精制植物油或少量单宁再蒸馏。待馏出液至180mL时，打开排气口，关闭电源（以防蒸馏瓶内真空）。将残余液倒入200mL烧杯中，用水反复冲洗蒸馏管及管上的进气孔，洗液并入烧杯，再补加水至烧杯中溶液总量约为120mL。

将盛有120mL残留液的烧杯置于酸度计的托盘上，开动磁力搅拌器，用0.05mol/L氢氧化钠标准滴定溶液滴至pH=8.2，记录消耗的体积（mL）。同时做空白试验。

4. 计算

样品中不挥发酸的含量按式（11-15）计算：

$$X = \frac{(V - V_0) \times c \times 0.090}{2} \times 100 \tag{11-15}$$

式中：X——样品中不挥发酸的含量（以乳酸计），g/100mL;

V——滴定样品时消耗0.05mol/L氢氧化钠标准滴定溶液的体积，mL;

V_0——空白试验消耗0.05mol/L氢氧化钠标准滴定溶液的体积，mL;

c——氢氧化钠标准滴定溶液的浓度，mol/L;

0.090——1.00mL氢氧化钠标准滴定溶液［$c(NaOH)$ = 1.000mol/L］相当于乳酸的质量，g。

同一样品平行试验的测定差不得超过0.04g/100mL。

(三) 可溶性无盐固形物

样品中可溶性无盐固形物的含量按式（11-16）计算：

$$X_1 = X_3 - X_2 \tag{11-16}$$

式中：X_1——样品中可溶性无盐固形物的含量，g/100mL;

X_2——样品中可溶性总固形物的含量，g/100mL;

X_3——样品中氯化钠的含量，g/100mL。

1. 可溶性总固形物的测定

(1) 仪器　分析天平（感量0.1mg）；电热恒温干燥箱；移液管；称量瓶（ϕ=25mm）。

(2) 试液的制备　将样品充分振摇后，用干滤纸滤入干燥的250mL锥形瓶中备用。

(3) 分析步骤　吸取样品2mL置于已烘至恒重的称量瓶中，移入（103±2）℃电热恒温干燥箱中，将瓶盖斜置于瓶边。4h后，将瓶盖盖好，取出，移入干燥器内，冷却至室温（约需0.5h），称量。再烘0.5h，冷却，称量，直至两次称量差不超过1mg，即为恒重。

(4) 计算　样品中可溶性总固形物的含量按式（11-17）计算：

$$X_2 = \frac{m_2 - m_1}{2} \times 100 \tag{11-17}$$

式中：X_2——样品中可溶性总固形物的含量，g/100mL；

m_2——恒量后可溶性总固形物和称量瓶的质量，g；

m_1——称量瓶的质量，g。

同一样品平行试验的测定差不得超过 0.02g/100mL。

2. 氯化钠的测定

（1）仪器　微量滴定管。

（2）试剂　0.1mol/L 硝酸银标准滴定溶液。

铬酸钾溶液（50g/L）：称取 5g 铬酸钾用少量水溶解后定容至 100mL。

（3）分析步骤　吸取 2mL 的样品置于 250mL 锥形瓶中，加 100mL 水及 1mL 铬酸钾溶液，混匀。在白色瓷砖的背景下用 0.1mol/L 硝酸银标准滴定溶液滴定至初显橘红色。同时做空白试验。

（4）计算　样品中氯化钠的含量按式（11-18）计算：

$$X_3 = \frac{(V_2 - V_1) \times c \times 0.0585}{2} \times 100 \tag{11-18}$$

式中：X_3——样品中氯化钠的含量，g/100mL；

V_2——滴定样品稀释液消耗 0.1mol/L 硝酸银标准滴定溶液的体积，mL；

V_1——空白试验消耗 0.1mol/L 硝酸银标准滴定溶液的体积，mL；

c——硝酸银标准滴定溶液的浓度，mol/L；

0.0585——1.00mL 硝酸银标准滴定溶液［$c(AgNO_3) = 1.000$mol/L］相当于氯化钠的质量，g。

同一样品平行试验的测定差不得超过 0.02g/100mL。

第六节　配制食醋的分析检测

配制食醋是指以酿造食醋为主体，与冰乙酸（农林产品级）、农林产品添加剂等混合配制而成的调味食醋。

一、感官特性

感官特性应符合表 11-7 中的规定。

表 11-7　配制食醋感官特性

项目	要求	项目	要求
色泽	具有产品应有的色泽	滋味	酸味柔和，无异味
香气	具有产品特有的香气	体态	澄清

二、理化指标

（1）总酸、可溶性无盐固形物应符合表 11-8 的规定。

表 11-8　配制食醋理化指标

项目	指标
总酸（以乙酸计）/($g \cdot 100mL^{-1}$)	2.50
可溶性无盐固形物）/($g \cdot 100mL^{-1}$)	0.50

注：使用以酒精为原料的酿造食醋配制而成的食醋不要求可溶性无盐固形物。

（2）配制食醋中酿造食醋的比例（以乙酸计）不得少于 50%。

三、试验方法

1. 感官检查

（1）取 2mL 样品，于 25mL 具塞比色管中，加水至刻度，振摇，观察色泽、澄清度，不应浑浊，无沉淀。

（2）取 30mL 样品，于 50mL 烧杯中观察，应无悬浮物，无霉花浮膜，无“醋鳗”“醋虱”或“醋蝇”。

（3）用玻璃棒搅拌烧杯中样品，尝味应不涩，无其他不良气味与异味。

2. 游离矿酸

（1）基本原理　游离矿酸（硫酸、硝酸、盐酸等）存在时，氢离子浓度增大，可改变指示剂颜色。

（2）试剂。

①百里草酚蓝试纸：取 0.1g 百里草酚蓝，溶于 50mL 乙醇中，再加 6mL 氢氧化钠溶液（4g/L），加水至 100mL。将滤纸浸透此液后阴干，贮存备用。

②甲基紫试纸：称取 0.1g 甲基紫，溶于 100mL 水中，将滤纸浸于此液中，取出阴干，贮存备用。

（3）分析步骤　用毛细管或玻璃棒沾少许样品，点在百里草酚蓝试纸上，观察其变化情况，若试纸变为紫色斑点或紫色环（中心淡紫色）表示有游离矿酸存在，最低检出量为 5μg。不同浓度的乙酸、冰乙酸在百里草酚蓝试纸上呈现橘黄色环、中心淡黄色或无色。

用甲基紫试纸沾少许样品，试纸变为蓝色、绿色则表示有游离矿酸。

参考文献

[1] 黄伟坤．蜂产品加工［M］. 北京：中国轻工业出版社，2001.

[2] 刘湘，汪秋安．天然产物化学［M］. 北京：化学工业出版社，2009.

[3] 冉懋雄，周厚琼．现代中药栽培养殖与加工手册［M］. 北京：中国中医药出版社，1999.

[4] 秦俊哲，吕嘉枥．食用菌贮藏保鲜与加工新技术［M］. 北京：化学工业出版社，2003.

[5] 刘玉冬．果脯蜜饯及果酱制作与实例［M］. 北京：化学工业出版社，2008.

[6] 严奉伟，严泽湘．食用菌深加工技术与工艺配方［M］. 北京：科学技术文献出版社，2002.

[7] 王禾．食品微生物学［M］. 哈尔滨：黑龙江科学技术出版社，1998.

[8] 韩文瑜，何昭阳，刘玉斌．病原细菌检验技术［M］. 吉林：吉林科学技术出版社，1992.

[9] 赵征．食品工艺学实验技术［M］. 北京：化学工业出版社，2009.

[10] Philip R. Ashurst. 食品香精的化学与工艺学［M］. 汤鲁宏译．北京：中国轻工业出版社，2005.

[11] 陈运中．天然色素的生产及应用［M］. 北京：中国轻工业出版社，2007.

[12] 谢碧霞，张美琼．野生植物资源开发与利用学［M］. 北京：中国林业出版社，1995.

[13] 李嘉蓉．天然药物化学实验［M］. 北京：中国医药科技出版社，2005.

[14] 周家春．食品工艺学［M］. 北京：化学工业出版社，2008.

[15] 裴月湖．天然药物化学实验［M］. 北京：人民卫生出版社，2005.

[16] 王军．天然药物化学实验教程［M］. 广州：中山大学出版社，2007.

[17] 任世学，姜贵全，屈红军．植物纤维化学实验教程［M］. 哈尔滨：东北林业大学出版社，2008.

[18] 马莺，王静，牛天娇．功能性农林产品活性成分测定［M］. 北京：化学工业出版社，2005.

[19] 张维杰．糖复合物生化研究技术［M］. 2 版．杭州：浙江大学出版社，1999.

[20] 吴继洲．天然药物化学学习指导［M］. 北京：人民卫生出版社，2005.

[21] 缪勇，臧广州．中草药植物提取与深加工新技术实用手册：第二卷［M］. 天津：天津电子出版社，2004.

[22] 缪勇，臧广州．中草药植物提取与深加工新技术实用手册：第四卷［M］. 天津：天津电子出版社，2004.

[23] 张兴茂，林松毅，刘静波，等．长白山笃斯越桔果实原花青素浸提工艺的研究［J］. 食品科学，2007，28（11）：186-189.

[24] 姜贵全，方桂珍，庞久寅．地榆根提取低聚原花青素的研究［J］．林产化学与工业，2007，27（10）：129-132.
[25] 钟振声，冯焱，孙立杰．超声波法从葡萄籽中提取原花青素［J］．精细化工，2005（1）：41-43.
[26] 石翠芳，孙智达，谢笔钧．沙枣果肉原花青素的提取、纯化及抗氧化性能的研究［J］．2006（3）：158-161.
[27] 周素娟．葡萄籽提取物原花青素的研究概况及其在我国保健食品中的应用［J］．中国食品卫生杂志，2007（3）：284-286.
[28] 程云燕，李双石．食品分析与检验［M］．北京：化学工业出版社，2007.
[29] 孟宏昌．食品分析［M］．北京：化学工业出版社，2007.
[30] 张水华，徐树来，王永华．食品感官分析与实验［M］．北京：化学工业出版社，2006.
[31] 唐突．食品卫生检测技术［M］．北京：化学工业出版社，2006.
[32] 曲祖乙．食品分析与检验［M］．北京：中国环境科学出版社，2006.
[33] 周光理．食品分析与检验技术［M］．北京：化学工业出版社，2006.
[34] 戴军．食品仪器分析技术［M］．北京：化学工业出版社，2006.
[35] 高海生．食品质量优劣及掺假的快速鉴别［M］．北京：中国轻工业出版社，2002.
[36] 李桂华．油料油脂检验与分析［M］．北京：化学工业出版社，2006.
[37] 刘世纯．实用分析化验工读本［M］．北京：化学工业出版社，1999.
[38] 张水华．饮料检验技术［M］．北京：中国计量出版社，1996.
[39] 刘丽．白酒果酒黄酒检验技术［M］．北京：中国计量出版社，1997.
[40] 吴立军．天然药物化学［M］.4 版．北京：人民卫生出版社，2003.
[41] 李华．现代葡萄酒工艺学［M］．西安：陕西人民出版社，2000.
[42] 李晓宏，张普民．粮油及制品检验技术［M］．北京：中国计量出版社，1996.
[43] 顾国贤．酿造酒工艺学［M］．北京：中国轻工业出版社，1996.